金属材料与热处理

第 2 版

主　编　王学武
副主编　熊　伟
参　编　高　昊　赵艳艳
　　　　魏　宁　张　微

机械工业出版社

本书按照《国家职业教育改革实施方案》、教育部《关于组织开展"十三五"职业教育国家规划教材建设工作的通知》的有关精神和要求，广泛听取第 1 版使用院校和读者意见和建议，在第 1 版基础上进行修订的。本次修订保持第 1 版特色，充分体现职业教育的培养目标、教学要求，突出科学性、实践性、生动性和思想性。

本书采用单元模块化设计，主要介绍金属及其合金的化学成分、组织结构和性能之间的内在联系以及在各种条件下的变化规律，为后续的专业课程学习打下良好的基础。

本书共分 10 个单元，主要介绍金属的力学性能及其测试、金属的晶体结构、金属的结晶、铁碳合金相图、非合金钢、钢的热处理、金属的塑性变形与再结晶、低合金钢和合金钢、铸铁、非铁金属及其合金等内容。每个单元后面都附有单元小结及可供选做的综合训练，以利于读者掌握、理解知识，提高解决实际问题的能力；同时运用了"互联网+"形式，在重要知识点嵌入二维码，方便读者理解相关知识，进行更深入的学习。

本书采用双色印刷，内容丰富、生动。为便于教学，本书配备了包括电子课件、综合训练答案等教学资源包。

本书为职业教育机械类专业的教材或培训用书，也可供相关工程技术人员参考。

图书在版编目（CIP）数据

金属材料与热处理/王学武主编. —2 版. —北京：机械工业出版社，2021.4（2025.6 重印）
职业教育机械类专业"互联网+"新形态教材
ISBN 978-7-111-67744-4

Ⅰ.①金… Ⅱ.①王… Ⅲ.①金属材料-高等职业教育-教材②热处理-高等职业教育-教材 Ⅳ.①TG14②TG15

中国版本图书馆 CIP 数据核字（2021）第 043237 号

机械工业出版社（北京市百万庄大街 22 号 邮政编码 100037）
策划编辑：黎 艳 责任编辑：黎 艳
责任校对：李 杉 封面设计：鞠 杨
责任印制：任维东
河北宝昌佳彩印刷有限公司印刷
2025 年 6 月第 2 版第 16 次印刷
184mm×260mm · 17.5 印张 · 431 千字
标准书号：ISBN 978-7-111-67744-4
定价：49.90 元

电话服务　　　　　　　网络服务
客服电话：010-88361066　　机　工　官　网：www.cmpbook.com
　　　　　010-88379833　　机　工　官　博：weibo.com/cmp1952
　　　　　010-68326294　　金　书　网：www.golden-book.com
封底无防伪标均为盗版　　机工教育服务网：www.cmpedu.com

关于"十四五"职业教育国家规划教材的出版说明

为贯彻落实《中共中央关于认真学习宣传贯彻党的二十大精神的决定》《习近平新时代中国特色社会主义思想进课程教材指南》《职业院校教材管理办法》等文件精神，机械工业出版社与教材编写团队一道，认真执行思政内容进教材、进课堂、进头脑要求，尊重教育规律，遵循学科特点，对教材内容进行了更新，着力落实以下要求：

1. 提升教材铸魂育人功能，培育、践行社会主义核心价值观，教育引导学生树立共产主义远大理想和中国特色社会主义共同理想，坚定"四个自信"，厚植爱国主义情怀，把爱国情、强国志、报国行自觉融入建设社会主义现代化强国、实现中华民族伟大复兴的奋斗之中。同时，弘扬中华优秀传统文化，深入开展宪法法治教育。

2. 注重科学思维方法训练和科学伦理教育，培养学生探索未知、追求真理、勇攀科学高峰的责任感和使命感；强化学生工程伦理教育，培养学生精益求精的大国工匠精神，激发学生科技报国的家国情怀和使命担当。加快构建中国特色哲学社会科学学科体系、学术体系、话语体系。帮助学生了解相关专业和行业领域的国家战略、法律法规和相关政策，引导学生深入社会实践、关注现实问题，培育学生经世济民、诚信服务、德法兼修的职业素养。

3. 教育引导学生深刻理解并自觉实践各行业的职业精神、职业规范，增强职业责任感，培养遵纪守法、爱岗敬业、无私奉献、诚实守信、公道办事、开拓创新的职业品格和行为习惯。

在此基础上，及时更新教材知识内容，体现产业发展的新技术、新工艺、新规范、新标准。加强教材数字化建设，丰富配套资源，形成可听、可视、可练、可互动的融媒体教材。

教材建设需要各方的共同努力，也欢迎相关教材使用院校的师生及时反馈意见和建议，我们将认真组织力量进行研究，在后续重印及再版时吸纳改进，不断推动高质量教材出版。

机械工业出版社

PREFACE 第2版前言

《金属材料与热处理》（以下简称第1版）自2016年5月出版以来，受到广大职业院校师生、社会读者的一致好评，至2020年10月已印刷9次，并于2017年4月被评为全国机械行业职业教育优秀教材。

本次修订是按照《国家职业教育改革实施方案》、教育部《关于组织开展"十三五"职业教育国家规划教材建设工作的通知》的有关精神和要求，在广泛听取第1版使用院校和读者意见和建议的基础上进行的。

本次修订吸取了近年来职业教育的改革成果，保持了第1版特色，充分体现职业教育的培养目标、教学要求，突出科学性、实践性、生动性和思想性。其主要特色如下：

1) 根据近几年第1版使用情况和国家现行标准，对相关内容进行修订。

2) 内容组织不仅考虑职业院校教学需要，而且兼顾社会读者的阅读和学习需要。

3) 增加在线视频数量，并对多数视频进行了重新拍摄、编辑，提升了视频质量。

4) 渤海船舶职业学院"金属材料与热处理"课程已上线"学堂在线"国家精品在线课程，本书为其配套教材，更多内容读者可登录 https://www.xuetangx.com/course/bhcy5304zw/5894300 进行自主学习。

本书共分为10个单元，由渤海船舶职业学院王学武任主编并统稿，熊伟任副主编，具体编写分工如下：渤海船舶职业学院王学武编写绪论、单元六、单元八，熊伟编写单元七、单元九，高昊编写单元一、单元十，赵艳艳编写单元三、单元四，魏宁编写单元二；渤船机械工程有限公司张微编写单元五。

在本书的编写过程中，引用或参考了大量已出版的文献和资料，书后难以一一列举，在此向所有原作者致谢。

由于编者水平有限，书中不妥之处在所难免，欢迎广大读者通过电子信箱或扫描二维码联系我们，您的意见和建议是我们不断进步的动力和源泉。

主编 E-mail：wangxuewu-2009@163.com

主编 QQ 号：904432656

扫一扫二维码，加我QQ好友。

编 者

第1版前言 PREFACE

为满足职业教育课程改革和教材建设的要求，体现理论教学与技能训练一体化的教学改革成果，编者在总结多年教学实践和经验的基础上，编写了本书。

"金属材料与热处理"是多数机械类专业的技术基础课，主要讲授金属材料的成分、组织与性能之间的关系以及热处理工艺等，为后续专业课程的学习打下良好的基础。本课程具有较强的理论性、实践性和综合性，在专业人才的培养中占有十分重要的地位。

本书力求体现职业教育的培养目标和教学要求，对接职业标准和岗位要求，内容和体系设计充分考虑了各级职业院校学生的认知规律，大幅降低理论深度，强调实践性、应用性、创新性。本书的主要特色如下：

1) 打破理论和实践的界限，采用"理实一体"模式，边教、边学、边做，将知识学习、技能培养和素质教育有机地结合在一起，突出对学生动手能力和专业技能的培养，充分调动和激发学生的学习兴趣。

2) 利用计算机和网络技术建设立体化教材，通过扫描二维码可观看相关试验和生产视频。

3) 本书叙述严谨科学，内容规范，所涉及金属材料的分类、名称、牌号及技术术语均采用最新国家标准，所选金相图片典型、清晰、标尺准确、规格统一。

4) 本书内容组织生动、活泼，图文并茂，呈现形式新颖。全书每一模块均以案例或问题导入，并安排了"资料卡""想一想""试一试""视野拓展""材料时空"等栏目，一方面能激发学生的阅读兴趣，另一方面也能在思想、学习和工作态度等方面对学生进行熏陶，符合对学生进行素质教育的要求。

5) 每单元所附综合训练切合教学内容和职业教育特点，内容丰富，形式多样。

本书共分为十个单元，由熊伟（编写第一、第三单元）、赵艳艳（编写第二单元）、万荣春（编写第四、第九单元）、戴志勇（编写第五单元）、王学武（编写绪论，第六单元）、马春来（编写第七单元）、黄淑华（编写第八单元）、魏宁（编写第十单元）共同编写。

王学武任主编并统稿,万荣春、熊伟任副主编。

本书在编写过程中,引用或参考了大量已出版的文献和资料,书后难以一一列举,在此向原作者致谢!

本书无论是在编写理念、教材结构还是呈现形式上均有较大的创新,最终目的是为了方便读者学习。当然,任何一种新型教材的成功开发,需要中肯的反馈才能不断完善,欢迎广大读者通过扫描二维码联系我们,您的意见和建议是我们不断进取的最大动力。

编 者

二维码索引 | INDEX

序号	名称	二维码	页码
1	低碳钢拉伸试验		13
2	布氏硬度试验		19
3	洛氏硬度试验		20
4	冲击试验		26
5	锡疫		38
6	NH_4Cl 水溶液的结晶过程		51
7	金相显微镜的使用方法		82
8	非合金钢的火花鉴别		105

(续)

序号	名称	二维码	页码
9	钢的淬火		131
10	钢的双液淬火		131
11	钢的末端淬火试验		134
12	非合金钢的回火色		139
13	錾子的淬火余热自回火		139
14	钢的感应淬火		141
15	低碳钢的气体渗碳		145
16	晶体的滑移		160

第 2 版前言
第 1 版前言
二维码索引

绪论 …………………………………………………… 1

单元一　金属的力学性能及其测试 ………………… 5

模块一　强度与塑性 …………………………………… 6
技能训练　金属常温静拉伸试验 …………………… 11
模块二　硬度测试 …………………………………… 14
技能训练　金属布氏、洛氏硬度试验 ……………… 18
模块三　冲击韧性及其测试 ………………………… 21
技能训练　金属冲击试验 …………………………… 24
模块四　金属的疲劳 ………………………………… 26
单元小结 ……………………………………………… 29
综合训练 ……………………………………………… 29

单元二　金属的晶体结构 ……………………………… 32

模块一　纯金属的晶体结构 ………………………… 32
模块二　合金的晶体结构 …………………………… 39
模块三　金属的实际晶体结构 ……………………… 42
单元小结 ……………………………………………… 46
综合训练 ……………………………………………… 46

单元三　金属的结晶 …………………………………… 48

模块一　纯金属的结晶 ……………………………… 48
模块二　合金的结晶 ………………………………… 52
模块三　合金性能与相图的关系 …………………… 58
单元小结 ……………………………………………… 60
综合训练 ……………………………………………… 61

单元四　铁碳合金相图 ………………………………… 63

模块一　铁碳合金的基本相 ………………………… 63

模块二	铁碳合金相图特征	66
模块三	铁碳合金的平衡结晶及组织	70
技能训练	用金相法确定铁碳合金中碳的质量分数	79
模块四	铁碳合金的成分、组织、性能之间的关系	82
单元小结		86
综合训练		86

单元五　非合金钢　89

模块一	杂质元素对非合金钢性能的影响	89
模块二	钢材产品及其命名方法	92
模块三	常用非合金钢	95
技能训练	钢的火花鉴别	103
单元小结		105
综合训练		106

单元六　钢的热处理　109

模块一	热处理概述	109
模块二	钢在加热时的组织转变	111
模块三	钢在冷却时的组织转变	113
模块四	退火和正火	123
模块五	钢的淬火	127
模块六	钢的回火	135
技能训练	錾子的淬火和回火	138
模块七	钢的表面热处理	140
模块八	钢的化学热处理	144
模块九	热处理的质量控制	147
技能训练	钢的热处理	151
单元小结		153
综合训练		154

单元七　金属的塑性变形与再结晶　158

模块一	金属的塑性变形	158
模块二	冷塑性变形对金属组织和性能的影响	162
模块三	冷塑性变形金属在加热时的变化	166
模块四	金属的热变形加工	169
单元小结		171
综合训练		172

单元八　低合金钢和合金钢　175

| 模块一 | 低合金钢与合金钢概述 | 175 |

模块二　合金元素在钢中的作用 ………………………………………… 177
　　模块三　低合金钢 ………………………………………………………… 182
　　模块四　机械结构用钢 …………………………………………………… 186
　　模块五　工具钢 …………………………………………………………… 195
　　模块六　特殊性能钢 ……………………………………………………… 205
　　单元小结 …………………………………………………………………… 214
　　综合训练 …………………………………………………………………… 216

单元九　铸铁 ……………………………………………………………… 219

　　模块一　铸铁及其石墨化 ………………………………………………… 219
　　模块二　灰铸铁 …………………………………………………………… 223
　　模块三　球墨铸铁 ………………………………………………………… 228
　　模块四　可锻铸铁 ………………………………………………………… 231
　　模块五　蠕墨铸铁 ………………………………………………………… 234
　　单元小结 …………………………………………………………………… 236
　　综合训练 …………………………………………………………………… 237

单元十　非铁金属及其合金 …………………………………………… 239

　　模块一　铝及铝合金 ……………………………………………………… 239
　　模块二　铜及铜合金 ……………………………………………………… 249
　　模块三　滑动轴承合金 …………………………………………………… 256
　　模块四　其他非铁金属及其合金 ………………………………………… 260
　　单元小结 …………………………………………………………………… 265
　　综合训练 …………………………………………………………………… 265

参考文献 ……………………………………………………………………… 268

绪论 UNIT 0

一、金属材料的分类及其在现代工业中的地位

材料是人类生存和发展的物质基础,从日常生活用品到高技术产品,都是用各种材料制成的。从旧石器时代人们懂得利用材料到科技发达的现代社会,材料的发展水平和利用程度已成为人类文明进步的标志。如今,材料、能源、信息已成为现代化社会生产的三大支柱,而材料又是能源和信息发展的物质基础。

现代材料种类繁多,据粗略统计,目前世界上的材料种类已达 40 多万种,并且每年还在以 5% 的速度增长。机械工程材料按化学成分可分为金属材料和非金属材料两大类,其中应用最广的仍是金属材料,它在人们的生活中无处不在。

金属材料可分为两大类:钢铁材料(或黑色金属)和非铁金属(或有色金属),见表 0-1。

表 0-1 金属材料的分类

钢铁材料	钢	碳的质量分数为 0.0218%~2.11% 的铁碳合金
	铸铁	碳的质量分数大于 2.11% 的铁碳合金
非铁金属材料	轻金属	密度小于 4.5g/cm³ 的金属或合金,如铝、镁及其合金等
	重金属	密度大于 4.5g/cm³ 的金属或合金,如铜、铅、锌、锡及其合金等
	贵金属	地壳中含量少,开采和提取比较困难,价格昂贵,包括金、银、铂、铱、锇、钌、钯、铑共 8 种
	稀有金属	自然界中含量很少,分布分散或难以从原料中提取的金属,如钨、钼、铌、锗、镓、铟等

按用途不同,金属材料可分为结构材料和功能材料两大类,其中结构材料是以强度、硬度、塑性、韧性、疲劳强度等力学性能为主要使用性能的材料,而功能材料是以声、光、电、磁、热等物理性能为主要使用性能的材料。

金属材料之所以应用广泛,原因是其来源丰富,而且具有优良的性能,能满足加工和使用的各项要求。更为重要的是,金属材料的性能可以通过化学成分、热处理或其他加工工艺进行调整,使其可在较大范围内变化,以满足工程需要。

近年来,虽然形成了金属材料、陶瓷材料、有机高分子材料、复合材料"多足鼎立"的局面,但金属材料仍是最重要的结构材料,在可以预见的时期内,其在材料工业中的主导地位仍不会改变。

二、金属材料的性能与化学成分、组织结构、加工工艺之间的关系

影响金属材料性能的因素有内因和外因两个方面，内因是材料的化学成分，外因是材料的加工工艺，主要是指热处理和塑性变形。

1. 化学成分和组织结构

化学成分不同，金属材料的性能就不同。最典型的例子是钢和铸铁，二者都是铁碳合金，区别在于碳的质量分数不同。钢中碳的质量分数较低，其强度高，并有良好的塑性和韧性，可以进行锻压加工，并有较好的焊接性；而铸铁中碳的质量分数较高，其抗拉强度较低，而且塑性、韧性差，不能进行压力加工，但有良好的铸造性。通过研究分析得知，金属材料的化学成分不同，其内部组织结构不同，如钢的组织中渗碳体（Fe_3C）的数量较少，而铸铁组织中渗碳体的数量较多，从而造成了钢和铸铁在性能上的差异。

2. 加工工艺

热处理是改善金属材料性能的重要手段。同一种金属材料，其热处理工艺不同，热处理后的性能就截然不同。将两个碳的质量分数均为 0.77% 的 T8 钢试样加热到 800℃，保温适当时间，分别在水中和空气中冷却，然后测试两个试样的硬度。在水中冷却的 T8 钢试样硬度很高，可达 60HRC 以上，而在空气中冷却的 T8 钢试样硬度却不足 30HRC。产生这种性能差异的原因是，在不同的热处理冷却过程中，T8 钢发生了不同的组织转变，生成了不同的组织产物。

结晶形成的铸态组织，将直接影响金属后续的加工性能和使用性能。所以，控制结晶过程是改善金属材料性能的一个重要手段。

对金属材料进行塑性变形加工也可以改变其组织和性能，对于某些金属材料，这种方法是对其进行强化的唯一手段。

综上所述，金属材料的性能首先取决于其内部组织结构，而内部组织结构又取决于化学成分和加工工艺条件，如图 0-1 所示。因此，改善金属材料性能的途径就是合金化、热处理或塑性变形。

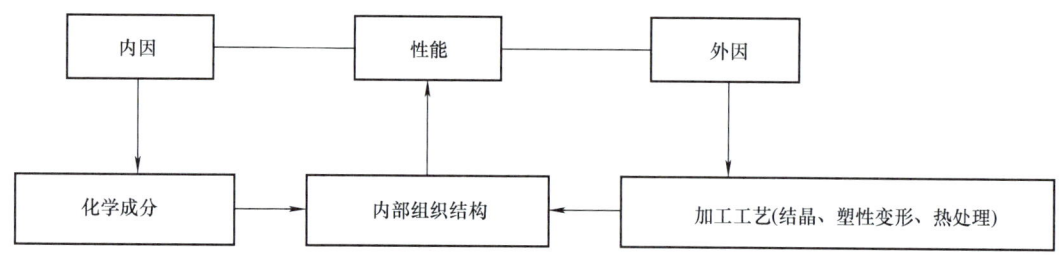

图 0-1 金属材料的性能与化学成分、组织结构、加工工艺之间的关系

三、金属材料的发展及材料科学的形成

金属是人类较早开发利用的材料。很早以前，人类在寻找石器的过程中就认识了矿石，并在烧陶生产中发展了冶铜术，开创了冶金技术，公元前 4000 年，人类进入青铜器时代。公元前 1200 年，人类开始使用铸铁，从而进入了铁器时代。随着技术的进步，又发展

了钢的制造技术。18世纪，钢铁工业的发展成为产业革命的重要内容和物质基础。19世纪中叶，现代平炉和转炉炼钢技术的出现，使人类真正进入了钢铁时代。与此同时，铜、铅、锌也得到大量应用，铝、镁、钛等金属相继问世并得到应用。

在从石器时代发展到铜器时代和铁器时代的过程中，热处理的作用逐渐为人们所认识。早在公元前770～公元前222年，中国人在生产实践中就已发现，钢铁的性能会因温度和加压变形的影响而变化。

公元前6世纪，钢铁兵器逐渐被采用，为了提高钢的硬度，淬火工艺得到了迅速发展。在司马迁所著的《史记·天官书》中有"水与火合为淬"；东汉班固所著《汉书·王褒传》中有"巧冶铸干将之朴，清水淬其锋"等有关热处理的记载，说明当时我国人民已经掌握了包括淬火在内的热处理技术。

明清时期，我国古代工匠采用了许多热处理技术，有关的记载很多，最著名的是明代宋应星所著的《天工开物》和明代方以智所著的《物理小识》等。这一时期我国工匠在淬火"火候"的控制上也有所发明，如采用预冷淬火，其对减小刀具的畸变、提高刀具的强韧性有益处。《天工开物》中有对采用预冷淬火技术制锉的记载："以已健划成纵斜文理，划时斜向入，则方成焰。划后烧红，退微冷，入水健。"其中"退微冷"，就是预冷淬火工艺。

第一次工业革命以后，钢铁进入大规模生产阶段，人们对金属材料的认识逐渐深入，将感性认识上升到了理性认识的高度，自此，材料科学正式诞生了。1863年，光学显微镜第一次被用于研究金属，英国金相学家和地质学家索比展示了钢铁在显微镜下的六种不同的金相组织，出现了"金相学"，同时证明了钢在加热和冷却时，内部会发生组织改变。法国人奥斯蒙德确立的铁的同素异构理论，以及英国人奥斯汀最早制定的铁碳相图，为现代热处理工艺初步奠定了理论基础。1912年的X射线衍射技术、1932年电子显微镜的问世，对金属材料及热处理技术的发展有着巨大的推动作用，将人类已有的对金属材料的认识带入了更深的层次。如今，金属材料与热处理已经形成完善的学科体系，并继续向更高、更深入的方向发展。

新中国成立后，我国金属材料与热处理技术取得了快速发展，建立健全了材料工业体系，各种金属材料品种齐全，已能满足国民经济发展的基本要求。2020年我国的钢产量已达10.5亿t，高居世界首位。我国用自己生产的金属材料，使"神舟"宇宙飞船升入太空，使原子弹和氢弹爆炸成功，其他领域的伟大成就也充分体现了我国在金属材料与热处理方面取得的发展和进步。特别是近30年来，金属热处理技术发展迅猛，热处理装备水平大幅提高。但与世界发达国家相比，我国还有一定的差距，需要继续努力，以缩小这些差距。

四、课程的性质、任务、特点和学习方法

金属材料与热处理是职业院校机械类专业重要的技术基础课，尤其是对焊接、铸造、锻压等热加工专业，其作用更加突出。

本课程的任务是以金属材料的性能为核心、以培养学生的能力为目标，介绍金属材料的成分、加工工艺、组织结构和性能的关系及其变化规律，常用金属材料及应用等基本知识。

本课程可以分为三个部分，即金属学基本知识，包括金属及合金的结构与结晶、金属的塑性变形与再结晶；钢的热处理；常用的金属材料，包括钢、铸铁和非铁金属及其合金。

本课程既有一定的理论性又有较强的实践性和综合性，再加上课程内容繁杂、抽象，各种概念、术语众多，很多人认为本课程是"难啃的骨头"，常误认为只能靠死记硬背才能掌握课程内容，殊不知首先应理清思路，掌握分析问题的方法，然后勤归纳、善总结，深刻理解，最后才能牢固记忆。因此，在学习时应认真听讲，在记忆的基础上注重理解、分析和应用，并注意前后内容的衔接与综合应用。

在理论学习之外，要注意密切联系生产和生活实际，运用杂志、互联网、新媒体等各种学习方式，广泛涉猎，勤动手，认真做好各项试验，认真完成各项作业。

教学中应充分发挥本书"理实一体"的特色，积极创造条件，将理论学习和技能训练融为一体，提高教学的信息量和利用效率，培养学生的思维能力和动手能力，为后续学习专业课打下良好的基础。

金属的力学性能及其测试

【学习目标】

知识目标
1. 掌握金属材料常用力学性能指标的含义、符号及工程意义
2. 了解金属拉伸试验、硬度试验和冲击试验的工作原理
3. 独立完成单元后练习题

能力目标
1. 能利用拉伸试验数据，计算金属材料的强度和塑性指标
2. 在教师指导下，能正确操作硬度计、冲击试验机，完成硬度和冲击试验
3. 能够按要求做出金属材料力学性能试验报告

金属材料之所以在现代工业中获得了广泛应用，主要是由于其具有加工和使用过程中所需要的各种性能。

金属材料的性能包含工艺性能和使用性能两方面。工艺性能是指在制造过程中材料适应加工的性能，即铸造性、可锻性、焊接性、可加工性和热处理性能；使用性能是指金属材料在使用条件下所表现出来的性能，包括力学性能、物理性能和化学性能。

金属材料在加工及使用过程中均要受到各种外力作用，一般将这些外力称为载荷。载荷按作用性质不同可分为以下三种。

1) 静载荷：大小、方向或作用点不随时间变化或变化缓慢的载荷。
2) 冲击载荷：在短时间内以较高速度作用于零构件上的载荷。
3) 循环载荷：大小、方向或大小和方向随时间发生周期性变化的载荷。

按作用形式不同，载荷又可分为拉伸载荷、压缩载荷、弯曲载荷、剪切载荷和扭转载荷等，如图 1-1 所示。

金属材料在外力作用下发生的形状和尺寸的变化称为变形。外力去除后能够恢复的变形称为弹性变形；外力去除后不能恢复的变形称为塑性变形。

金属材料在载荷的作用下表现出来的性能称为其力学性能，由于载荷的形式不同，金属材料可表现出不同的力学性能。常用的力学性能有强度、刚度、塑性、硬度、冲击韧性、疲劳极限等。

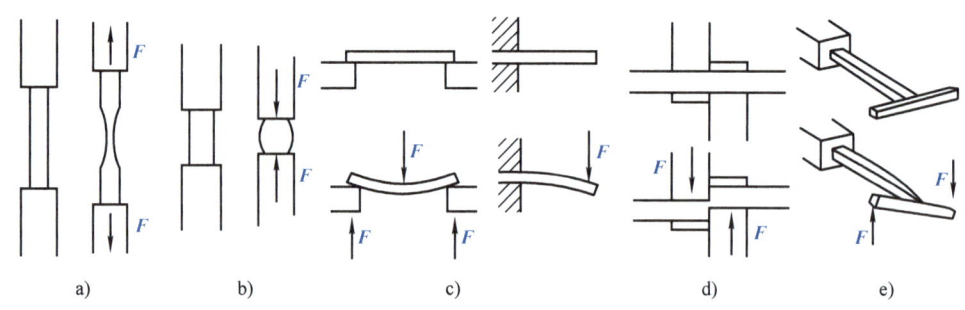

图 1-1 常见的载荷作用形式
a) 拉伸 b) 压缩 c) 弯曲 d) 剪切 e) 扭转

模块一　强度与塑性

【模块导入】

请思考下列问题。
1) 为什么起重机所用的钢丝绳应选用"结实"的中碳钢制造？
2) 为什么易拉罐大多是选用塑性变形能力较大的铝合金（3104H19）制造的？
3) 在你所知道的金属材料中，哪些比较"结实"？哪些比较容易发生塑性变形？

【学习内容】

一、金属静拉伸试验

静拉伸试验是指在静载荷作用下，在试样两端缓慢地施加载荷，使其工作部分受轴向拉力，引起试样沿轴向伸长，直至被拉断为止。根据测得的试验数据，得出相关的力学性能指标。

金属静拉伸试验按 GB/T 228.1—2010《金属材料 拉伸试验 第 1 部分：室温试验方法》执行。

1. 拉伸试样

进行拉伸试验前，应按国家标准将材料制成具有一定形状和尺寸的标准拉伸试样，图 1-2 所示为常用的圆形截面试样和矩形截面试样。

根据原始标距（L_o）与原始横截面积（S_o）之间的关系，拉伸试样可分为比例试样和非比例试样两种。比例试样的标距按公式 $K = L_o / \sqrt{S_o}$ 计算而得，系数 K 通常取 5.65 或 11.3。通常把 $K=5.65$ 的试样称为短比例试样，$K=11.3$ 的试样称为长比例试样。

根据 $K = L_o / \sqrt{S_o}$ 可知，圆截面短比例试样的原始标距 $L_o = 5d_o$，圆截面长比例试样的原始标距 $L_o = 10d_o$。

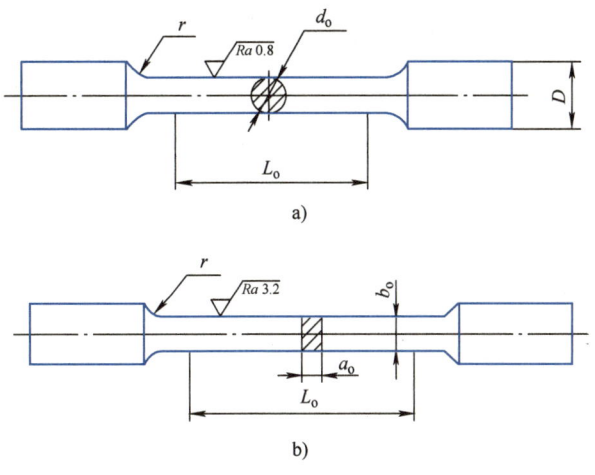

图 1-2　标准比例拉伸试样

a）圆形截面　b）矩形截面

2. 力-伸长曲线

拉伸试验中，拉伸试验机可自动绘制出反映拉伸过程中载荷（F）与试样伸长量（ΔL）之间关系的力-伸长曲线。材料的性质不同，其力-伸长曲线的形状也不尽相同。图 1-3 所示为退火低碳钢的力-伸长曲线，图中纵坐标表示力 F，单位为 N；横坐标表示绝对伸长量 ΔL，单位为 mm。

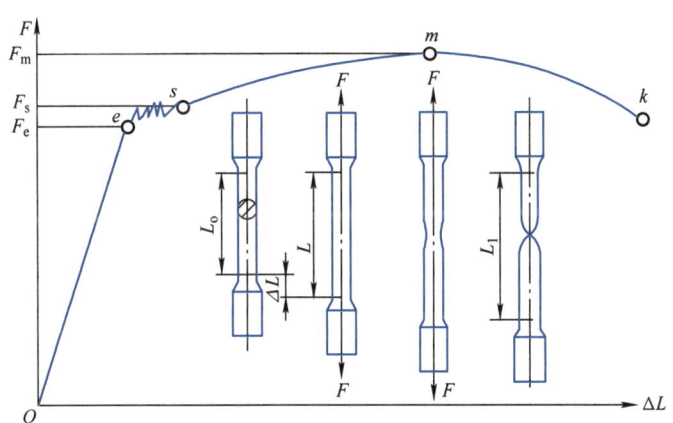

图 1-3　退火低碳钢的力-伸长曲线

低碳钢的力-伸长曲线可分为弹性变形、屈服、均匀塑性变形、缩颈和断裂等阶段。力-伸长曲线中的 Oe 段是直线，即当拉力不超过 F_e 时，拉力与伸长量成正比，这时试样产生弹性变形，拉力去除后，试样将恢复到原来的长度。

当拉力超过 F_e 时，试样除产生弹性变形外，还产生部分塑性变形，此时若卸载，则试样的伸长只能部分恢复。此时，外力不增加或变化不大，试样仍继续伸长，并开始出现明显的塑性变形，力-伸长曲线上出现平台或锯齿（es 段），这种现象称为屈服。屈服标志金属材料开始发生明显的塑性变形，屈服现象只出现在具有良好塑性的材料中。

在力-伸长曲线的 sm 段，载荷增加，试样沿轴向均匀伸长，称为均匀塑性变形阶段。同时，随着塑性变形的不断增加，试样的变形抗力也逐渐增加，产生加工硬化，这个阶段是材料的强化阶段。

在曲线的最高点（m 点），载荷增加到最大值 F_m，试样局部横截面积减小，伸长量增加，形成了"缩颈"（Necking）。随着缩颈处横截面积不断减小，试样的承载能力不断下降，到 k 点时，试样发生断裂。

工程上使用的金属材料，在拉伸试验过程中并不是都有明显的弹性变形、屈服、均匀塑性变形、缩颈和断裂等阶段。例如，灰铸铁、淬火高碳钢等脆性材料在断裂前塑性变形量很小，甚至不发生塑性变形，这种断裂称为脆性断裂。图 1-4 所示为铸铁的力-伸长曲线。

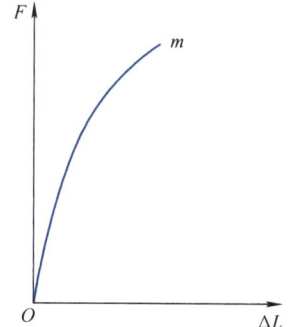

图 1-4　铸铁的力-伸长曲线

二、强度及其表征指标

强度是指金属材料在静载荷作用下抵抗塑性变形和断裂的能力。强度指标通常用应力（单位横截面积上的内力）的形式来表示，单位为 N/m^2（Pa），但 Pa 这个单位太小，所以实际工程中常用 MPa（$1MPa = 1N/mm^2 = 10^6 Pa$）作为强度的单位。目前，我国材料手册中有的还应用工程单位制，即 kgf/mm^2，其与 MPa 的关系为 $1kgf/mm^2 \approx 10MPa$。

金属材料的强度一般为 $100 \sim 2000 MPa$。强度越高，表明材料在工作时越可以承受较高的载荷。当载荷一定时，选用高强度的材料可以减小构件或零件的尺寸，从而减小其自重。因此，提高材料的强度是材料科学中的重要课题，称为材料的强化。

金属材料抵抗拉伸力的强度指标有屈服强度、规定塑性延伸强度、规定残余延伸强度和抗拉强度等。

【资料卡】

欧美等国家习惯使用 psi 作为强度单位，psi 的英文全称为 Pounds per square inch，意为磅/英寸^2，$1MPa \approx 145psi$。

1. 屈服强度

屈服强度是金属材料开始产生明显塑性变形时的最小应力值，其实质是金属材料对初始塑性变形的抗力。

对于具有明显屈服现象的金属材料，应区分上屈服强度 R_{eH} 和下屈服强度 R_{eL}。上屈服强度是试样发生屈服而力首次下降前的最高应力；下屈服强度为屈服期间，不计初始瞬时效应的最低应力，如图 1-5 所示。

上屈服强度和下屈服强度可用下式计算

$$R_{eH} = \frac{F_{eH}}{S_o}$$

$$R_{eL} = \frac{F_{eL}}{S_o}$$

式中　F_{eH} 和 F_{eL}——试样发生屈服现象时，上、下屈服点对应的载荷（N）；
　　　S_o——试样的原始横截面积（mm²）。

高碳淬火钢、铸铁等材料在拉伸试验中没有明显的屈服现象，无法确定其上、下屈服强度。对于这类材料，可以用以下两种方法确定其屈服强度。

（1）规定塑性延伸强度　在加载时测量，塑性延伸率达到规定的引伸计标距（L_e）百分率 ε_p 时的应力，称为规定塑性延伸强度，用 R_p 表示，如图 1-6a 所示。如测定试样标距部分的塑性延伸率为 0.1% 时的应力，记为 $R_{p0.1}$。

（2）规定残余延伸强度　在拉伸过程中，卸除拉力后，试样残余延伸率等于规定的引伸计标距（L_e）百分率 ε_r 时对应的应力，称为规定残余延伸强度，用 R_r 表示，如图 1-6b 所示。如测定残余延伸率 ε_r 为 0.2% 时的应力，记为 $R_{r0.2}$。

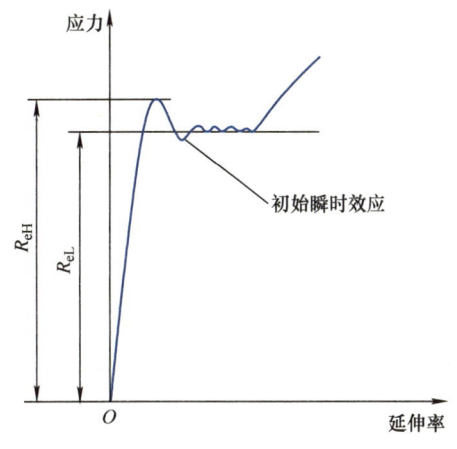

图 1-5　屈服强度的定义

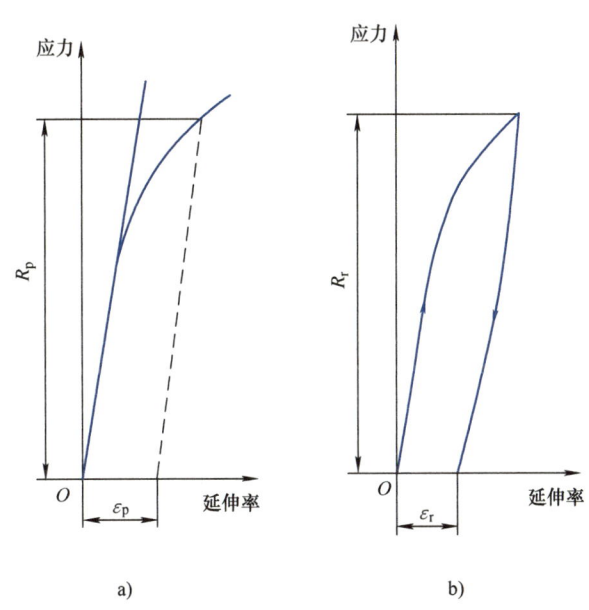

图 1-6　没有明显屈服现象时屈服强度的确定
a）规定塑性延伸强度　b）规定残余延伸强度

工程构件或机器零件工作时均不允许发生明显的塑性变形，因此，屈服强度是工程技术上重要的力学性能指标之一，也是大多数工件选材和设计的依据。

2. 抗拉强度

抗拉强度是指材料在断裂前所承受的最大应力，又称强度极限，用 R_m 表示，即

$$R_m = \frac{F_m}{S_o}$$

式中　F_m——试样被拉断前承受的最大载荷（N）；
　　　S_o——试样的原始横截面积（mm²）。

抗拉强度表征金属材料在静载荷作用下的最大承载能力，也是机械工程设计和选材的主要指标，特别是对铸铁等脆性材料来讲，因其拉伸过程中一般不出现缩颈现象，故抗拉强度就是其断裂强度，工件在工作中承受的最大应力不允许超过抗拉强度。

3. 屈强比

屈服强度与抗拉强度的比值 $\left(\dfrac{R_{eL}}{R_m}\right)$ 称为材料的屈强比。屈强比的大小对金属材料意义很大，屈强比越大，材料的承载能力越强，越能发挥材料的性能潜力。但屈强比过大，材料在断裂前塑性"储备"太少，则其将对应力集中敏感，安全性能会下降。合理的屈强比一般为 0.60～0.75。

【资料卡】

螺栓是常用的金属联接件，其头部的数字表示性能等级，分为 3.6、4.6、4.8、5.6、5.8、6.8、8.8、9.8、10.9、12.9 共 10 个等级，其中整数表示抗拉强度，小数表示屈强比。以常用的 4.8 级螺栓为例，其抗拉强度为 400MPa，屈强比为 0.8，据此可知其屈服强度为 400MPa×0.8 = 320MPa。

三、常用塑性指标

塑性是指金属材料在静载荷作用下产生塑性变形而不致引起破坏的能力。金属的塑性常用断后伸长率和断面收缩率表示。

1. 断后伸长率

断后伸长率是指试样拉断后标距的伸长量（$L_u - L_o$）与原始标距 L_o 的比值，用 A 表示，即

$$A = \dfrac{L_u - L_o}{L_o} \times 100\%$$

式中　L_u——试样拉断后标距的长度（mm）；
　　　L_o——试样的原始标距（mm）。

同一金属材料的试样长短不同，测得的断后伸长率也略有不同。由于大多数韧性金属材料在缩颈处产生的集中塑性变形量大于均匀塑性变形量，因此用短试样（$L_o = 5d_o$）测得的断后伸长率 A 略大于用长试样（$L_o = 10d_o$）测得的断后伸长率 $A_{11.3}$。

2. 断面收缩率

断面收缩率是指试样拉断处横截面积的减小量（$S_o - S_u$）与原始横截面积 S_o 的比值，用 Z 表示，即

$$Z = \dfrac{S_o - S_u}{S_o} \times 100\%$$

式中　S_u——试样拉断后断裂处的最小横截面积（mm²）；
　　　S_o——试样的原始横截面积（mm²）。

断面收缩率 Z 的大小与试样的尺寸无关，只取决于材料的性质。显然，断后伸长率 A 和断面收缩率 Z 越大，说明材料在断裂前产生的塑性变形量越大，也就是材料的塑性越好。

良好的塑性对金属材料的加工和使用具有重要意义，塑性好的材料可以通过各种压力加工方法（锻造、轧制、冲压等）获得形状复杂的零件或构件。此外，工程构件或机械零件在使用过程中虽然不允许发生塑性变形，但在偶然过载时，塑性好的材料可发生一定的塑性变形而不致突然断裂；再者，材料的塑性变形可以减弱应力集中，削减应力峰值，零件在使用时更显安全。

【视野拓展】

超 塑 性

通常情况下金属的断后伸长率不超过90%，而有些金属及其合金在某些特定条件下，最大断后伸长率可高达1000%~2000%，个别的可达6000%，这种现象称为超塑性。超塑性是1920年德国人罗森海因在对锌-铝-铜合金进行研究时发现的。由于超塑性状态具有异常高的塑性、极小的流动应力、极大的活性及扩散能力，故其在压力加工、热处理、焊接、铸造，甚至切削加工等很多领域中得到了应用。

技能训练　金属常温静拉伸试验

某厂新购入一批直径为20mm的20钢棒料，退火态。按GB/T 699—2015的规定，其力学性能指标应为：$R_{eL} \geq 245\text{MPa}$，$R_m \geq 420\text{MPa}$，$A \geq 25\%$，$Z \geq 50\%$。现随机取样并制成 $d_o = 10\text{mm}$ 的长比例试样进行拉伸试验，以对这批20钢进行验收，并给出验收报告。

设备仪器及试样

试样：20钢圆形截面拉伸试样（图1-7）。

工具：游标卡尺（量程为150mm，分度值为0.02mm）；试样标距打点机。

设备：WAW—600型金属万能试验机。

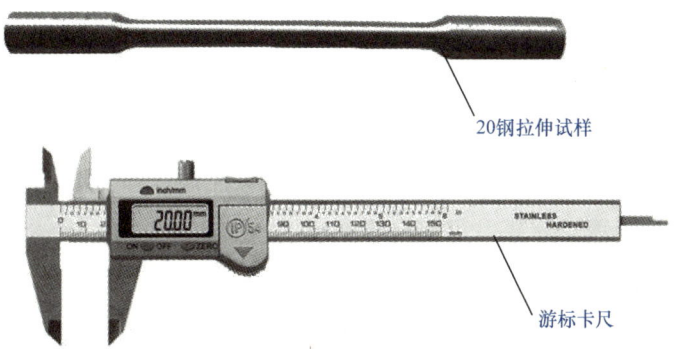

图1-7　20钢拉伸试验所需设备、工具及试样

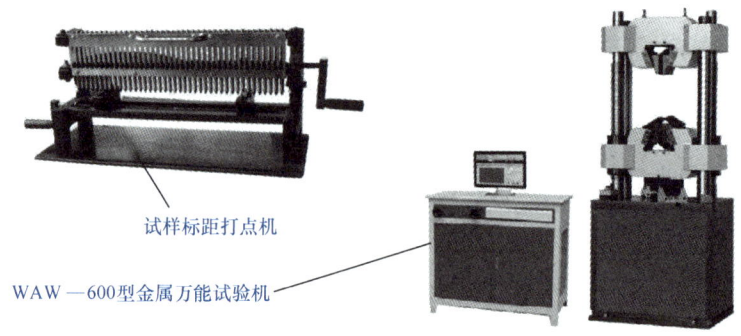

图 1-7 20 钢拉伸试验所需设备、工具及试样（续）

任务实施

一、试样的划线测量

试验前，应先检查试样外观是否符合要求。如发现表面有明显的横向刀痕、磨痕，或有扭曲变形，则应重新领取合格试样。

使用游标卡尺测量试样的原始直径 d_o，应在试样平行段的两端及中间处两个互相垂直的方向上各测一次，取六次测量结果的算术平均值作为试样的原始直径，并根据此值计算横截面积 S_o。

试样原始标距一般采用细划线或细墨线进行标定，所采用的方法不能影响试样过早断裂。本试验中因 20 钢属于低碳钢，按 $L_o = 10d_o$ 的比例关系，可用打点机直接在试样平行段上划出原始标距 100mm，并划出 10 个分格线，每格为 10mm。

二、试样的安装

将试样安装在 WAW—600 型金属万能试验机上，按照试验机的操作流程对试样进行拉伸，在计算机上记录力-伸长曲线及相关试验数据。

三、试验过程

打开计算机，启动试验控制软件，输入原始直径、原始标距，并设置其他拉伸参数。将初始数据设置为零，单击开始按钮，开始拉伸试验，注意观察试样的变形情况和缩颈现象，试样断裂后立即单击"停止"按钮，并将试样从试验机上取下。

四、测量断后试样

用游标卡尺测量试样断后标距长度 L_u、缩颈处直径 d_u（在两个互相垂直的方向上各测一次，取其算术平均值），将结果输入计算机，软件将自动计算出强度、塑性指标，如图 1-8 所示。

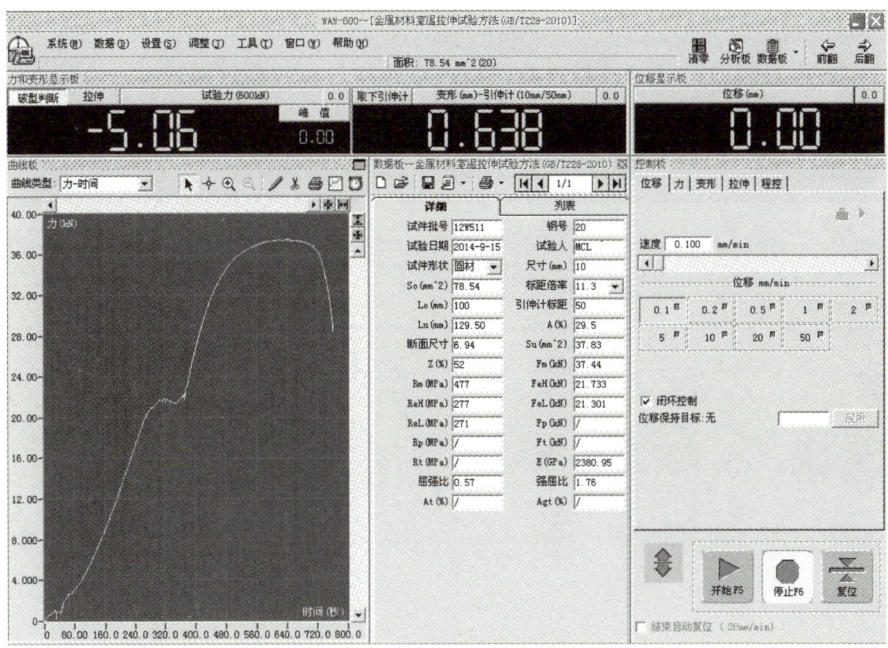

图 1-8 20 钢拉伸试验控制程序界面

五、输出报告

根据图 1-8 所显示的试验结果，$R_{eL}=271$ MPa，$R_m=477$ MPa，$A=29.5\%$，$Z=52\%$，各项力学性能指标均达到国家标准，故这批 20 钢合格。

单击控制程序界面上的相关按钮，计算机可自动输出试验报告。

扫描二维码观看低碳钢拉伸试验视频。

【资料卡】

目前，金属室温拉伸试验方法采用新标准 GB/T 228.1—2010，本书也采用此标准。但一些书籍或资料的金属力学性能指标是按旧标准 GB/T 228—1987 测定和标注的，为方便读者学习和阅读，现将金属材料强度与塑性的新、旧标准名称和符号对照列于表 1-1 中。

表 1-1 金属材料强度与塑性的新、旧标准名称和符号对照

GB/T 228.1—2010		GB/T 228—1987	
名　称	符　号	名　称	符　号
屈服强度	—	屈服点	σ_s
上屈服强度	R_{eH}	上屈服点	σ_{su}

(续)

GB/T 228.1—2010		GB/T 228—1987	
名称	符号	名称	符号
下屈服强度	R_{eL}	下屈服点	σ_{sL}
规定残余延伸强度	R_r	规定残余伸长应力	σ_r
抗拉强度	R_m	抗拉强度	σ_b
断后伸长率	A 或 $A_{11.3}$	断后伸长率	δ_5 或 δ_{10}
断面收缩率	Z	断面收缩率	ψ

模块二 硬度测试

【模块导入】

1）在歌曲《团结就是力量》中有这样一句歌词："这力量是铁，这力量是钢，比铁还硬，比钢还强。"那么，铁到底有多硬呢？怎样衡量金属的硬度呢？

2）在古代中国，用金、银做货币，除了因为它们贵重之外，还有什么原因？

【学习内容】

硬度是衡量金属材料软硬程度的指标，是指金属材料在静载荷作用下抵抗表面局部变形，特别是塑性变形、压痕、划痕的能力。

硬度试验设备简单，操作迅速方便，可直接在工件上进行测量而不伤工件；更为重要的是，通过硬度测量可以估计出金属材料的其他力学性能指标，如强度、塑性等。因此，硬度是金属力学性能中最常用的性能之一，硬度试验在科研和生产中得到了广泛应用。

生产中应用广泛的压入硬度测试方法有布氏硬度、洛氏硬度和维氏硬度等。

一、布氏硬度

1. 布氏硬度测试原理

布氏硬度测试的原理是在一定载荷 F 的作用下，将一定直径 D 的硬质合金球压入被测材料的表面，保持规定时间后将载荷卸掉，使用读数显微镜测出压痕直径 d，根据 d 计算出压痕球缺的面积 S，最后求出压痕单位面积上承受的平均压力，以此作为被测金属材料的布氏硬度值，如图1-9所示。

实际测试布氏硬度时，硬度值是不用计算的，根据 d 值查阅 GB/T 231.4—2009《金属材料 布氏硬度试验 第4部分：硬度值表》即可得出硬度值。某些型号的硬度计可自动测量 d 值并给出硬度值。

容易理解，压痕直径 d 越大，金属材料的布氏硬度值越低；反之，金属材料的布氏硬度值越高。

布氏硬度的符号为 HBW，其表示方法如下：硬度值+硬度符号+试验条件。如 200HBW10/1000/30 表示用直径为 10mm 的硬质合金球压头，在 1000kgf（9.807kN）力的作用下，保持 30s（持续时间为 10~15s 时，可以不标注），测得的布氏硬度值为 200HBW。

2. 布氏硬度规范

由于不同金属材料的硬度不同、工件有厚有薄，金属布氏硬度试验方法执行 GB/T 231.1—2018《金属材料 布氏硬度试验 第 1 部分：试验方法》。在进行布氏硬度试验时，试验力 F（N）与压头直径（mm）平方的比值（$0.102F/D^2$）应为 30、15、10、5、2.5、1 中的一个，见表 1-2。在试样尺寸允许时，应优先选用直径为 10mm 的球压头进行试验。

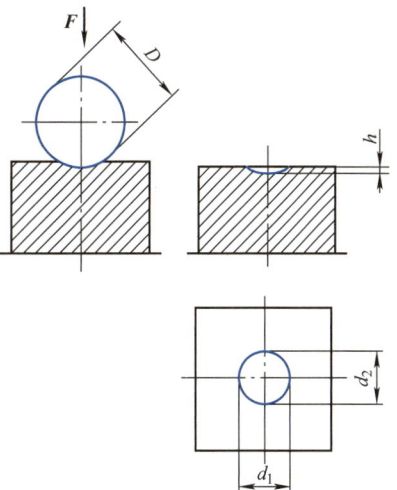

图 1-9 布氏硬度测试原理示意图

表 1-2 布氏硬度试验规范

材料种类	布氏硬度值 HBW	$0.102F/D^2$	备注
钢、镍合金、钛合金		30	1）压痕中心与试样边沿间的距离不应小于压痕平均直径的 2.5 倍 2）相邻压痕间的中心距离不应小于压痕平均直径的 3 倍 3）试样厚度至少应为压痕深度的 8 倍，试验后，试样支承面应无明显变形痕迹 4）试验力的选择应保证压痕直径为 $0.24D~0.6D$ 5）对于铸铁的试验，压头直径为 2.5mm、5mm 和 10mm
铸铁	<140	10	
铸铁	≥140	30	
铜及铜合金	<35	5	
铜及铜合金	35~200	10	
铜及铜合金	>200	30	
轻金属及其合金	<35	2.5	
轻金属及其合金	35~80	10（5 或 15）	
轻金属及其合金	>80	10（15）	

3. 布氏硬度的特点及适用范围

布氏硬度的优点是试验时试样上的压痕面积较大，能较好地反映材料的平均硬度，数据较稳定，重复性好。其缺点是测试麻烦，压痕较大，不适合测量成品及薄件。

布氏硬度试验上限为 650HBW，主要用于铸铁、非铁金属（如滑动轴承合金等）及经过退火、正火和调质处理的钢材。一般在零件图样或工艺文件上标注材料要求的布氏硬度值时，不规定试验条件，只标出要求的硬度值范围和硬度符号即可，如 200~230HBW。

【资料卡】

在工程应用中，可根据金属的布氏硬度值近似换算出其抗拉强度。例如，钢材的抗拉强度 R_m（MPa）≈（3.4~3.6）HBW；灰铸铁的抗拉强度 R_m（MPa）≈17（HBW-40）；退火黄铜、青铜的抗拉强度 R_m（MPa）≈5.5HBW。

二、洛氏硬度

1. 洛氏硬度测试原理

洛氏硬度的试验原理是用顶角为120°的金刚石圆锥体或者用直径为1.588mm的碳化钨合金球作为压头，将其压入被测试样表面，根据压痕深度确定金属的硬度值。洛氏硬度没有单位，是一个无量纲的力学性能指标，可从洛氏硬度计刻度盘上直接读出。

显然，压头压入的深度越大，金属材料的洛氏硬度值越低；反之，金属材料的洛氏硬度值越高。

2. 洛氏硬度规范

目前，金属材料洛氏硬度试验方法执行 GB/T 230.1—2018《金属材料　洛氏硬度试验　第1部分：试验方法》。为了能用同一硬度计测定不同软硬或厚薄试样的硬度，需要采用不同的压头和载荷组合成多种洛氏硬度标尺，其中最常用的是 A、B、C 三种标尺，分别记作 HRA、HRBW、HRC，其中洛氏硬度 C 标尺应用最广泛，见表1-3。

表1-3　三种常用洛氏硬度的试验条件及应用范围

标尺	硬度符号	压头类型	总载荷/N(kgf)	测量范围	应用范围
A	HRA	120°金刚石圆锥体	588.4(60)	20~95	硬质合金、表面硬化层、淬火工具钢等
B	HRBW	φ1.588mm 碳化钨合金球	980.7(100)	10~100	低碳钢、铜合金、铝合金、铁素体可锻铸铁
C	HRC	120°金刚石圆锥体	1471(150)	20~70	淬火钢、调质钢、高硬度铸铁

洛氏硬度的表示方法为硬度值+硬度符号，如 60HRC 表示用 C 标尺测得的洛氏硬度值为 60。

3. 洛氏硬度的特点及适用范围

洛氏硬度是目前应用最广泛的硬度测试方法，其优点是测量迅速、简便，压痕较小，可用于测量成品和薄件，尤其是淬火后的工件。但由于其压痕较小，洛氏硬度值不够准确，数据重复性差。因此，在测试金属的洛氏硬度时，需要选取四个不同位置进行测量，第一点硬度值不计，然后分别报出另外三点的硬度值。

【试一试】

在没有专业硬度测量仪器时，人们常用锯条、锉刀来划锉金属，以感觉金属的硬度。锯条、锉刀是用碳素工具钢 T10、T12 制造的，其使用状态下的硬度值约为 62HRC。当用上述工具划锉金属较容易并有切屑产生时，表明被测金属的硬度较低；如划锉金属有明显的"打滑"现象，则说明金属的硬度较高，一般大于 50HRC。

三、维氏硬度

1. 维氏硬度测试原理

维氏硬度测试原理与布氏硬度基本相似，如图1-10所示。用一个相对面夹角为136°的金刚石正四棱锥压头，在规定载荷的作用下压入被测金属表面，保持一定时间后卸除载荷，用压痕单位面积上承受的载荷（F/S）来表示硬度值。维氏硬度的符号为HV。

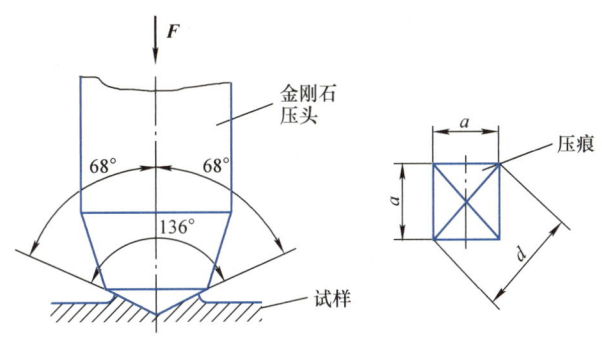

图 1-10　维氏硬度测试原理图

实际测试维氏硬度时,硬度值也是不用计算的,利用刻度放大镜测出压痕对角线长度 d,通过查表即可得出维氏硬度值。

维氏硬度的测量范围为 5~3000HV,表达方法为硬度值+硬度符号+测试条件。如 620HV30/20 表示在 30kgf（249.3N）载荷作用下,保持 20s 测得的维氏硬度值为 620；如果保持时间为 10~15s,则可以不标注时间,如 620HV30。

2. 维氏硬度的特点及适用范围

维氏硬度的优点是试验载荷小,压痕较浅,适用范围宽,可以测量极软到极硬的材料,尤其适合测定表面淬硬层及化学热处理表面层等的硬度。由于维氏硬度只用一种标尺,故材料的硬度可以直接通过维氏硬度值比较大小。

维氏硬度的缺点是对试样表面要求高,压痕对角线长度 d 的测定较麻烦,工作效率不如洛氏硬度高。

由于各种硬度试验的条件不同,因此它们相互之间没有理论换算关系。但根据试验数据分析,可得到粗略换算公式：当硬度在 200~600HBW 范围内时,HRC≈HBW/10；当硬度小于 450HBW 时,HBW=HV。

【视野拓展】

里 氏 硬 度

里氏硬度测试技术是国际上继布氏硬度、洛氏硬度、维氏硬度之后新发展的一种技术,依据里氏硬度理论制造的里氏硬度计改变了传统的硬度测试方法。硬度传感器小如一支笔,可以手握传感器在生产现场直接对工件进行各种方向的硬度检测,这是其他台式硬度计所难以胜任的。里氏硬度计自诞生以来,在国际上的普及程度越来越广。为推广这一先进技术,参照国际标准,国家质量技术监督局已颁布 GB/T 17394.1—2014《金属材料　里氏硬度试验　第 1 部分：试验方法》。图 1-11 所示为 HL—200N 型便携式里氏硬度计。

里氏硬度（HL）可以转化为布氏（HB）、洛氏

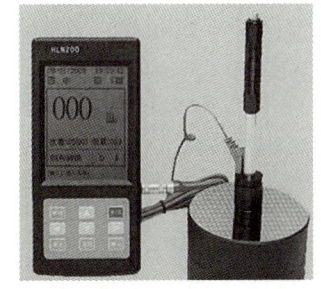

图 1-11　HL—200N 型便携式里氏硬度计

（HRC）、维氏（HV）等硬度；或用里氏原理直接用布氏（HB）、洛氏（HRC）、维氏（HV）、里氏（HL）等测量硬度值。

技能训练　金属布氏、洛氏硬度试验

钢铁到底有多硬？现在就测量45钢、T8钢和灰铸铁的硬度值，并给出试验报告。

设备仪器及试样

试样：45钢（正火态）、T8钢（淬火态）、灰铸铁试样各1块。

仪器：HB—3000型布氏硬度计、HR—150A型洛氏硬度计、JC—10读数显微镜、砂布，如图1-12所示。

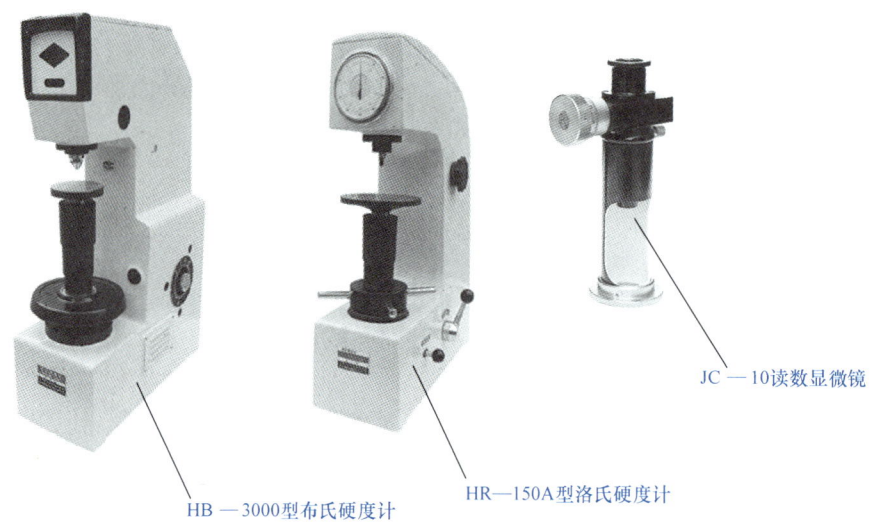

图1-12　硬度计和读数显微镜

任务实施

一、硬度试验方法的选择

根据材料种类和状态，45钢正火态试样和灰铸铁试样采用布氏硬度测试方法，T8钢淬火态试样采用洛氏硬度测试方法。

二、布氏硬度测试

1）根据被测材料特点，选择直径为10mm的硬质合金压头，载荷为29400N（3000kgf），载荷保持时间为10s。检查试样的试验面是否光滑，如有氧化现象或污物，应用砂布清理干净。

2）将试样放在布氏硬度计载物台上，选好测试位置，顺时针方向旋转手轮，使压头与试样紧密接触，直到手轮螺母与丝杠之间产生滑动为止。

3)按下按钮,起动电动机加载,当载荷全部加上时,红色指示灯亮;持续一段时间后自动卸载,红色指示灯灭。当卸载完毕时,电动机停止转动。

4)逆时针方向旋转手轮,取下试样。

5)将打上压痕的试样置于水平工作台面上,把读数显微镜置于试样上(当显微镜与试样置于一起时,手不要抖动,因为显微镜与工件的结合不是很紧固,稍不注意就会造成读数误差),把透光孔对向光亮处,通过调焦在目镜中找到压痕的放大图像,并使零位线与压痕的左侧边缘相切,旋转百分筒,使指标线与压痕的右侧相切。在镜中读取压痕直径的整数值,在百分筒上读取小数值,二者相加即为压痕直径。图 1-13 所示的压痕直径为 3mm + 0.32mm = 3.32mm。

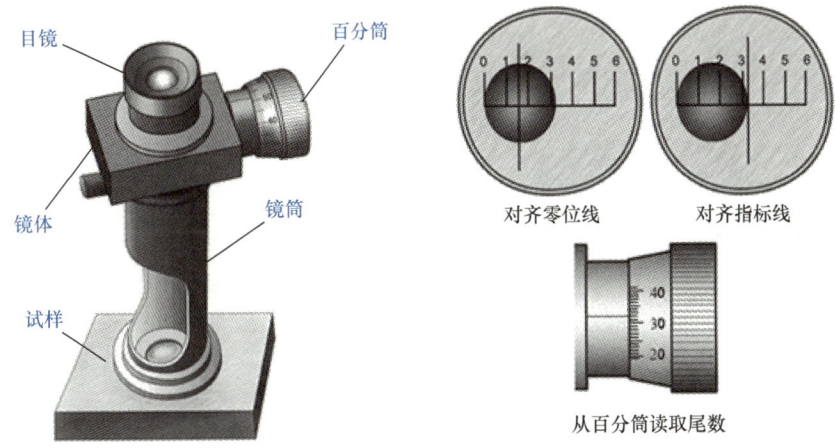

图 1-13 用读数显微镜测量布氏硬度压痕直径

6)把工件旋转 90°,再测量一次(由于压痕通常为不规则形状,故要把试样旋转 90°,再测量一次),取两次结果的平均值,即得到压痕的最终直径 d,然后查平面布氏硬度值计算表得到相应的硬度值并记录下来。

7)将试验结果填入表 1-4 中,并按要求做出试验报告。

表 1-4 布氏硬度记录表

试样		压头		载荷/N	保持时间/s	压痕直径/mm			硬度值 HBW
牌号	热处理状态	材料	直径/mm			1	2	平均	

扫描二维码观看布氏硬度试验视频。

三、洛氏硬度测试

1）用砂纸将 T8 钢淬火试样表面的氧化皮和污物去除，使其平整光洁；试样支承面应保持清洁。

2）选择洛氏硬度 C 标尺，将 T8 钢淬火试样放在洛氏硬度计的载物台上，选好测试位置，顺时针方向旋转手轮，使载物台缓慢上升并顶起压头，至大指针旋转 3 圈垂直向上、小指针对准表盘上的红点时，即加上 98.07N（10kgf）的初载荷。

3）将表盘上的大指针对零（HRC 对 B-C），如图 1-14a 所示。

4）轻轻拉动加载手柄加 1373N（140kgf）的主载荷，大指针开始转动，在大指针停止转动 3~5s 后，向后推动卸荷手柄，卸除主载荷，此时大指针回转若干格后停止，从表盘上读出大指针所指示的硬度值（HRA、HRC 读外圈黑数字，HRB 读内圈红数字），并记录下来。例如，图 1-14b 显示 T8 钢淬火后的硬度值为 62HRC。

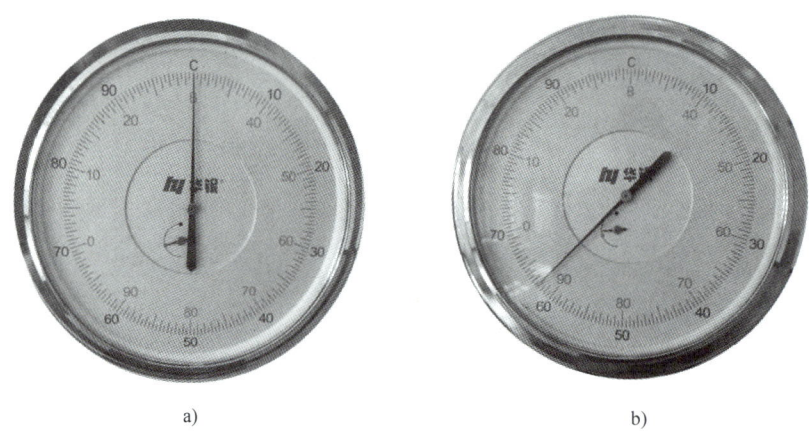

a) b)

图 1-14 洛氏硬度测试时表盘指针状态
a）加预载荷后对零时表盘指针位置 b）卸主载荷后表盘指针位置

5）逆时针方向旋转手轮，使压头与试样分开，调换试样位置再次进行测量，共须测量四次，不计第一次结果，取后三次测试结果的平均值作为试样的洛氏硬度值。

6）将试验结果填入表 1-5 中，并按要求做出试验报告。

表 1-5 洛氏硬度记录表

试 样		标 尺		载荷 /N	硬度值 HRC			
牌号	热处理状态	符号	压头		1	2	3	平均

扫描二维码观看洛氏硬度试验视频。

模块三　冲击韧性及其测试

【模块导入】

同学们都知道，在公共汽车、火车等公共交通工具上都放置一定数量的安全锤，在紧急情况下，可以方便取出并砸碎玻璃窗、门以便顺利逃生。其工作原理是利用安全锤圆锥形的尖端，在冲击载荷作用下使玻璃产生轻微开裂。对于钢化玻璃而言，一点点的开裂就意味着整块玻璃内部的应力分布受到了破坏，从而在瞬间产生无数蜘蛛网状裂纹，此时只要轻轻地用锤子再砸几下，就能将玻璃碎片清除掉。

【学习内容】

许多零件或构件在工作过程中往往受到冲击载荷的作用，如压力机的冲头、风动工具、锤子等，它们是利用冲击载荷工作的；而在其他很多情况下，则要尽量避免受到冲击载荷的作用，因为冲击载荷作用时间短、速度快、应力集中，对材料的破坏作用比静载荷大得多。因此，在设计和制造这些零件和构件时，不能只考虑静载荷强度指标，还必须考虑材料抵抗冲击载荷的能力。

金属材料在冲击载荷作用下抵抗破坏的能力称为韧性，它是金属材料力学性能中的重要力学指标。金属材料的冲击韧性通常用夏比摆锤式冲击试验来测定，用冲击吸收能量表示韧性的高低。

【试一试】

向墙上或木板上钉钉子时，必须使用锤子等工具，而用手直接按则很困难。这是为什么？

一、夏比摆锤冲击试验

1. 冲击试样

标准冲击试样有夏比 U 型缺口试样和夏比 V 型缺口试样两种类型，图 1-15 所示为标准夏比缺口冲击试样。试样缺口的作用是在缺口附近造成应力集中，保证在缺口处破断。缺口的深度和尖锐程度对冲击吸收能量的大小影响显著，缺口越深、越尖锐，冲击吸收能量越小，金属材料表现的脆性越大。

一般情况下，尖锐缺口和深缺口试样适用于韧性较好的材料。当试验材料的厚度在 10mm 以下而无法制备标准试样时，可采用宽度为 7.5mm 或 5mm 等小尺寸试样，试样的其他尺寸及公差与相应缺口的标准试样相同，缺口应开在试样的窄面上。

2. 夏比摆锤冲击试验的原理

夏比摆锤冲击试验的原理如图 1-16 所示。试验时，将标准试样放在试验机的支座

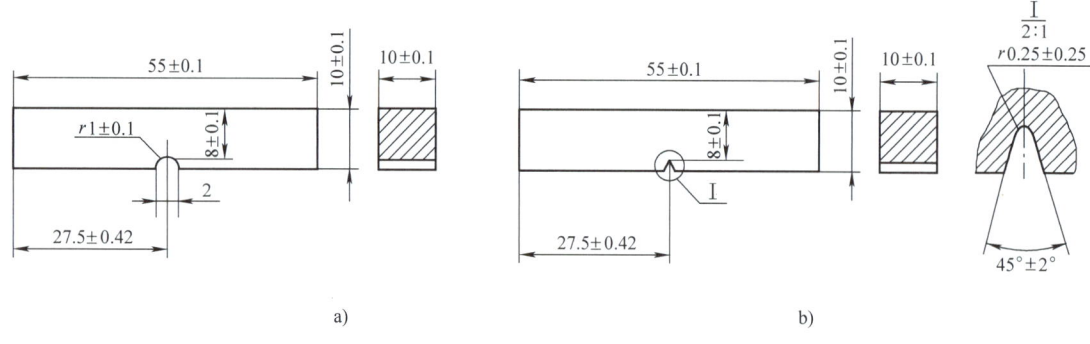

图 1-15 标准夏比缺口冲击试样
a) U 型缺口试样　b) V 型缺口试样

上,把质量为 m 的摆锤抬升到一定高度 h_1,然后释放摆锤,冲断试样,摆锤依靠惯性运动到高度 h_2。

如果忽略冲击过程中的各种能量损失(空气阻力、摩擦力等),摆锤的势能损失 $mgh_1 - mgh_2 = mg(h_1-h_2)$ 就是冲断试样所需要的能量,即试样变形和断裂所消耗的功,称为冲击吸收能量,用符号 K 表示,即

$$K = mg(h_1-h_2)$$

按照国家标准 GB/T 229—2020,U 型缺口试样和 V 型缺口试样的冲击吸收能量分别表示为 KU 和 KV,并用下标数字 2 或 8 表示摆锤切削刃半径,如 KU_2,其单位是焦耳(J)。冲击吸收能量的大小可由试验机的刻度盘直接读出。

冲击吸收能量越多,材料的韧性越高,越可以承受较大的冲击载荷。一般把冲击吸收能量少的材料称为脆性材料,冲击吸收能量多的材料称为韧性材料。脆性材料在断裂前没有明显的塑性变形,其断口较平直,呈晶状或瓷状,有金属光泽;而韧性材料在断裂前有明显的塑性变形,其断口呈纤维状,无光泽。

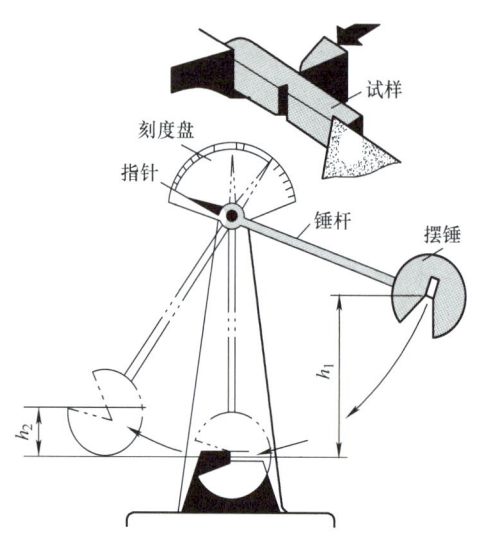

图 1-16 夏比摆锤冲击试验的原理

二、低温脆性

有些金属材料,尤其是工程中使用的中低强度钢,当温度降低到某一程度时,会出现吸收能量明显下降的现象,称为低温脆性或冷脆。历史上曾经发生过多次由于低温脆性造成的船舶、桥梁等大型结构脆断的事故,造成了巨大的损失。如著名的泰坦尼克号沉船事故、美国第二次世界大战期间建造的焊接油轮"自由"断裂事故、西伯利亚铁路断轨事故等。

通过测定材料在不同温度下的冲击吸收能量,就可测出某种材料的冲击吸收能量与温度的关系曲线,如图 1-17 所示。冲击吸收能量随温度的降低而减小,在某个温度区间内,冲

击吸收能量急剧下降，试样断口由韧性断口过渡为脆性断口，这个温度区间称为韧脆转变温度，用 T_t 表示。

韧脆转变温度是衡量金属冷脆倾向的重要指标。韧脆转变温度越低，材料的低温冲击性能就越好。在严寒地区使用的金属材料必须有较低的韧脆转变温度，才能保证正常工作，如高纬度地区使用的输油管道、极地考察船等建造用钢的韧脆转变温度应在-50℃以下。

应当指出，并非所有材料都有冷脆现象，如铝合金和铜合金等就没有低温脆性。

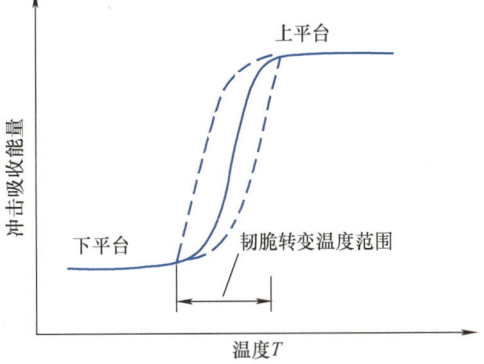

图 1-17 冲击吸收能量与温度的关系

【工程案例】

1912 年 4 月，号称永不沉没的泰坦尼克号（Titanic）首航沉没于冰海，成了 20 世纪令人难以忘怀的悲惨海难。20 世纪 80 年代后，材料科学家通过对打捞上来的泰坦尼克号船板进行研究，解答了持续 80 年的未解之谜。由于 Titanic 号采用了含硫高的钢板，韧性很差，特别是在低温时呈脆性。所以，当船在冰水中撞击冰山时，脆性船板使船体产生了很长的裂纹，海水大量涌入使船迅速沉没。图 1-18a 所示的试样取自海底的 Titanic 号，冲击试样断口平齐，有光泽，边缘无剪切唇，是典型的脆性断口；图 1-18b 所示为近代船用钢板的冲击试样，其断裂前有明显的塑性变形，无光泽，断口边缘有剪切唇。

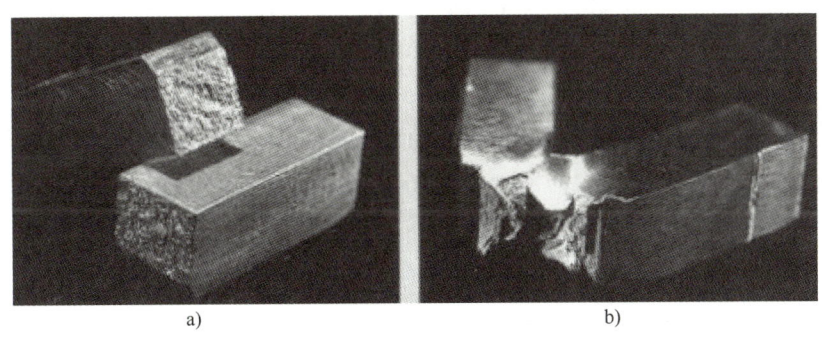

图 1-18 Titanic 号船用钢板和近代船用钢板的冲击试验结果

三、冲击试验的应用

金属材料的冲击吸收能量 K 是一个由强度和塑性共同决定的综合性力学性能指标，其在零件设计中虽不能直接用于设计计算，但却是一个重要的参数。所以，将材料的冲击韧性列为金属材料的常规力学性能，R_{eL}（$R_{r0.2}$）、R_m、A、Z 和 K 被称为金属材料常规力学性能的五大指标。

冲击试验的应用主要有以下几个方面。

1）评定材料的冶金质量和热加工产品质量。通过测量冲击吸收能量和对冲击试样进行断口分析，可揭示材料的夹渣、偏析、白点、裂纹以及非金属夹杂物超标等冶金缺陷；检查过热、过烧、回火脆性等锻造、焊接、热处理等热加工缺陷。

2）评定材料在低温条件下的冷脆倾向。利用系列低温冲击试验可测定材料的韧脆转变温度，供选材时参考，目的是使材料不在冷脆状态下工作，保证安全。

3）对于屈服强度大致相同的金属材料，通过冲击吸收能量可以评价材料对大能量冲击破坏的缺口敏感性。

【资料卡】

GB/T 229—2020 与 GB/T 229—1994 相比，在金属冲击韧性的名称和符号等方面有较大变化，为方便读者学习，现将金属材料冲击韧性的新、旧标准名称和符号对照列于表1-6中。

表1-6 金属材料冲击韧性的新、旧标准名称和符号对照

GB/T 229—2020		GB/T 229—1994	
名称	符号	名称	符号
冲击吸收能量	K	冲击吸收功	A_K
U型缺口试样在2mm锤刃下的冲击吸收能量	KU_2	U型缺口冲击吸收功（2mm锤刃）	A_{KU}
U型缺口试样在8mm锤刃下的冲击吸收能量	KU_8		
V型缺口试样在2mm锤刃下的冲击吸收能量	KV_2	V型缺口冲击吸收功（2mm锤刃）	A_{KV}
V型缺口试样在8mm锤刃下的冲击吸收能量	KV_8		
转变温度	T_t	韧脆转变温度	T_K

技能训练 金属冲击试验

按 GB/T 229—2020，测量低碳钢的常温冲击吸收能量。

设备仪器及试样

试样：20钢正火态、淬火态冲击试样各3个，其中正火态试样开V型缺口，淬火态试样开U型缺口（图1-19）。

设备：JB—300B型冲击试验机1台。

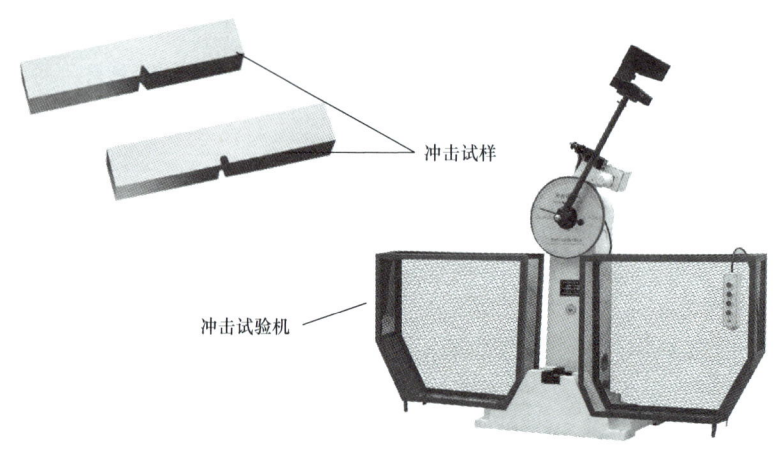

图1-19 冲击试样和冲击试验机

任务实施

一、冲击试样的检查

用分度值为 0.02mm 的游标卡尺测量试样尺寸是否符合有关标准要求。试样缺口底部应光滑,不允许有与缺口轴线平行的明显划痕。

二、冲击试验过程（以 JB—300B 型半自动冲击试验机为例）

1）根据所要测定的材料选用摆锤的能量等级,接通冲击试验机电源,机身上的绿色指示灯亮。

2）JB—300B 型半自动冲击试验机的控制手柄如图 1-20 所示。拨动控制手柄上的电动机开关,起动电动机。

3）按下控制面板上的"起摆"按钮,使摆锤扬至最高位置后,保险销伸出。

4）将冲击试样紧贴支座放置,并使试样缺口的背面朝向摆锤切削刃。用专用的对中钳或定位规对中,使缺口对称面位于两支座对称面上,其偏差不应大于 0.5mm。

5）确认摆锤摆动范围内无人后,将指针拨至最大值处,首先按动"退销"按钮,然后按动"冲击"按钮,摆锤下降冲断试样,并可自动扬摆→挂摆,保险销伸出。

6）依次进行冲击试验,记录试验温度和冲击吸收能量值。

7）待全部试验完毕后,按住"放摆"按钮,保险销退回,摆锤沿顺时针方向回转,当转至铅垂位置时,放开按钮即可停摆。

8）依次关闭控制手柄及机身电源。

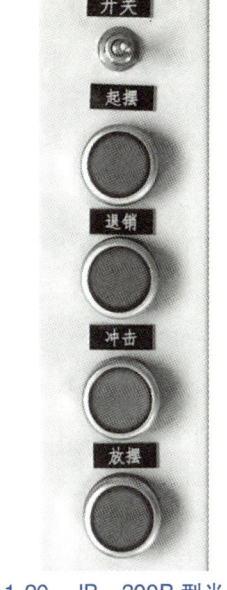

图 1-20 JB—300B 型半自动冲击试验机的控制手柄

 进行冲击试验时一定要注意安全,试验机两侧严禁站人,以免被摆锤或冲断的试样打伤。

三、试验报告

将试验结果填入表 1-7 中,并按要求做出试验报告。

表 1-7 冲击试验结果记录表

试样				试验温度 /℃	摆锤量程 /J	冲击吸收能量/J			
牌号	状态	缺口形状	数量			1	2	3	平均

扫描二维码观看冲击试验视频。

模块四 金属的疲劳

【模块导入】

人工作久了会感到疲劳，通过休息疲劳会得到缓解。可是你知道吗？表面冷冰冰的金属工作久了也会疲劳，而且金属的疲劳是不能通过休息得到缓解的，当疲劳累积到一定程度时就会导致金属的断裂。那么，金属在什么条件下会产生疲劳？如何防止金属出现疲劳破坏呢？

【学习内容】

一、疲劳现象

有许多零件在工作时受到的载荷是不断变化的，如弹簧、齿轮和曲轴等。大小和方向都随时间发生周期性变化的应力称为交变应力，只有大小变化而方向不变的循环应力称为重复应力，如图1-21所示。交变应力和重复应力可统称为循环应力。

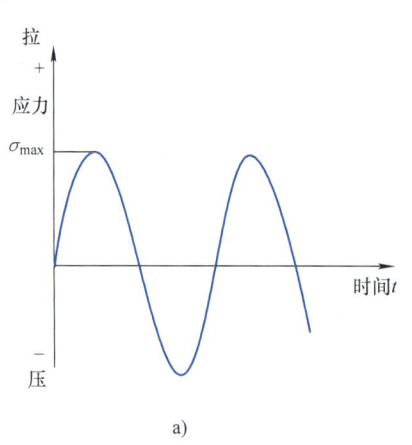
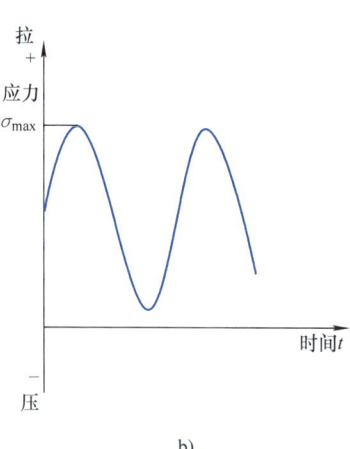

图 1-21 循环应力示意图
a) 交变应力　b) 重复应力

零件在受到循环应力作用时，经过一定的循环周次后，往往在工作应力远小于抗拉强度（甚至屈服强度）的情况下突然断裂，这种现象称为疲劳。据统计，各类断裂失效中，80%

是由于各种不同类型的疲劳破坏所造成的。

金属疲劳断裂与静载荷断裂及冲击加载断裂相比，具有以下特点。

1）疲劳是低应力循环延时断裂，是具有寿命的断裂。其断裂应力水平往往低于材料的抗拉强度甚至屈服强度。断裂寿命随应力不同而变化，应力大，寿命短；应力小，寿命长。

2）疲劳是脆性断裂。由于一般疲劳的应力水平比屈服强度低，所以不论是韧性材料还是脆性材料，在疲劳断裂前均不会发生塑性变形。因此，疲劳是一种潜在的突发性断裂，其危险性极大。

3）疲劳对表面缺陷（应力集中、缺口、裂纹及组织缺陷）十分敏感。疲劳裂纹大多产生于金属表面存在上述缺陷的薄弱区，接着裂纹不断扩展，当裂纹扩展到一定程度时，零件就会发生突然断裂。对应的疲劳断口特征非常明显，由三个区域组成——疲劳裂纹源区、疲劳裂纹扩展区和最后断裂区，如图1-22所示，一般将疲劳断口上的裂纹扩展线称为海滩线或贝壳线。

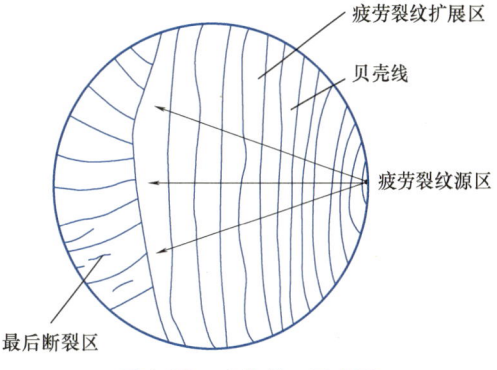

图1-22　疲劳断口示意图

【工程案例】

1998年6月3日，德国由慕尼黑开往汉堡的ICE884次高速列车在运行至距汉诺威东北方向附近的小镇埃舍德时发生脱轨，并撞到一座桥梁而解体，造成101人死亡，88人重伤。事后经过调查，造成事故的原因是一节车厢的车轮轮箍发生疲劳断裂。

二、疲劳极限

疲劳极限是指金属材料经受无限次循环应力也不发生断裂的最大应力值，可以用疲劳试验来测定。实验表明，材料所受交变应力的最大值 σ_{max} 越大，则疲劳断裂前所经历的应力循环次数 N 越少，反之越多。根据交变应力 σ_{max} 和应力循环次数 N 建立起来的曲线称作疲劳曲线，或称 S-N 曲线，如图1-23所示。

在图1-23中，当应力 σ 低于某一值时（图中为 σ_5），材料经无限次应力循环后也不会发生疲劳断裂，这一应力值就是疲劳极限，记作 σ_D，就是 S-N 曲线中平台位置对应的应力。通常，材料的疲劳极限是在对称弯曲条件下测定的，对称弯曲疲劳极限记作 σ_{-1}。一般情况下，钢的疲劳极限为其抗拉强度的 1/3~1/2。

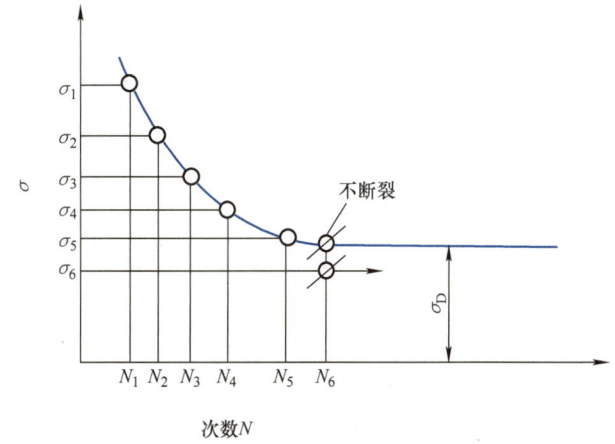

图1-23　S-N 曲线示意图

由于无限次应力循环后的疲劳试验难以实现,对于一般钢铁材料来讲,当循环次数达到 10^7 次仍不断裂时,就可将其能承受的最大循环应力作为其疲劳极限。而对于非铁金属、高强度钢和腐蚀介质作用下的钢铁材料,其 S-N 曲线没有平台,这类材料的疲劳极限定义为:在规定循环周次 N_0 时不发生疲劳断裂的最大循环应力值,称为条件疲劳极限。一般规定非铁金属的 N_0 取 10^8 次,腐蚀介质作用下的 N_0 取 10^6 次。

三、防止金属疲劳的途径

金属疲劳受到很多因素的影响,如材料本质、材料的表面质量、工作条件、零件的形状和尺寸及表面残余压应力等。因此,防止金属疲劳有以下途径。

(1) 零件的形状、尺寸要合理　应尽量避免尖角、缺口和截面突变,因为这些地方容易引起应力集中而导致疲劳裂纹;另外,伴随着尺寸的增加,材料的疲劳极限降低;强度越高,疲劳极限下降得越明显。

(2) 降低零件的表面粗糙度值,提高表面加工质量　因为疲劳源多数位于零件的表面,所以应尽量减少表面缺陷(氧化、脱碳、裂纹、夹杂等)和表面加工损伤(刀痕、磨痕、擦伤等)。

(3) 进行表面强化处理　如渗碳、渗氮、表面淬火、喷丸和滚压等都可以有效地提高疲劳极限。这是因为表面强化处理不仅提高了表面疲劳极限,还在材料表面形成了具有一定深度的残余压应力。在工作时,这部分压应力可以抵消部分拉应力,使零件实际承受的应力降低,从而提高疲劳极限。

【材料时空】

金属疲劳促进科技发展

第一次工业革命以后,随着蒸汽机车和机载工具的发展以及机械设备的广泛应用,运动部件的疲劳破坏经常发生。1850 年,德国工程师沃勒(A. Woler)设计了第一台用于机车车轴的疲劳试验机,用来进行全尺寸机车车轴的疲劳试验。1871 年,沃勒系统论述了疲劳寿命和循环应力的关系,提出了 S-N 曲线和疲劳极限的概念,确立了应力幅是疲劳破坏的决定因素,奠定了金属疲劳的基础。因此,公认沃勒是疲劳的奠基人,有"疲劳试验之父"之称。

"彗星"号是世界上第一种正式投入航线运营的民用喷气客机。然而从 1953 年 5 月—1954 年 4 月的 11 个月中,竟有 3 架"彗星"号客机坠毁。事故分析表明,其中两次空难的原因是飞机密封座舱结构发生疲劳,飞机在多次起降过程中,其增压座舱壳体经反复增压与减压,在矩形舱窗窗框角上出现了裂纹引起疲劳断裂。针对这个问题,英国德·哈维兰公司对"彗星"号飞机进行了改进设计,加固了机身,采用了椭圆形航窗,使疲劳问题得到了很好的解决。

"彗星"号客机悲剧是世界航空史上首次发生的由金属疲劳导致的飞机失事事件。从此以后,在飞机设计中将结构疲劳极限正式列入强度规范加以要求,且专门有一架原型机用于疲劳试验。

【单元小结】

本单元主要介绍了金属材料常用力学性能的分类、表征指标、含义、符号、技术意义、使用范围等内容，小结于表1-8。

表1-8　金属材料常用力学性能指标

性能名称	力学性能指标			
	名　称	符号	单位	含　义
强度	上屈服强度	R_{eH}	MPa	试样发生屈服而载荷首次下降前的最高应力
	下屈服强度	R_{eL}		在屈服期间的恒定应力或不计初始瞬时效应时的最低应力
	规定塑性延伸强度	$R_{p0.2}$		加载时引伸计或试样的塑性延伸率达到0.2%时的应力
	抗拉强度	R_m		试样在拉断前所能承受的最大应力
塑性	断后伸长率	A	%	试样拉断后标距的伸长量与原始标距的百分比
	断面收缩率	Z		缩颈处横截面积的缩减量与原始横截面积的百分比
硬度	布氏硬度	HBW		球形压痕单位面积上所承受的平均压力
	洛氏硬度	HRC		$HR = \dfrac{0.2-h}{0.002}$（$h$为压痕深度）
		HRA		
		HRBW		$HR = \dfrac{0.26-h}{0.002}$（$h$为压痕深度）
	维氏硬度	HV		正四棱锥形压痕单位表面积上所承受的平均压力
韧性	吸收能量	K	J	使冲击试样变形和断裂所消耗的功
疲劳	疲劳极限	σ_D	MPa	试样承受无数次（或给定次数）对称循环应力仍不断裂的最大应力

【综合训练】

一、名词概念

力学性能，强度，屈服强度，抗拉强度，屈强比，塑性，断后伸长率，断面收缩率，韧性，冲击吸收能量，低温脆性，疲劳，疲劳极限。

二、填空题

1. 金属的性能包括_____性能、_____性能、_____性能和_____性能。
2. 金属材料的强度是指在静载荷作用下，材料抵抗_____或_____的能力。
3. 金属塑性的指标主要有_____和_____两种。
4. 常用压入法硬度测试有_____、_____和维氏硬度测试法。
5. 500HBW5/750表示用直径为_____mm、材质为_____的压头，在_____kgf载荷作用下保持_____s，测得的硬度值为_____。
6. 金属材料在_____作用下抵抗破坏的能力称为韧性，其表征指标称为_____，符号是_____。
7. 疲劳极限是表示材料经_____作用而_____的最大应力值。
8. 零件的疲劳失效过程可分为_____、_____和_____三个阶段。

9. 疲劳断裂与静载荷下的断裂不同，在静载荷下无论显示脆性还是韧性的材料，在疲劳断裂时都不产生明显的_____，断裂是_____发生的。

10. 大小、方向或大小和方向随时间发生周期性变化的载荷称为_____。

三、判断题

1. 拉伸试验可以测定材料的强度、塑性等性能指标，因此金属材料的力学性能指标都可以通过拉伸试验测定。（　）
2. 金属的屈服强度越高，则其允许的工作应力越大。（　）
3. 塑性变形能随载荷的去除而消失。（　）
4. 所有金属在拉伸试验时都会出现屈服现象。（　）
5. 冲击试样缺口的作用是便于夹取试样。（　）
6. 一零件图上的技术要求标注为 10~15HRC。（　）
7. 屈强比越大，越能发挥材料的潜力，也越能减小工程结构的自重。（　）
8. 工程中使用的中低强度钢存在冷脆倾向。（　）
9. 布氏硬度测量法不宜用于测量成品及较薄零件。（　）
10. 一般金属材料在低温时比高温时脆性大。（　）

四、选择题

1. 表示金属材料下屈服强度的符号是（　　）。
   A. R_{eL}　　　B. R_s　　　C. R_m　　　D. σ_{-1}

2. 起重机吊运重物需要用钢丝绳，是因为钢丝绳的（　　）高。
   A. 塑性　　　B. 硬度　　　C. 强度　　　D. 弹性

3. 在测量铸铁工件的硬度时，常用硬度测试方法的表示符号是（　　）。
   A. HBW　　　B. HRC　　　C. HV

4. 疲劳试验时，试样承受的载荷为（　　）。
   A. 静载荷　　　B. 交变载荷　　　C. 冲击载荷

5. 常用的塑性判断依据是（　　）。
   A. 断后伸长率和断面收缩率　　　B. 塑性和韧性
   C. 断面收缩率和塑性　　　D. 断后伸长率和塑性

6. 用 Q235 钢（R_{eL} 为 235MPa，R_m 为 450MPa）制造的工程构件，当工作应力达到 240MPa 时，会发生（　　）。
   A. 弹性变形　　　B. 塑性变形　　　C. 断裂　　　D. 什么都不发生

7. 钢制工件淬火后，测量硬度的适宜方法是（　　）。
   A. 布氏硬度　　　B. 洛氏硬度　　　C. 维氏硬度　　　D. 以上方法都不适宜

8. 用金刚石圆锥体作为压头，并以压痕深度计量硬度值的是（　　）。
   A. 布氏硬度　　　B. 洛氏硬度　　　C. 维氏硬度　　　D. 以上都可以

9. 为了保证安全，当飞机达到设计允许的使用时间后，必须强制退役，这主要是考虑材料的（　　）。
   A. 强度　　　B. 硬度　　　C. 韧性　　　D. 疲劳

五、简答题

1. 拉伸试样的原始标距为 50mm，直径为 10mm。试验后将已断裂的试样对接起来测量，标距长度为 73mm，缩颈区的最小直径为 5.1mm，试求该材料的断后伸长率和断面收缩率。

2. 指出下列硬度值表示方法上的错误。

12~15HRC，800HBW，550N/mm² HBW，70~75HRC。

3. 下列工件的硬度适宜用哪种硬度法测量？

淬硬的钢件、灰铸铁毛坯件、硬质合金刀片、渗氮处理后钢件表面渗氮层的硬度。

4. 塑性指标在工程上有哪些实际意义？

5. 金属材料的冲击韧性与温度有什么关系？在选材时如何注意？

6. 提高金属材料的强度有什么实际工程意义？

7. 金属疲劳破坏有哪些特点？

8. 防止金属疲劳的方法有哪些？

9. 某厂购入一批 40 钢，按有关标准规定其力学性能指标应为：$R_{eL} \geqslant 340\text{MPa}$，$R_m \geqslant 540\text{MPa}$，$A \geqslant 19\%$，$Z \geqslant 45\%$。验收时，取样将其制成 $d_0 = 10\text{mm}$ 的短试样做拉伸试验，测得 $F_{eL} = 31.4\text{kN}$，$F_m = 47.1\text{kN}$，$L_u = 62\text{mm}$，$d_u = 7.3\text{mm}$。请计算其力学性能指标，并判断这批钢材是否合格。

单元二 UNIT 2
金属的晶体结构

【学习目标】

知识目标
1. 掌握纯金属的晶体结构、同素异构转变等内容，深入、微观地认识金属的本质
2. 掌握合金的相结构，了解固溶体和金属化合物在合金组织中的作用
3. 掌握晶体缺陷的种类、特征及对晶体结构和性能的影响

能力目标
1. 通过对晶体结构模型的观察，提高观察能力
2. 通过对晶胞概念的理解，能够想象整个晶体结构，提高想象能力

金属材料的力学性能与其化学成分和内部组织结构有着密切的联系。即使是同一种材料，在不同的工艺条件下也会具有不同的内部组织结构，从而具有不同的性能。因此，研究金属与合金的内部组织结构及其变化规律，是了解金属组织性能变化，正确选用金属材料，合理确定加工方法的基础。

模块一　纯金属的晶体结构

【模块导入】

金属是由原子组成的，原子堆砌而成的不仅仅是金属的"外表"，更像人类的基因组一样决定了金属的"性格"差异。我们知道，活性炭、石墨和金刚石都是由碳元素构成的，可谓"一奶同胞"。但三者所表现出的宏观性能却截然不同，主要原因就在于它们内部的碳原子排列方式不同。金刚石具有正八面体结构，不导电，但硬度极高，能做玻璃刀；石墨具有层状的六边形结构，能导电，但硬度低；活性炭和木炭一样具有疏松多孔的结构，有吸附作用。

【学习内容】

一、晶体结构的基本概念

1. 晶体与非晶体

固态物质按其原子（离子、分子）的聚集状态可分为晶体和非晶体两大类。

所谓晶体是指原子（离子、分子）在三维空间有规则、周期性重复排列的物体，为远程有序排列，其排列方式称为晶体结构，如天然金刚石、水晶、氯化钠等。原子（离子、分子）在空间无规则排列的物体称为非晶体，如普通玻璃、松香、石蜡等。

自然界中，除少数物质是非晶体外，绝大多数固态物质都是晶体，金属在固态下通常都是晶体。晶体有固定的熔点，其性能呈现各向异性。而非晶体无固定熔点，随着温度的升高将逐渐变软，最终成为有显著流动性的液体，其性能表现为各向同性。

应当指出，晶体和非晶体在一定条件下可以互相转化。如非晶体玻璃在高温下长时间加热可以变为晶态玻璃；而用骤冷的工艺可将一些特殊成分的液态金属制成非晶态金属。

【资料卡】

准晶体是一种介于晶体和非晶体之间的固体结构，其中的原子呈一种不重复的非周期性对称有序排列方式，这种原子的排列可描述为"完美的排列，无限但不重复。"我国著名材料学家郭可信（1923—2006）在准晶体研究方面取得了卓越的成就，1985 年他领导的研究组发现五重旋转对称和 Ti-V-Ni 二十面体准晶体，在国际学术界产生重要影响并获得高度评价，被称之为"中国相"。

2. 晶格、晶胞和晶格常数

（1）晶格　金属在固态下是晶体，是由原子组成的。为了便于理解晶体内部原子排列的规律，把每个原子看成固定不动的刚性小球，则晶体就是由这些刚性小球有规律地堆积而成的，如图 2-1a 所示。这种模型的优点是立体感强，很直观；缺点是难以看清原子排列的规律和特点，不便于研究。为了清楚地表明晶体中原子的排列规律，常常忽略原子的大小而将其抽象为一个纯粹的几何点，这样的几何点称为阵点。阵点可以看作原子的中心位置，阵点在空间的周期性排列称为点阵。为了方便起见，常用一些几何线条将这些阵点连接起来，构成一个空间格架。这种表示原子在晶体中按一定次序有规则地排列的空间格子称为晶格，如图 2-1b 所示。

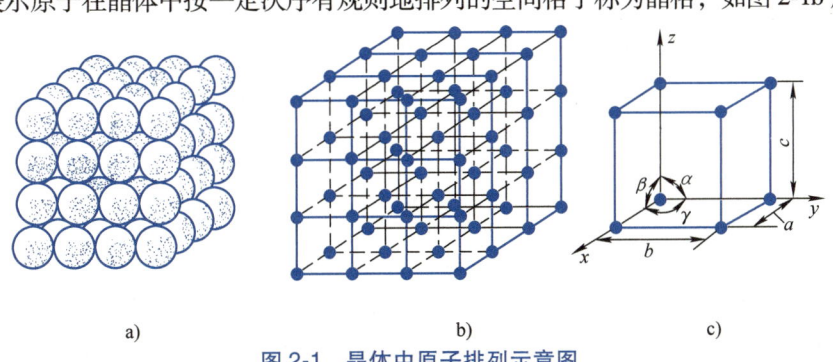

图 2-1　晶体中原子排列示意图

a）原子堆垛模型　b）晶格　c）晶胞

（2）**晶胞**　由于晶体中的原子有规则地排列且具有重复排列的特性，因此可以认为晶格是由许多大小、形状和位向相同的基本几何体在空间重复堆积而成的。这种能够完整地反映晶格特征的最小几何单元称为晶胞，如图 2-1c 所示。

（3）**晶格常数**　晶胞各棱边的尺寸 a、b、c 称为晶格常数，其大小常以 Å（埃）为计量单位（$1Å=10^{-10}m$），晶胞各棱间的夹角分别用 α、β、γ 表示。

如图 2-1c 所示，晶格常数 $a=b=c$ 且 $\alpha=\beta=\gamma=90°$ 的晶胞称为简单立方晶胞，具有简单立方晶胞的晶格称为简单立方晶格。

二、常见的金属晶格类型

金属的晶格类型很多，最常见的有体心立方晶格、面心立方晶格和密排六方晶格三种类型。

1. 体心立方晶格

如图 2-2 所示，体心立方晶格的晶胞是一个立方体，在立方体的中心和八个顶角上各有一个原子分布。晶格常数 $a=b=c$，晶轴间夹角 $\alpha=\beta=\gamma=90°$，所以通常只用一个晶格常数 a 表示即可。

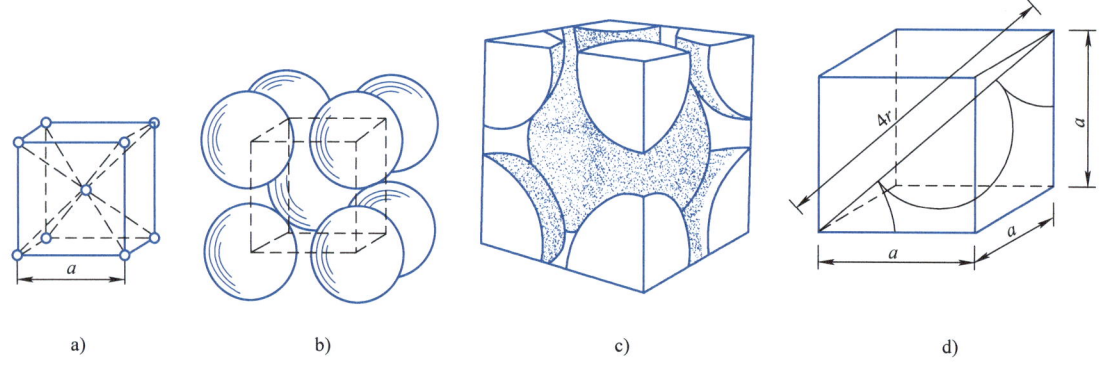

图 2-2　体心立方晶格晶胞
a）晶胞模型　b）刚球模型　c）晶胞原子个数　d）原子半径

具有体心立方晶格的金属有 α-Fe、β-Ti、Cr、W、Mo、V、Nb 等 35 种。

一种晶体结构的特征除用晶格常数和晶轴间夹角表示以外，还必须用晶胞中的原子个数、原子半径和致密度等几何参数来反映。

（1）**原子个数**　每个晶胞所独立占有的原子数称为原子个数，用 n 表示。在体心立方晶胞中，顶角上的原子为相邻的 8 个晶胞所共有，而体心的原子为其独有，如图 2-2c 所示，故其原子个数为

$$n=\frac{1}{8}\times 8+1=2$$

（2）**原子半径**　如果将原子看作刚性球体，则晶胞中最邻近的原子中心距离的一半称为原子半径，用 r 表示。在体心立方晶格中，最邻近的原子在体心对角线上，此对角线的长度等于 4 个原子半径，如图 2-2d 所示。设晶胞的晶格常数为 a，则体心立方晶格的原子半径为

$$r=\frac{\sqrt{3}}{4}a$$

(3) **致密度** 若把原子看成刚性圆球，那么原子之间必然有空隙存在，原子排列的紧密程度还可用晶胞中原子所占体积与晶胞体积之比表示，称为致密度，可用下式表示

$$K=\frac{nv}{V}$$

式中　K——晶体的致密度；
　　　n——一个晶胞实际包含的原子个数；
　　　v——一个原子的体积；
　　　V——晶胞的体积。

体心立方晶格的晶胞中包含两个原子，原子半径为 $r=\frac{\sqrt{3}}{4}a$，其致密度为

$$K=\frac{2\times\frac{4}{3}\pi\left(\frac{\sqrt{3}}{4}a\right)^{3}}{a^{3}}=68\%$$

此值表明，在体心立方晶格中，只有 68% 的体积为原子所占据，其余 32% 为间隙体积。晶体间隙体积的大小对金属形成合金时的溶解度和力学性能有很大影响。

【资料卡】

原子球塔是比利时为 1958 年的布鲁塞尔世界博览会而建的金属结构的纪念性建筑物，是布鲁塞尔的十大名胜之一。原子球塔高 102m，重达 2200t，包括 9 个直径为 18m 的球体，与连接圆球的钢管构成相当于放大 1650 亿倍的 α-Fe 的体心立方晶体结构。

2. 面心立方晶格

如图 2-3 所示，面心立方晶格的晶胞也是一个立方体，在晶胞的 8 个顶角上和 6 个面的中心都排列有一个原子。其晶格常数 $a=b=c$，晶轴间夹角 $\alpha=\beta=\gamma=90°$，所以也只用一个晶格常数 a 表示。

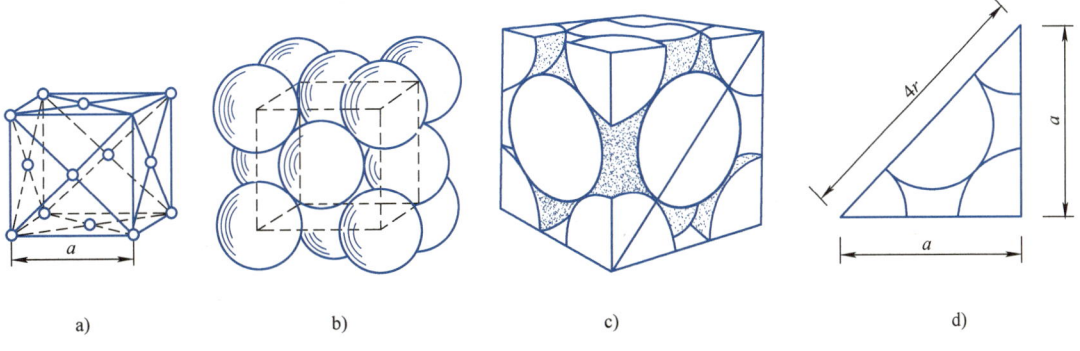

图 2-3　面心立方晶格晶胞
a) 晶胞模型　b) 刚球模型　c) 晶胞原子个数　d) 原子半径

具有面心立方晶格的金属有 γ-Fe、Al、Cu、Ag、Au、Pb、Ni、Pt、β-Co 等 21 种。

(1) **原子个数**　和体心立方晶格一样，面心立方晶格晶胞 8 个角上的每个原子为 8 个相邻的晶胞所共有，但 6 个面中心的原子则只属于相邻的 2 个晶胞，如图 2-3c 所示。因此，面心立方晶胞的原子个数应为

$$n = \frac{1}{8} \times 8 + \frac{1}{2} \times 6 = 4$$

(2) **原子半径**　在面心立方晶格中，最邻近的原子在侧面对角线上。此对角线的长度等于 4 个原子半径，如图 2-3d 所示。设晶胞的晶格常数为 a，则体心立方晶格的原子半径为

$$r = \frac{\sqrt{2}}{4}a$$

(3) **致密度**　面心立方晶格的晶胞中包含 4 个原子，原子半径为 $r = \frac{\sqrt{2}}{4}a$，其致密度为

$$K = \frac{nv}{V} = \frac{4 \times \frac{4}{3}\pi \left(\frac{\sqrt{2}}{4}a\right)^3}{a^3} = 74\%$$

此值表明，在面心立方晶格中，有 74% 的体积为原子所占据，其余 26% 为间隙体积。

3. 密排六方晶格

如图 2-4 所示，密排六方晶格的晶胞是一个六方柱体，由 6 个呈长方形的侧面和 2 个呈正六边形的底面所组成，需要用两个晶格常数表示，一个是正六边形的边长 a，另一个是柱体的高 c。在密排六方晶胞的 12 个顶角和上、下 2 个正六边形面的中心各排列一个原子，同时，在上、下 2 个正六边形面之间还有 3 个原子。具有密排六方晶格的金属有 Mg、Zn、Be、Cd、α-Ti 等 25 种。

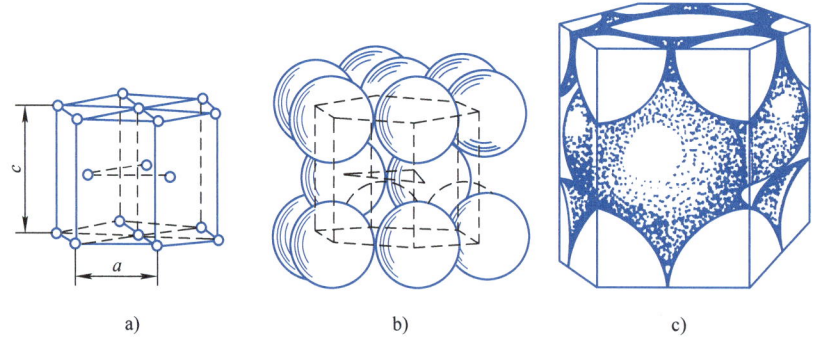

图 2-4　密排六方晶格晶胞

a) 晶胞模型　b) 刚球模型　c) 晶胞原子数

(1) **原子个数**　密排六方晶胞顶角上的原子为相邻的 6 个晶胞所共有，而上、下 2 个正六边形面中心的原子为 2 个晶胞所共有，中间的 3 个原子为该晶胞所独有，如图 2-4c 所示。因此，密排六方晶格的原子个数应为

$$n = \frac{1}{6} \times 12 + \frac{1}{2} \times 2 + 3 = 6$$

(2) 原子半径　在典型的密排六方晶格中，其底面中心原子与周围 6 个顶点上的原子是相互接触的，因此其原子半径 $r=\frac{1}{2}a$，可由图 2-4c 所示的上底面几何关系求出。

(3) 致密度　密排六方晶格的晶胞中包含 6 个原子，原子半径为 $r=\frac{1}{2}a$，其致密度为

$$K=\frac{nv}{V}=\frac{6\times\frac{4}{3}\pi\left(\frac{1}{2}a\right)^3}{3\sqrt{2}a^3}\approx 74\%$$

表 2-1 中列出了三种常见金属晶格的结构特点。可以看出，在三种常见的晶体结构中，原子排列最致密的是面心立方晶格和密排六方晶格，而体心立方晶格的致密度要小些。因此，当金属从一种晶格转变为另一种晶格时，将会引起体积和紧密程度的变化。若体积的变化受到约束，则会在金属内部产生内应力，从而引起工件的变形或开裂。

表 2-1　三种常见金属晶格的结构特点

晶格类型	晶胞中的原子数	原子半径	致密度	常见金属
体心立方	2	$\frac{\sqrt{3}}{4}a$	0.68	铬(Cr)、钨(W)、钼(Mo)、钒(V)、α-Fe
面心立方	4	$\frac{\sqrt{2}}{4}a$	0.74	铜(Cu)、铝(Al)、金(Au)、银(Ag)、γ-Fe
密排六方	6	$\frac{1}{2}a$	0.74	镁(Mg)、锌(Zn)、镉(Cd)

三、金属的同素异构转变

大多数金属在固态下只有一种晶体结构，如铜、铝、银等金属在固态时无论温度高低，均为面心立方晶格，钨、钼、钒等金属则为体心立方晶格。但有些金属在固态下存在两种或两种以上的晶格形式，如铁、锡、锰、钛等，金属在加热或冷却过程中，其晶格类型会发生变化。金属在固态下随温度的改变由一种晶格类型转变为另一种晶格类型的现象，称为同素异构转变。同一金属的同素异构体按其稳定存在的温度，由低温到高温依次用希腊字母 α、β、γ、δ 等表示。

纯铁的冷却曲线如图 2-5 所示。液态纯铁冷却到 1538℃时，结晶出体心立方晶格，称为 δ-Fe；继续冷却至 1394℃时，其晶格转变为面心立方晶格，称为 γ-Fe；再继续冷却至 912℃时，其晶格转变为体心立方晶格，称为 α-Fe；继续冷却，其晶格类型不再发生改变，加热时发生相反的变化。纯铁的同素异构转变过程可以概括为

$$\underset{(\text{体心立方晶格})}{\delta\text{-Fe}} \xrightleftharpoons{1394℃} \underset{(\text{面心立方晶格})}{\gamma\text{-Fe}} \xrightleftharpoons{912℃} \underset{(\text{体心立方晶格})}{\alpha\text{-Fe}}$$

同素异构转变是各种金属材料能够通过热处理方法改变其内部组织结构，从而改变其性能的理论依据。

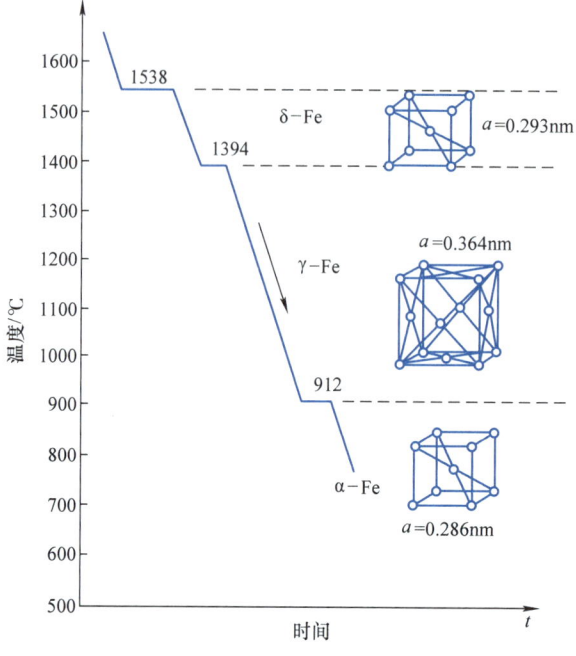

图 2-5 纯铁的冷却曲线

【资料卡】

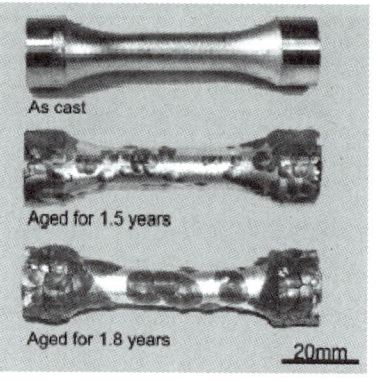

锡（Sn）是一种白色的低熔点金属，为"五金"——金、银、铜、铁、锡之一。锡有灰锡、白锡和脆锡三种同素异构体，在室温和高于室温的条件下，最稳定的形态是四方晶系的白锡，它富有塑性。当温度在 -13.2℃以下时，锡发生同素异构转变，形成具有金刚石形立方晶系的灰锡。灰锡的塑性极差，易碎裂成粉末。所以，一旦温度下降到 0℃ 以下，白锡就逐渐失去光泽，变成暗灰色，最后碎裂成粉末，这种现象称为"锡疫"。更严重的是，未染上"锡疫"的锡板一旦和有"锡疫"的锡板接触，也会产生灰色的斑点而逐渐腐烂掉。

扫描二维码观看"锡疫"视频。

模块二　合金的晶体结构

【模块导入】

中国人结婚时有佩戴黄金首饰的传统，24K 金通常代表着男女之间纯真、永恒的爱情。每 K 的含金量为 4.166%，那么 24K = 24×4.166% = 99.984%，即含金量约为 99.99%。可是，各种工程应用中是否也青睐纯金属呢？

【学习内容】

纯金属虽然具有优良的物理化学性能和美丽的金属光泽，但其生产成本高，更主要的是纯金属在力学性能上很难满足工程结构或零部件的要求。所以，在实际工程中应用最广泛的金属材料是合金。

一、合金的基本概念

1. 合金

合金是指由两种或两种以上的金属元素或金属元素与非金属元素组成的具有金属特性的物质。

2. 组元

组成合金的最基本的、独立的单元（元素或稳定化合物）称为组元。根据组元的多少，合金可分为二元合金、三元合金和多元合金。如铁碳合金就是由铁和碳两个组元组成的二元合金。

选定一组组元，以不同的配比制出组元相同、成分不同的一系列合金，称为合金系，如 Fe-C 二元合金系、Al-Cu-Mg 三元合金系。

3. 相

所谓相，是指合金中结构相同、成分和性能均一，并以界面互相分开的均匀组成部分，如纯铁在 1538℃ 以上时为均匀的液相。

【想一想】

水在 0℃、20℃、100℃ 时，分别由几相组成？

4. 组织

组织是由不同形态、大小和分布的一种或多种相组成的综合体，以及各种材料缺陷和损伤。通常，将用肉眼或放大镜看到的组织称为宏观组织或低倍组织；而将用金相观察方法看到的微观形貌称为显微组织。

合金的性能由其组织决定，而合金的组织由相组成。相是组织的基本单元，组织是相的综合体。根据合金中各组元间相互作用不同，固态合金中的相可分为固溶体和金属化合物两类。

二、固溶体

1. 固溶体的结构

在合金中，若组元间在液态下能够互相溶解，在固态下仍能彼此溶解且形成均匀的相，则称其为固溶体，一般用 α、β、γ 等符号表示。

固溶体中含量多的组元称为溶剂，含量少的组元称为溶质。固溶体的晶体结构保持溶剂的晶体结构，而溶质原子分布在溶剂晶格之中。例如单相黄铜中的 α 相，就是 Zn 在 Cu 中的固溶体，其中铜是溶剂，锌是溶质，它具有面心立方晶格的晶体结构。

2. 固溶体的分类

按溶质原子在溶剂晶格中所占的位置不同，固溶体可分为置换固溶体和间隙固溶体两类。

溶质原子置换了溶剂晶格结点上的某些原子而形成的固溶体称为置换固溶体，如图 2-6a 所示。原子尺寸差别较小的金属元素彼此之间一般都能形成置换固溶体，如 Cu-Ni、Cu-Zn 等。按溶质溶解度不同，置换固溶体又可分为有限固溶体和无限固溶体。溶质在溶剂中的溶解度主要取决于组元间的晶格类型、原子半径和原子结构。实践证明，大多数合金都只能有限固溶，且溶解度随着温度的升高而增加。只有当两组元晶格类型相同、原子半径相差很小时，才可以无限互溶，形成无限固溶体。

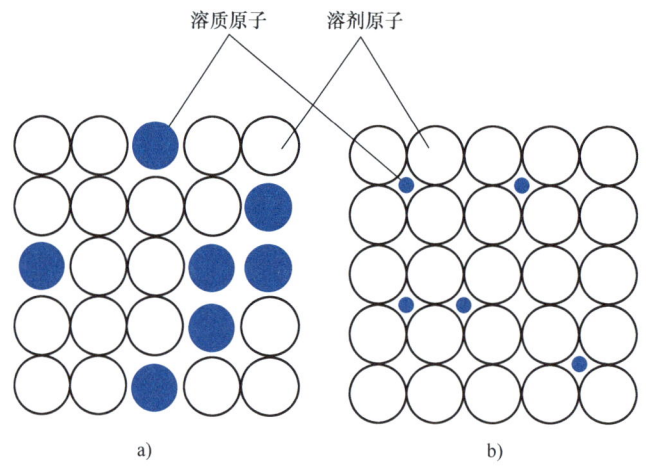

图 2-6 固溶体的分类
a) 置换固溶体 b) 间隙固溶体

间隙固溶体是指溶质原子不占据溶剂晶格的正常结点位置，而是填充在溶剂晶格的某些间隙位置，如图 2-6b 所示。由于溶剂晶格间隙有限，故间隙固溶体能溶解的溶质原子的数量也是有限的。由于溶剂晶格间隙尺寸很小，因此，能形成间隙固溶体的溶质原子通常是原子半径小于 0.1nm 的一些非金属元素，如 C、N 溶于 Fe 中形成的固溶体均是间隙固溶体。

3. 固溶体的性能

无论是置换固溶体还是间隙固溶体，由于溶质原子的溶入，都会使固溶体的晶格发生畸变，如图 2-7 所示。

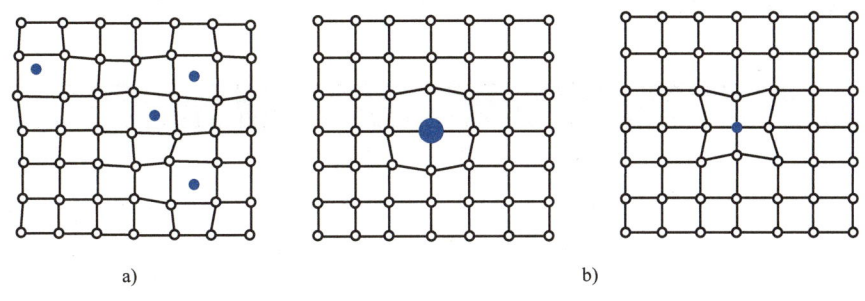

图 2-7　固溶体的晶格畸变
a）间隙固溶体　b）置换固溶体

固溶体中的晶格畸变使材料的塑性变形抗力增大，提高了其强度、硬度，而使塑性、韧性有所下降。这种通过溶入溶质元素形成固溶体，使金属材料的强度、硬度升高的现象称为固溶强化。固溶强化是提高金属材料力学性能的重要途径之一。

固溶强化的强化效果与溶质的浓度和固溶体的类型有关，在达到极限溶解度之前，溶质浓度越大，强化效果越好。一般而言，间隙固溶强化的效果比置换固溶强化的效果强烈得多，其强化作用甚至可差 1~2 个数量级，钢中碳原子的固溶强化就是典型的例子。

实践表明，只要适当控制固溶体中的溶质含量，就可以在显著提高金属材料强度、硬度的同时，仍然保持其相当好的塑性和韧性。因此，对综合力学性能要求较高的金属材料，都是以固溶体为基体的合金。

应该指出，单纯通过固溶强化所达到的最高强度指标仍然是有限的，常常满足不了对结构材料的要求，因而在固溶强化的基础上，还要应用其他强化方式。

此外，晶格畸变除了会引起固溶强化之外，还会使固溶体的某些物理性能发生变化。一般规律是随着溶质原子的溶入，金属的电阻值升高，而且固溶体的电阻值与温度关系不大，工程上应用的精密电阻和电热材料等都广泛应用固溶体合金，如热处理炉用的 Fe-Cr-Al 和 Cr-Ni 电阻丝等都是固溶体合金。

三、金属化合物

1. 金属化合物的结构及分类

金属化合物是指合金组元间发生相互作用而形成的一种具有金属特性的物质，其晶体结构不同于任一组元，大多具有复杂的晶体结构。

金属化合物可以用化学式大致表示其组成，但通常不符合化合价规律，如钢中的 Fe_3C、黄铜中的 $CuZn$、铜铝合金中的 $CuAl_2$ 等。

根据金属化合物的形成条件及结构特点，金属化合物可分为正常价化合物、电子化合物和间隙化合物三种类型，钢铁材料中常见的是间隙化合物。

2. 金属化合物的性能

金属化合物的熔点高、硬而脆，很少单独使用。其在合金中常作为强化相存在，是许多合金钢、非铁金属和硬质合金的重要组成相。当一定数量的金属化合物以细小颗粒状均匀分布在固溶体基体上时，能显著提高合金的强度和硬度，这种现象称为第二相强化。

合金的相结构对其性能有很大的影响，表 2-2 归纳了合金相结构的特征。

表 2-2 合金相结构的特征

类别	分类	在合金中的作用	力学性能特点
固溶体	置换固溶体、间隙固溶体	基体相,提高塑性及韧性	塑性、韧性好,强度比纯组元高
金属化合物	正常价化合物、电子化合物、间隙化合物	强化相,提高强度、硬度及耐磨性	熔点高,硬度高,脆性大

四、合金的组织类型

合金的组织类型一般分为两种，即单相固溶体型和机械混合物型。单相固溶体是指合金的组织全部由一种固溶体相组成，如单相黄铜、奥氏体锰钢等。机械混合物是指合金的组织由固溶体和金属化合物等基本相按照一定的比例构成，一般组织中固溶体相的数量多，作为基体存在；而金属化合物的数量较少，以一定的形态分布于基体中。

大多数合金的组织都属于机械混合物型，通过调整固溶体中溶质的含量和金属化合物的数量、大小、形态及分布状况，可以使合金的力学性能在较大范围内变动，以满足工程上不同的使用要求。

模块三　金属的实际晶体结构

【模块导入】

"人无完人，金无足赤"。金属材料虽然是晶体，但其中的原子并不是完全规则排列的，少量原子会偏离各自的平衡位置形成晶体缺陷，在金属的力学性能、物理化学性能方面起着决定性的作用，造就了金属材料丰富多彩的性能变化。所以，完整不一定精彩，缺憾也是一种美！

【学习内容】

一、单晶体与多晶体

1. 单晶体

原子排列方向完全一致的晶体称为单晶体，如图 2-8a 所示。在单晶体中，不同晶面和晶向上原子的分布状况及排列紧密程度不同，原子间的相互作用强弱也就不同，因而不同晶面和晶向就显示出不同的性能，这就是晶体的各向异性。

2. 多晶体

除非专门制作，单晶体金属材料基本上是不存在的。实际的金属材料几乎都是多晶体，哪怕在一小块中也包含着许许多多的小晶体，其中外形不规则的颗粒状小晶体称为晶粒，晶粒与晶粒之间的界面称为晶界。图 2-8b 所示为纯铁的显微组织。

在多晶体中，同一晶粒内部原子排列的位向是一致的，但晶粒与晶粒之间存在着位向上的差别，晶粒的各向异性被互相抵消，使得多晶体材料的力学性能呈现各向同性，如图2-8c所示。

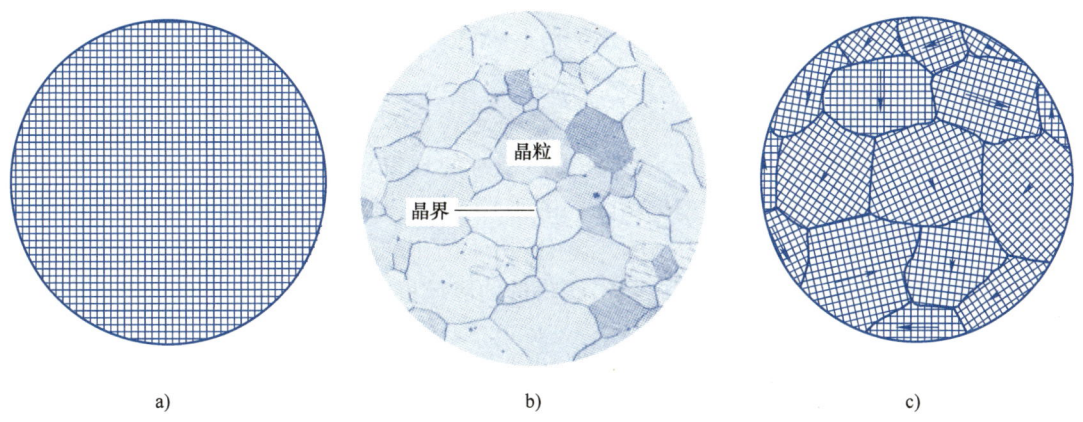

图 2-8　多晶体中晶粒位向示意图
a）单晶体　b）纯铁的显微组织　c）多晶体

在某些条件下，如定向凝固、对多晶体金属进行单向加工变形（如冷轧、冷拔）等，使各晶粒的位向趋于一致，多晶体仍能显示出各向异性，这已在工业生产中得到了应用。

【资料卡】

涡轮风扇发动机中的第一关键件——热端涡轮叶片由于工作温度高、运转速度高、应力复杂、技术要求高、制造难度大，被誉为现代工业"皇冠上的明珠"。通过铸造方法制造高温合金的单晶空心涡轮叶片是最先进的技术方法。单晶叶片只有一个晶体，从而消除了等轴晶叶片、定向结晶叶片中晶界在高温性能方面的缺陷，解决了大推力发动机的耐高温问题。

目前，单晶涡轮叶片只有美国、俄罗斯、英国、法国、中国等少数国家能够制造，是一个国家航空工业水平的显著标志。

二、晶体缺陷

在实际应用的金属材料中，原子的排列不可能像理想晶体那样规则和完整，由于种种原因（如结晶条件、压力加工、原子的热运动、辐照等），总是存在一些原子偏离规则排列的不完整性区域，这就是晶体缺陷。

晶体缺陷在金属材料的力学性能、电阻、扩散以及其他结构敏感性的问题中扮演着主要的角色，晶体的完整部分反而默默无闻地处于背景的地位，体现出了一种"缺憾美"。由此可见，研究晶体缺陷具有重要的实际意义。

按晶体缺陷的几何特征，可将其分为点缺陷、线缺陷和面缺陷三大类。

1. 点缺陷

点缺陷是指长、宽、高尺寸都很小的缺陷，最常见的点缺陷是晶格空位和间隙原子。如

图 2-9 所示,当晶格中的某些原子由于某些原因(热振动的偶然偏差等)脱离其晶格的结点(空位),而处在晶格间隙(间隙原子)时,便会形成点缺陷。点缺陷的存在,在高温下给原子扩散提供途径,对金属材料的热处理过程极为重要;在常温下使晶格产生畸变,即空位处晶格收缩,间隙处原子扩张,从而对晶体性质产生一定影响,如提高了材料的强度、硬度和电阻,降低了其塑性和韧性等。

2. 线缺陷

线缺陷是指晶体中呈线状分布的缺陷,基本形式是各种类型的位错。所谓位错,是指晶体中某处有一列或若干列原子产生有规律错排的现象。位错的基本类型有刃型位错和螺型位错,其中最简单的是刃型位错,如图 2-10 所示。在 ABCD 晶面上沿 EF 线多排了一个原子面,如同切削刃一样插入晶体,使上、下原子面不能对齐,故将这种原子面的错排称为刃型位错,EF 线称为位错线,位错线附近的区域里晶格产生畸变,从而影响金属的性能。

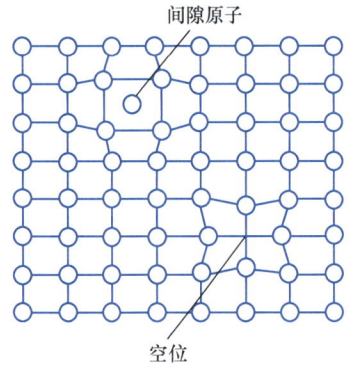

图 2-9 空位和间隙原子

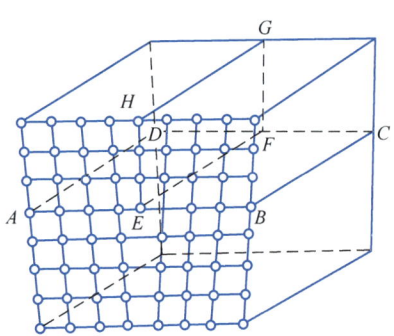

图 2-10 刃型位错结构示意图

位错是一种极为重要的晶体缺陷,在外力作用下将产生运动、堆积和缠结,对于金属的塑性变形、强度和断裂等起着决定性的作用。例如,金属材料的塑性变形与位错的移动有关,冷变形加工后金属出现了强度提高的现象(加工硬化),就是由于位错增加所致。

位错对金属材料的扩散和相变也有较大影响。

【视野拓展】

金属强度与位错的关系

如果金属中不含位错,那么它将有极高的强度。目前采用一些特殊的方法已能制造出几乎不含位错的结构完整的小晶体——直径为 0.05~2μm,长度为 2~10mm 的晶须。其变形抗力很高,例如,直径为 1.6μm 的铁晶须,其抗拉强度竟高达 13400MPa,而工业上应用的退火纯铁的抗拉强度低于 300MPa,两者相差 40 多倍。这是因为不含位错的晶须不易发生塑性变形,因而强度很高;而工业纯铁中含有位错,运动阻力小,易于发生塑性变形,所以强度很低。如果采用冷塑性变形等方法使金属中的位错密度提高,运动阻力加大,则金属的强度也可以随之提高。金属强度与位错密度之间的关系如图 2-11 所示。

金属的晶体结构 单元二

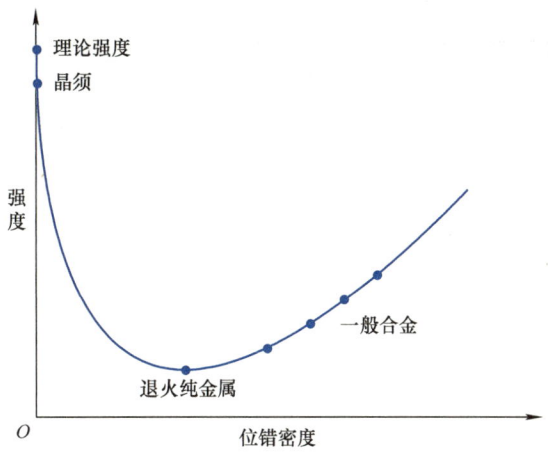

图 2-11　金属强度与位错密度之间的关系

3. 面缺陷

面缺陷是指晶体中呈平面状分布的缺陷,基本形式有晶界和亚晶界两种。

实际金属材料一般为多晶体材料,其相邻两晶粒之间的位向差多数为 30°~40° 的大角度。由于晶界上的原子同时受到相邻但位向不同的晶粒的影响,为了能同时适应两晶粒的位向,必须从一种位向逐步过渡到另一种位向,成为不同位向晶粒间的过渡层,如图 2-12 所示。

即使在一个晶粒内部,原子排列的位向也不完全一致,而是存在着许多尺寸很小、位向差很小(一般是几十分到 1°~2°)的小晶块,它们相互嵌镶成一颗晶粒,这些小晶块称为亚结构(或亚晶粒、嵌镶块)。在亚结构内部,原子的排列位向是一致的。两相邻亚结构间的边界称为亚晶界,如图 2-13 所示。

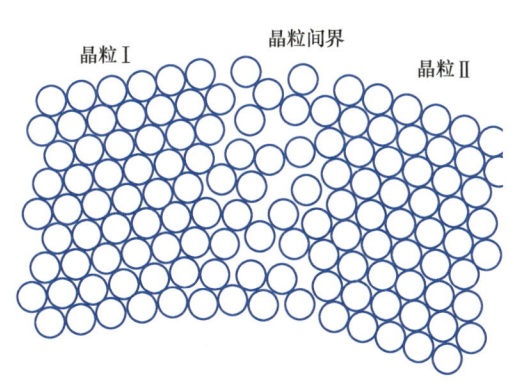

图 2-12　晶界结构示意图

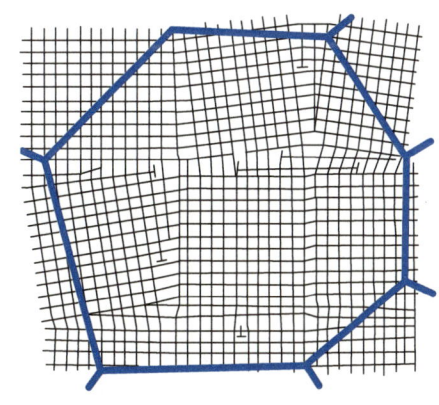

图 2-13　亚晶界示意图

在晶界与亚晶界处的晶格处于畸变状态,其能量高于晶粒内部,使晶界具有一系列不同于晶粒内部的特点,如熔点低、易腐蚀,在常温下强度和硬度较高等。

综上所述,实际金属晶体一般不是单晶体,而是多晶体材料,且存在许多晶体缺陷,其种类、形式及对材料性能的影响见表 2-3。

表 2-3 晶体缺陷的种类、形式及对材料性能的影响

晶体缺陷的种类	主 要 形 式	对材料性能的影响
点缺陷	空位、间隙原子等	电阻增大、金属扩散、金属强化、固态相变等
线缺陷	刃型位错、螺型位错	金属强化、金属扩散、固态相变
面缺陷	晶界、亚晶界	易腐蚀、易扩散、熔点低、强度高、细晶强化

【单元小结】

1. 金属是晶体。为了便于研究和学习晶体结构，首先把实际晶体简化为理想晶体，并采用刚球模型，再把理想晶体抽象为空间点阵、晶格和晶胞。

2. 金属的典型晶体结构有体心立方晶格、面心立方晶格和密排六方晶格三种，表 2-1 所列三种晶格的结构特点应牢固掌握。

3. 同素异构转变是金属热处理的理论基础，应牢固掌握纯铁的同素异构现象。

4. 相是组成合金的基本单元，组织则是合金中各种相的综合体。合金的组织类型一般分单相固溶体型和机械混合物型两种。

5. 合金中的相可分为固溶体和金属化合物两大类，它们的种类和性能对合金的性能有重要影响。

6. 与理想晶体不同，实际晶体中存在各种晶体缺陷。晶体缺陷虽是少数，但在金属材料的强度和塑性、电阻、扩散以及其他结构敏感性问题中扮演了主要的角色。

【综合训练】

一、名词概念

晶体，晶体结构，晶格，晶胞，致密度，单晶体，多晶体，同素异构转变，相，组织，固溶强化，晶体缺陷，位错，晶界，亚晶界。

二、填空题

1. 晶体与非晶体的根本区别在于_____。
2. 金属晶格的基本类型有_____、_____与_____三种。
3. 实际金属的晶体缺陷有_____、_____与_____三类。
4. 将种类繁多的晶体结构进行抽象，把实际存在的物质质点抽象为纯粹的几何点，这样的几何点称为阵点，阵点在空间的周期性排列称为_____。
5. 20℃的铁具有_____晶格，而 1000℃的铁具有_____晶格。
6. 合金的相结构分为_____与_____两种。
7. 合金的组织类型一般分为两种，即_____与_____。
8. 如果位错是一种线性的晶体缺陷，那么_____便是二维的晶体缺陷。
9. 固溶体的晶体结构与_____的晶体结构相同。
10. 固溶体合金的电阻值大，但电阻温度系数_____，适合制造电阻丝和电热元件。

三、选择题

1. 铝、铜、金的晶体结构为（　　）。
A. 体心立方晶格　　B. 面心立方晶格　　C. 密排六方晶格　　D. 三者不同

2. 体心立方晶格的原子个数为（　　）。
　　A. 4个　　　　　　B. 3个　　　　　　C. 2个　　　　　　D. 1个
3. 面心立方晶格的致密度为（　　）。
　　A. 0.68　　　　　 B. 0.74　　　　　 C. 0.80　　　　　 D. 1.0
4. 金属的同素异构转变可以改变（　　）。
　　A. 化学成分　　　 B. 晶粒形状　　　 C. 晶粒大小　　　 D. 晶体结构
5. 间隙固溶体的溶解度一定是（　　）。
　　A. 无限的　　　　 B. 有限的　　　　 C. 无法确定
6. 合金固溶强化的主要原因是（　　）。
　　A. 晶格类型发生了变化　　　　　　B. 晶粒细化　　　　C. 晶格发生了畸变
7. 金属化合物的性能特点是（　　）。
　　A. 熔点高、硬度低　 B. 熔点高、硬度高　 C. 熔点低、硬度高
8. 在合金组织中可以单独使用的相是（　　）。
　　A. 固溶体　　　　 B. 金属化合物　　 C. 二者都可以
9. 下列情况中存在各向异性的是（　　）。
　　A. 单晶体　　　　　　　　　　　　B. 多晶体
　　C. 单晶体、多晶体中都存在　　　　D. 单晶体、多晶体中都不存在
10. 18K黄金的硬度（　　）24K黄金。
　　A. 低于　　　　　　B. 高于　　　　　　C. 不确定

四、判断题

1. 金属材料的力学性能差异是由其内部组织结构决定的。　　　　　　　　　（　　）
2. 固态金属都是晶体。　　　　　　　　　　　　　　　　　　　　　　　　（　　）
3. 只有一个晶粒组成的晶体称为单晶体。　　　　　　　　　　　　　　　　（　　）
4. 单晶体具有各向异性的特点。　　　　　　　　　　　　　　　　　　　　（　　）
5. 元素相同而结构不同的金属晶体就是同素异构体。　　　　　　　　　　　（　　）
6. 晶粒间交界的地方称为晶界。　　　　　　　　　　　　　　　　　　　　（　　）
7. 即使相同原子构成的晶体，只要原子排列方式不同，则它们之间的性能就会存在很大的差别。　　　　　　　　　　　　　　　　　　　　　　　　　　　　　　（　　）
8. 面缺陷有晶界和亚晶界两大类。　　　　　　　　　　　　　　　　　　　（　　）
9. 金属化合物的性能特点是熔点高、硬而脆。　　　　　　　　　　　　　　（　　）
10. 金属晶界处的熔点和耐蚀性均高于晶粒内部。　　　　　　　　　　　　（　　）

五、简答题

1. 写出金属材料三种典型晶体结构的名称、原子排列方式、原子个数、原子半径、致密度。
2. 金、银、铜、铁、铝、锌、镁等元素分别属于什么晶格类型？
3. 为什么单晶体具有各向异性？宏观金属为什么并不表现出各向异性？
4. 为什么说晶体缺陷在有关金属性能的敏感性问题中扮演了主要的角色？
5. 在晶界处金属的性能有什么特点？
6. 用于工程构件的碳素结构钢，其碳的质量分数大多较低（≤0.30%），但其屈服强度远超纯铁，一般在200 MPa以上。试从固溶强化的观点出发，解释这一现象。

单元三 UNIT 3

金属的结晶

【学习目标】

知识目标
1. 掌握金属结晶的现象和过程，了解运用结晶理论控制金属组织的方法
2. 掌握二元合金相图的构成，熟悉相图的使用方法

能力目标
1. 在教师指导下，观察 NH_4Cl 溶液的结晶过程
2. 能运用金属结晶的知识解释生活中的有关现象
3. 具备分析和使用简单二元合金相图的能力

物质由液态转变为固态的过程称为凝固。由于固态金属是晶体，所以将金属的凝固称为结晶。

金属结晶时由于熔化、浇注、冷却等条件的差异，所获得的内部组织有所不同，将极大地影响到金属的可加工性和使用性能。对于铸件和焊接件来说，结晶过程就基本上决定了其使用性能和使用寿命，而对于尚须进一步加工的铸锭来说，结晶过程既直接影响它的轧制和锻压工艺性能，又不同程度地影响其制成品的使用性能。因此，研究和控制金属的结晶过程，已成为提高金属力学性能和工艺性能的一个重要手段。

模块一 纯金属的结晶

【模块导入】

雾凇俗称树挂，是北方冬季经常出现的一种类似霜降的自然现象，是一种冰雪美景。这是由于雾中无数 0℃ 以下而尚未结冰的雾滴在风中飘荡，当碰到树枝等物时，不断地积累、冻结，再次凝成白色松散的冰晶。想一想，纯金属的结晶是否和雾凇的形成有着异曲同工之妙呢？

【学习内容】

一、冷却曲线与过冷度

1. 冷却曲线

液态金属的冷却过程可以用热分析法来测定其温度的变化规律。把熔融的金属液体放入一个散热缓慢的容器中,让金属液体以极其缓慢的速度冷却。在冷却过程中,每隔一定时间测量一次温度,绘出其温度-时间变化曲线,即冷却曲线,如图3-1所示。

由冷却曲线可见,随时间的推移,液态金属的温度将不断下降,当温度降低到 a 点时,金属的温度不随冷却时间的推移而下降,出现一个温度"平台"。a 点就是金属结晶的开始点,平台 ab 的持续时间就是金属结晶所经历的时间。金属结晶是放热过程,其结晶时释放出来的热量称为结晶潜热。由于结晶潜热的释放正好补偿了冷却时散失的热量,故金属的冷却曲线上出现了"平台"。平台对应的温度 T_0 称为理论结晶温度,也

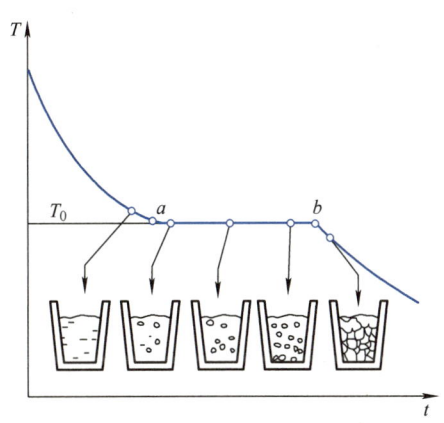

图3-1 纯金属的冷却曲线

就是金属的熔点。当液态金属全部凝固、结晶潜热不再释放时,其温度又随时间而下降,如图3-1中 b 点所示。

【想一想】

我国有一句民间谚语"下雪不冷化雪冷",你知道这是为什么吗?

2. 过冷现象

在实际生产中,金属的冷却不可能极其缓慢,当液态金属冷却到理论结晶温 T_0 时并不开始结晶,而是冷却到 T_0 以下某一温度 T_n 时才开始结晶,这种现象称为过冷,T_n 称为金属的实际结晶温度。理论结晶温度与实际结晶温度之差称为过冷度,用 ΔT 表示,即 $\Delta T = T_0 - T_n$,如图3-2所示。

试验研究表示,金属的过冷度 ΔT 不是一个恒定值,它与金属的性质、纯度及冷却速度等许多因素有关。金属的纯度越高,则过冷度越大。同一种金属熔液,结晶时冷却速度越大,过冷度越大,实际结晶温度越低。

总之,金属结晶必须在一定的过冷度下进行,不过冷就不可能结晶,过冷是结晶的必要条件。过冷度越大,结晶驱动力越大,结晶速度越快。

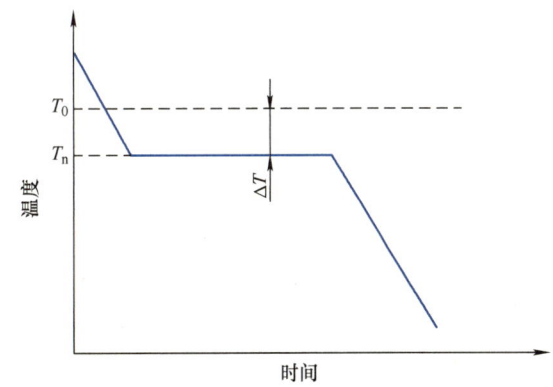

图3-2 过冷度示意图

二、纯金属的结晶过程

1. 形核与长大

金属的结晶是一个不断形成晶核和晶核不断长大的过程。当温度降低到理论结晶温度 T_0 以下时,首先在金属熔液中产生一些极微小的晶体,然后以它们为核心,不断向液体中结晶长大,这些微小的晶体称为晶核,晶核通过不断凝聚液体中的原子而长大。在晶核不断长大的同时,又有新的晶核产生和长大,直至液态金属全部凝固,晶体彼此接触为止。在结晶完成后,每个晶核成长为一个外形不规则的晶粒,如图 3-3 所示。

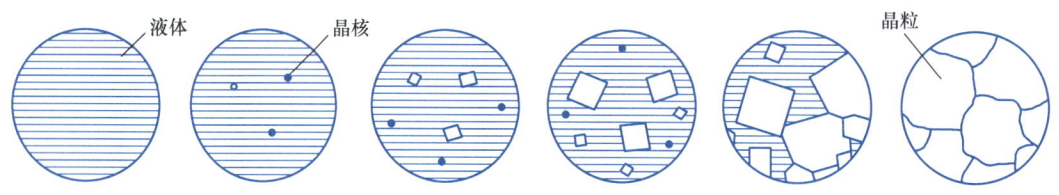

图 3-3 纯金属结晶过程示意图

需要指出的,金属液在实际结晶过程中,大多是依附在一些未熔化的固体微粒表面上形核的。这些未熔化的微粒可能是金属液中存在的杂质,也可能是有意加入的微粒。

2. 树枝状长大

在晶核生长的初期,晶粒保持晶体规则的几何外形,但在晶体继续生长的过程中,由于晶体生长的各向异性,再加上晶体的棱边和尖角处的散热条件优于其他部位,能使结晶时放出的结晶潜热迅速逸出,故此处晶体优先长大并沿一定方向生长出空间骨架,这种骨架如同树干,称为一次晶轴。在一次晶轴伸长和变粗的同时,在一次晶轴的棱边又生成二次晶轴、三次晶轴……从而形成一个树枝状晶体,称为枝晶,这种长大方式称为树枝状长大,如图 3-4 所示,图 3-5 所示是氧化铁的枝晶照片。

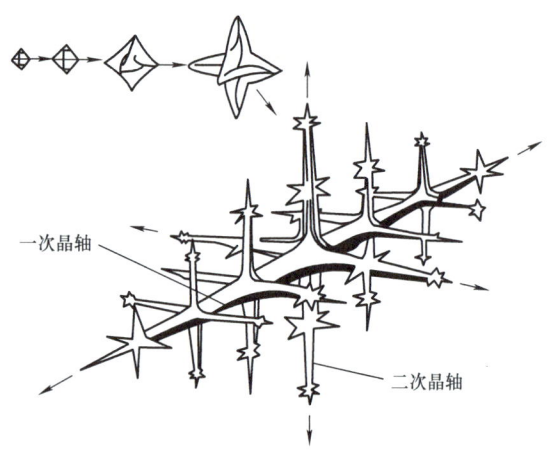

图 3-4 晶体树枝状长大示意图

图 3-5 氧化铁的枝晶

扫描二维码观看 NH_4Cl 水溶液的结晶过程视频。

【想一想】

留意观察一下,在寒冷的冬季,窗户内表面上的冰花是什么形状的?它是怎么形成的?

三、晶粒大小及其控制

1. 晶粒大小对金属力学性能的影响

晶粒大小是影响金属材料力学性能的重要因素之一。在常温下,晶粒越细,金属材料的强度、硬度越高,塑性、韧性越好。因此,细化晶粒对于提高金属材料的常温力学性能作用很大。用细化晶粒来提高材料性能的方法称为晶粒细化或细晶强化,这是提高金属材料力学性能的重要途径之一。

2. 晶粒大小的控制

凡是能促进形核、抑制长大的因素,都能使结晶后的晶粒数目增多,晶粒细化。所以结晶时细化晶粒的途径有以下几种。

(1) 增大过冷度　形核率 N(单位时间内在单位体积液体内所形成的晶核数目)和成长率 G(晶核在单位时间内生长的线速度)都与过冷度有关,它们都随着过冷度的增大而增大,如图 3-6 所示。但是,两者随过冷度增大而增大的速率是不同的,形核率的增长率要大于成长率。所以增大过冷度(达到一定值以上)能得到比较细小的晶粒组织。

提高液态金属的冷却速度是增大过冷度的主要途径,因此,提高液态金属的冷却速度可以获得比较细小的晶粒组织。实际生产中,通常采用降低铸型温度、采用蓄热大和散热快的金属铸型、局部加冷铁以及采用水冷铸型等方法,但这些方法只适用于小件或薄件,对于大型工件,如冷却速度过大,则会使结晶时的内应力加大,导致工件的变形甚至开裂。

(2) 变质处理　在金属熔液浇注前,有目的地向金属熔液中加入某些物质(称为孕育剂或变质剂),在金属液中形成大量分散的人工晶核或抑制晶核的长大速度,以细化晶粒和改善组织,这种方法称为变质处理。例如,在铁液中加入硅铁或硅钙合金等,在其中形成大量、高度弥

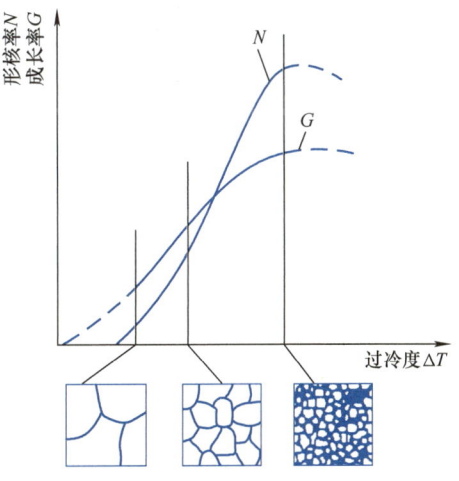

图 3-6　形核率和成长率与过冷度的关系

散的难熔质点,成为石墨结晶的核心,使石墨细小并分布均匀,从而提高灰铸铁的力学性能。又如,在铝-硅合金中加入微量的钠盐($2/3NaF + 1/3NaCl$),抑制硅晶体的生长速度,以细化合金组织,可显著提高合金的强度及塑性。

（3）附加振动　金属熔液结晶时，可以采用机械振动、超声波振动或电磁振动等方法，使铸型中的金属液运动，从而使粗大的枝晶破碎细化，而且破碎的枝晶还可起到新生晶核的作用，增大形核率，故附加振动或搅拌也能细化晶粒。

模块二　合金的结晶

【模块导入】

手工焊接电子元器件常用的焊锡丝（solder wire）中，Pb、Sn 的含量分别为 37% 和 63%，这种焊锡丝的熔点最低，约为 183℃，而且具有良好的抗拉强度、润湿性、导电性和导热性。学习本模块中的 Pb-Sn 二元共晶相图，你就能知道其中的奥秘。

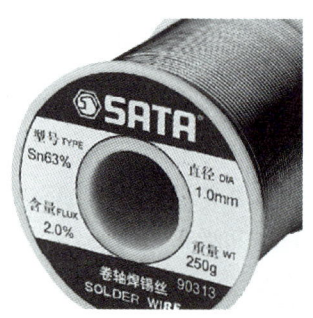

【学习内容】

合金的结晶与纯金属的结晶一样，也遵循形核和长大规律。但由于合金成分中含有两个以上的组元，并且同一合金系中各合金的成分不同，所以合金在结晶过程中，其组织的形成及变化规律要比纯金属复杂得多。

合金的结晶不是在恒温下进行的，有一定的结晶温度范围；在结晶过程中不只有一个固相和液相，而是在不同范围内有不同的相，各相成分也发生变化。因此，用单一的冷却曲线难以说明合金的结晶过程。为了研究合金在结晶过程中各种组织的形成和变化规律，掌握合金的性能与其成分、组织的关系，必须借助合金相图这一重要工具。

合金相图又称合金状态图或平衡图，是表示在平衡（极其缓慢加热或冷却）条件下，合金系中各种合金状态与温度、成分之间关系的图形。通过合金相图可以了解合金系中任何成分的合金在任何温度下的组织状态，在什么温度发生结晶和相变，存在几个相，每个相的成分是多少等。在生产实践中，合金相图可作为正确制订铸造、锻压、焊接及热处理工艺的重要依据。

一、二元合金相图概述

1. 二元合金相图的表示方法

由两个组元组成的合金相图称为二元合金相图。由于二元合金的结晶过程不仅与温度有关，还与合金成分有关，因此二元合金相图是以温度和成分为坐标的平面图形。以纵坐标表示温度，横坐标表示成分，并将横坐标两端点之间的线段分为 100 等份，分别代表该合金系中不同成分的合金，合金成分一般用质量分数表示，图 3-7 所示为 Cu-Ni 合金相图的坐标。

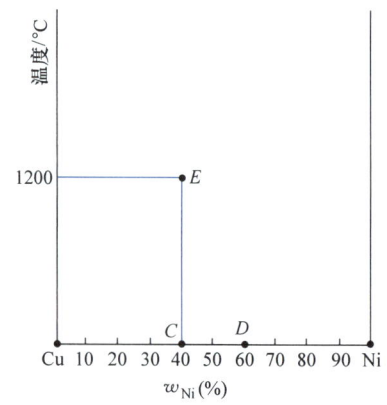

图 3-7　二元合金相图的坐标

例如,C 点代表 $w_{Ni}=40\%$、$w_{Cu}=60\%$ 的合金;而 D 点代表 $w_{Ni}=60\%$、$w_{Cu}=40\%$ 的合金。

在成分和温度坐标平面上的任意一点称为表象点,一个表象点的坐标值表示一个合金的成分和温度,图 3-8 中的 E 点表示合金的成分为 $w_{Ni}=40\%$、$w_{Cu}=60\%$,温度为 1200℃。

2. 二元合金相图的建立

合金相图是通过试验方法建立的。利用热分析法建立 Cu-Ni 二元合金相图的过程如下:

1)配制不同成分的 Cu-Ni 合金。合金配得越多,相图就越精确。

2)测定 Cu-Ni 合金的冷却曲线,如图 3-8a 所示。

3)找出各冷却曲线上的相变临界点(结晶开始和结晶终了温度)的位置。合金 Ⅰ(纯铜)和合金 Ⅵ(纯镍)只有一个临界点,分别是 1084℃ 和 1455℃,说明纯金属是在恒温下结晶的。其他四组合金的冷却曲线不出现平台,而为二次转折,温度较高的转折点表示结晶的开始温度,温度较低的转折点对应结晶的结束温度。这说明合金的结晶与纯金属不同,它是在一定温度范围内进行的。为了精确测定相变临界点,用热分析法测定时必须非常缓慢地冷却,以达到热力学的平衡条件,冷却速度一般控制在 0.15~0.5℃/min 范围内。

4)将每组合金的相变临界点分别表示在温度-成分坐标系中的相应位置上,再将结晶的开始温度点和结束温度点分别连接起来,就可得到图 3-8b 所示的 Cu-Ni 合金相图。

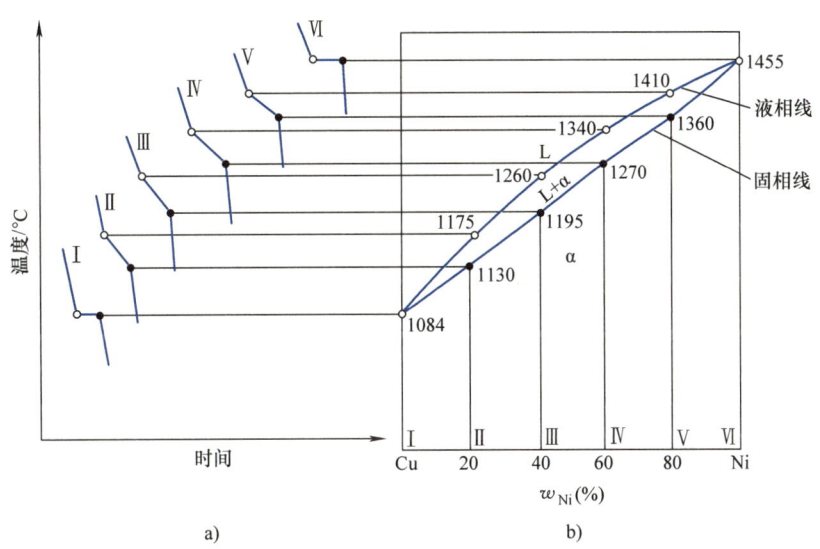

图 3-8 Cu-Ni 合金相图的绘制

a)冷却曲线 b)Cu-Ni 合金相图

Cu-Ni 二元合金相图上的每个点、线、区均有一定的物理意义。例如,在图 3-8b 中有两条曲线,上面的曲线为液相线,代表各种成分的 Cu-Ni 合金在冷却过程中开始结晶的温度;下面的曲线为固相线,代表各种成分的 Cu-Ni 合金在冷却过程中结晶终了的温度。液相线和固相线将整个相图分为三个区域,液相线以上为液相区(L),固相线以下为固相区(α),液相线与固相线之间为液相与固相共存的两相区(L+α)。

二元合金相图的类型较多,下面只介绍最基本的两种。

二、二元匀晶相图

合金的两组元在液态和固态下均无限互溶时所构成的相图称为二元匀晶相图。二元匀晶相图是最简单的二元合金相图，Cu-Ni、Cu-Au、Au-Ag、W-Mo 及 Fe-Ni 等合金都具有这类相图。现以 Cu-Ni 合金为例分析二元匀晶相图。

【资料卡】

Cu-Ni 合金俗称白铜，w_{Ni} 越高，颜色越白，当 w_{Ni} 超过 16% 以上时，产生的合金色泽就变得接近白银。在我国湘西、黔东南等苗寨旅游景区有许多苗银饰品出售，这些苗银饰品的成分以白铜为主，经过传统手工制作成形，再通过电镀银、加蜡、上色等工艺处理，形成颇具特色的苗银饰品。Cu-Ni 合金的性能和应用详见本书单元十模块二。

1. 合金的平衡结晶过程

平衡结晶是指合金在极缓慢的冷却条件下进行的结晶过程，在此条件下得到的组织称为平衡组织。

Cu-Ni 之间彼此可无限固溶，即不论彼此的比例是多少，组织均为 α 单相固溶体。现以 w_{Ni} 为 20% 的 Cu-Ni 合金为例，分析合金的平衡结晶过程，如图 3-9 所示。

当液态合金缓冷到液相线上的 t_1 温度时，开始从液相中结晶出 α 固溶体。这种从液相中结晶出单一固相的转变称为匀晶转变或匀晶反应。随温度下降，α 相的量不断增加，剩余液相量不断减少。当合金冷却到固相线上的 t_3 温度时，液相消失，结晶结束，全部转变为 α 相。温度继续下降，合金组织不再发生变化。

在结晶过程中，不仅液相和固相的量不断发生变化，液相和固相的成分通过原子的扩散也在不断发生变化。液相成分沿着液相线由 a_1 变化至 a_3，固相成分沿着固相线由 b_1 变化至 b_3。由此可见，液、固相线不仅是相区分界线，也是结晶时两相的成分变化线。

2. 枝晶偏析

固溶体合金的结晶只有在充分缓慢冷却的条件下才能得到成分均匀的固溶体组织。

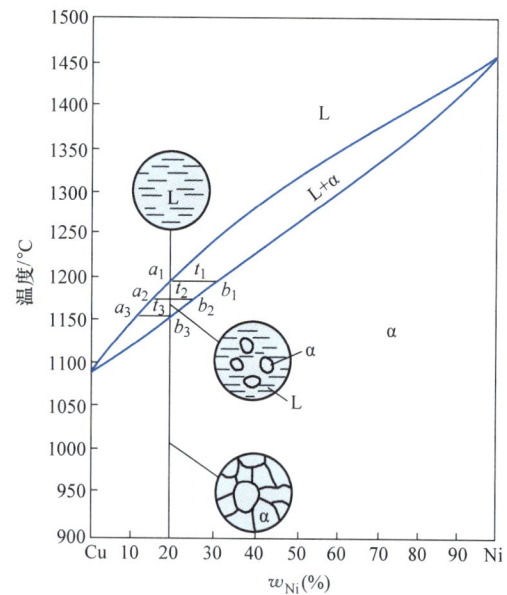

图 3-9 Cu-Ni 合金的平衡结晶过程

但在实际生产中，由于冷却速度往往较快，合金在结晶过程中固相和液相中的原子来不及扩散，致使先结晶出的枝晶轴含有较多的高熔点元素（如 Cu-Ni 合金中的 Ni），而后结晶的枝晶间含有较多的低熔点元素（如 Cu-Ni 合金中的 Cu），使得一个晶粒内部化学成分不均匀，这种现象称为枝晶偏析，又称晶内偏析。图 3-10 所示为铸造 Cu-Ni 合金的枝晶偏析组织，图中白亮色部分是先结晶出的耐蚀且富镍的枝干，暗黑色部分是最后结晶的易腐蚀并富铜的枝间。

枝晶偏析的程度除了与冷却速度有关外，还与给定成分合金的液、固相线的间距有关。冷却速度越大，液、固相线间距越大，枝晶偏析越严重。

枝晶偏析会降低合金的力学性能（如塑性和韧性）、耐蚀性及可加工性等。生产上常将铸件加热到固相线以下 100~200℃ 长时间保温来消除枝晶偏析，这种热处理工艺称为均匀化退火或扩散退火。通过均匀化退火可使原子充分扩散，使成分均匀化。

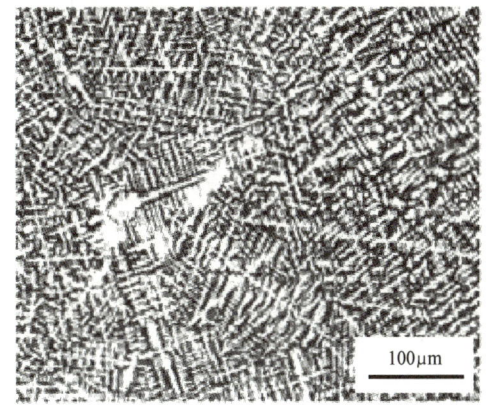

图 3-10　Cu-Ni 合金的枝晶偏析组织

三、二元共晶相图

合金的两组元在液态下能完全互溶，在固态时有限互溶并发生共晶反应（共晶转变），形成共晶组织的二元相图称为二元共晶相图。具有这类相图的合金系主要有 Pb-Sn、Pb-Sb、Pb-Bi、Ag-Cu、Al-Si 等。下面以 Pb-Sn 合金相图为例进行分析。

1. 相图分析

图 3-11 所示为 Pb-Sn 二元共晶相图，其中 A 点为铅的熔点（327℃），B 点为锡的熔点（232℃）。AEB 线为液相线，$AMENB$ 线为固相线。MF 线和 NG 线分别为 Sn 在 Pb 中和 Pb 在 Sn 中的溶解度曲线（即饱和浓度线），称为固溶线。可以看出，随温度降低，固溶体的溶解度下降。

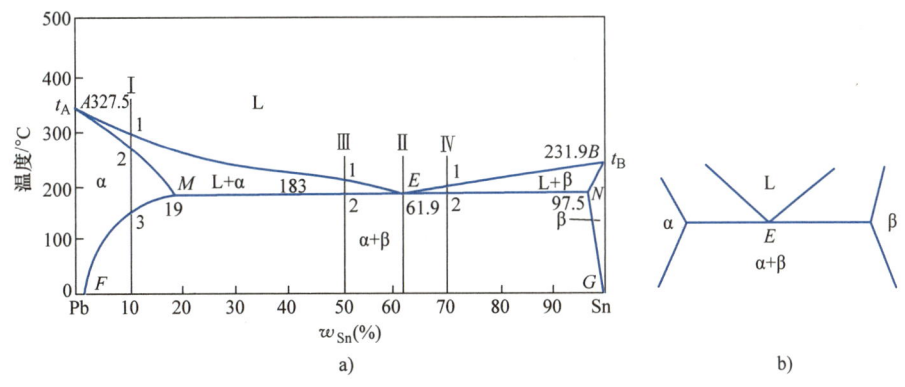

图 3-11　Pb-Sn 合金相图和共晶转变区的特征
a）相图　b）共晶转变区特征

相图中有三个单相区，即 L、α 和 β 相区；三个两相区，即 L+α、L+β 和 α+β；还有一个三相（L+α+β）共存的水平线，即 MEN 线。

E 点是液相线 AE、BE 与固相线 MEN 的交点，表示在 E 点对应的温度（t_E = 183℃）

下,成分为 E 点的液相(L_E)将同时结晶出成分为 M 点的 α 固溶体($α_M$)和成分为 N 点的 β 固溶体($β_N$)的混合物,该转变可用下式表示

$$L_E \xrightarrow{183℃} (α_M+β_N)$$

这种在一定的温度下,由一定成分的液相同时结晶出两种成分不同固相的转变过程,称为共晶转变或共晶反应。共晶转变的产物为两个相的混合物,称为共晶组织或共晶体。

在图 3-11a 中,MEN 线称为共晶线,E 点为共晶点,E 点的温度(t_E)称为共晶温度,E 点所对应的成分称为共晶成分。一般将 E 点成分的合金称为共晶合金,成分位于 M 点至 E 点之间的合金称为亚共晶合金;成分位于 E 点至 N 点之间的合金称为过共晶合金。

共晶相图的特征是,共晶线 MEN 联系着 L、α、β 三个单相区,其中 L 相区在中间,位于水平线之上;α、β 两个固相单相区位于共晶线两端,共晶线上的三个点分别是三个单相的成分点。共晶线的下方为 α+β 两相区,如图 3-11b 所示。

2. 典型合金平衡结晶过程

(1) 共晶合金的冷却过程 共晶合金 Ⅱ(w_{Sn} = 61.9%)有固定的熔点,就像纯金属一样,其冷却曲线如图 3-12 所示。该合金液体冷却到 E 点(183℃)时发生共晶反应,同时结晶出成分为 M 点的 $α_M$ 和成分为 N 点的 $β_N$,此两相组成共晶组织。

从成分均匀的液相同时结晶出两个成分差异很大的固相,必然要有元素的扩散。假设首先析出富铅的 α 相晶核,随着它的长大,必然导致其周围液体贫铅而富锡,从而有利于 β 相的形核,而 β 相的长大又促进了 α 相的形核。就这样,两相间形核,互相促进,在结晶过程全部结束时,就使合金获得了较细的两相机械混合物(即共晶体)。Pb-Sn 共晶合金的显微组织如图 3-13 所示。

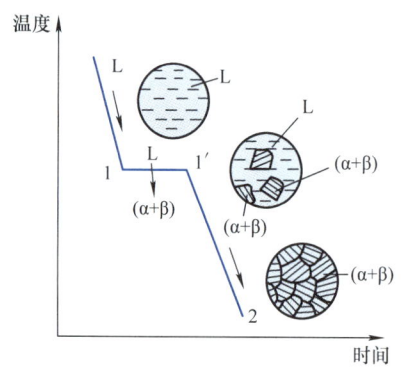

图 3-12 共晶合金的冷却曲线

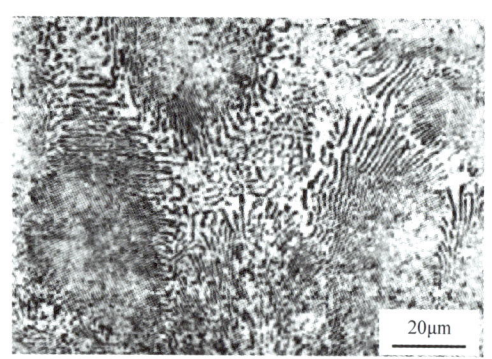

图 3-13 Pb-Sn 共晶合金的显微组织

(2) 亚共晶合金的冷却过程 以合金Ⅲ为例,其冷却曲线如图 3-14 所示。合金由液态冷却到 1 点时开始结晶初生 α 固溶体。随温度缓慢下降,α 固溶体的数量不断增多,其成分沿 AM 线变化;液相数量不断减少,其成分沿 AE 线变化。当刚冷却到 2 点时,合金由 M 点成分的初生 α 相和 E 点共晶成分的液相组成。然后具有 E 点成分的剩余液体发生共晶反应,转变为共晶组织,此反应直至 2′点,剩余液体全部转换成共晶组织为止。

共晶转变结束后,随温度下降,由于固溶体的溶解度降低,将从初生 α 和共晶 α 中不

断析出 $β_{II}$ 固溶体，从共晶组织 β 中不断析出 $α_{II}$ 固溶体。但在显微镜下，只能观察到从初生 α 固溶体中析出的 $β_{II}$，而共晶组织中析出的 $α_{II}$ 和 $β_{II}$ 一般难以分辨，室温下该合金的组织为 α+$β_{II}$+(α+β)，如图 3-15 所示。图中黑色树枝状为初生 α 固溶体，初生 α 固溶体内的白色小颗粒是 $β_{II}$，黑白相间的为（α+β）共晶组织。

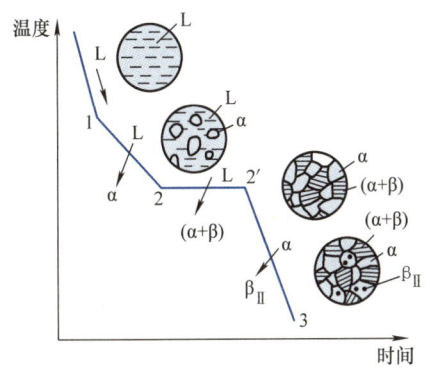

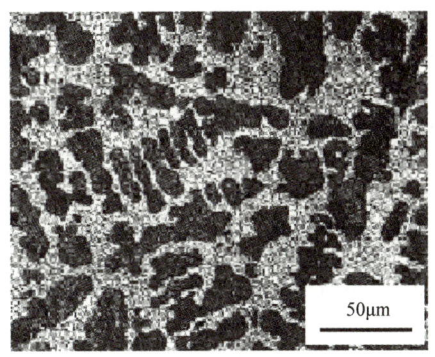

图 3-14　亚共晶合金的冷却曲线　　　　　图 3-15　Pb-Sn 亚共晶合金的显微组织

成分在 ME 之间的所有亚共晶合金的冷却过程与合金Ⅲ相同，其室温组织都为 α+$β_{II}$+(α+β)，只是组织组成物的成分和组成相的相对量不同，成分越靠近共晶点 E，合金中共晶体（α+β）的含量越多，初生 α 量越少。

（3）过共晶合金的冷却过程　以合金Ⅳ为例，其冷却曲线如图 3-16 所示。过共晶合金的冷却过程与亚共晶合金相似，不同的是初生相为 β，次生相为 $α_{II}$，所以其室温组织为 β+$α_{II}$+(α+β)。Pb-Sn 过共晶合金的显微组织如图 3-17 所示，图中卵形白亮色为初生 β 固溶体，黑白相间的为（α+β）共晶组织，初生 β 固溶体内的黑色小颗粒是次生 $α_{II}$ 固溶体。

成分在 EN 之间的所有过共晶合金的冷却过程与合金Ⅳ相同，其室温组织都为 β+$α_{II}$+(α+β)，只是组成相的相对量不同，成分越靠近共晶点 E，合金中共晶体（α+β）的含量越多，初生相 β 的量越少。

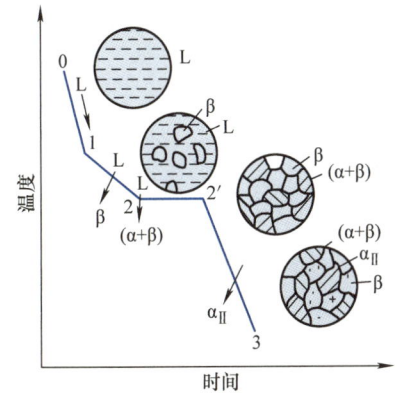

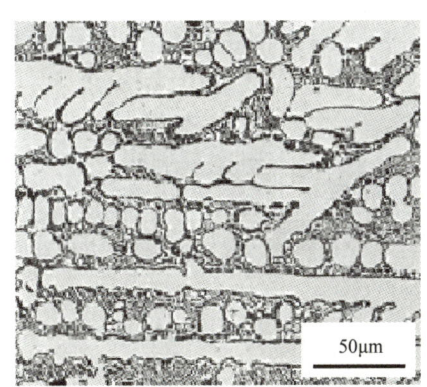

图 3-16　过共晶合金的冷却曲线　　　　　图 3-17　Pb-Sn 过共晶合金的显微组织

【资料卡】

　　武德合金是为纪念西班牙人乌罗阿和武德分别于1935年和1941年发现了铂主要以游离态和合金形式存在而命名的,其成分（质量分数）为50%的铋、25%的铅、12.5%的锡和12.5%的镉,熔点为70℃,常用于制作电设备中的熔丝。如果电路中发生短路或超载,导致电流过大,导线便会发热,当温度升高到70℃时,武德合金熔丝熔断,可保护电气设备,防止火灾的发生。

3. 合金的相组分与组织组分

　　对上述不同成分合金的组织分析表明,不同成分的Pb-Sn合金具有不同的显微组织,其中α、$α_{II}$、β、$β_{II}$及共晶体（α+β）各具有一定的组织特征,是组成显微组织的独立部分,并可以在显微镜下明显区分,称之为组织组分。成分位于F点至G点之间的Pb-Sn合金,尽管结晶后的室温显微组织有所不同,但均由α和β两相所组成,所以α、β两相称为合金的相组分。

　　在进行金相分析时,主要是利用组织组分来表示合金的显微组织,因为在相组分相同的情况下,由于组成相的形态、大小、数量和分布等不同,它们在显微组织中将呈现很大的差别,合金的性能也会产生明显的不同。故常将合金的组织组分填写于相图中,如图3-18所示。

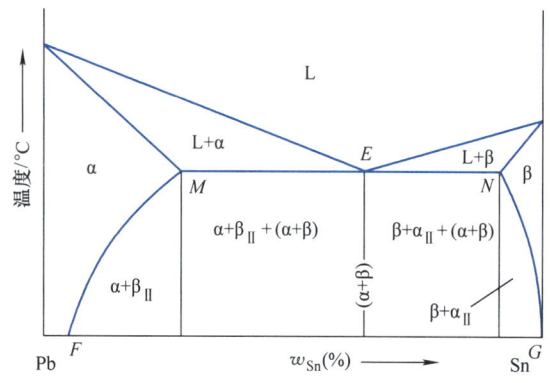

图3-18　按组织组分填写的Pb-Sn合金相图

模块三　合金性能与相图的关系

【模块导入】

　　《周礼·考工记》是中国春秋战国时期记述官营手工业各工种规范和制造工艺的文献。其中有古人在实践中对于青铜合金配比的一个认知:"金有六齐,六分其金而锡居一,谓之钟鼎之齐；五分其金而锡居一，谓之斧斤之齐；四分其金而锡居一，谓之戈戟之齐；三分其金而锡居一，谓之大刃之齐；五分其金而锡居二，谓之削杀矢之齐；金锡半，谓之鉴燧之齐"。以上记载，清晰表述了青铜成分与性能和用途之间的关系。

【学习内容】

相图反映出不同成分合金室温时的组成相和平衡组织，而组成相的本质及其相对量和分布状况又将影响合金的性能。

一、合金的力学性能与相图的关系

图 3-19 表明了二元合金相图与合金力学性能及物理性能的关系。由图可见，单相固溶体的性能与合金成分呈曲线关系，溶质含量越高，合金的强度、硬度越高，而导电性下降，并在某一成分下达到极值，如图 3-19a 所示。在 Cu-Ni 合金相图中，$w_{Ni} \approx 60\%$ 的 Cu-Ni 合金能获得最高的强度，接近此成分的 Cu-Ni 合金就是蒙乃尔合金。Cu-Ni 合金的强度极值偏向纯 Ni 一侧，是因为纯 Ni 较纯 Cu 的强度高。

当合金组织为两相机械混合物时，如两相的大小与分布都比较均匀，则合金的性能大致是两相性能的算术平均值，即合金的性能与成分呈直线关系；而出现细密且分布均匀的共晶组织时，强度、硬度会偏离直线关系而出现峰值，如图 3-19b 所示。

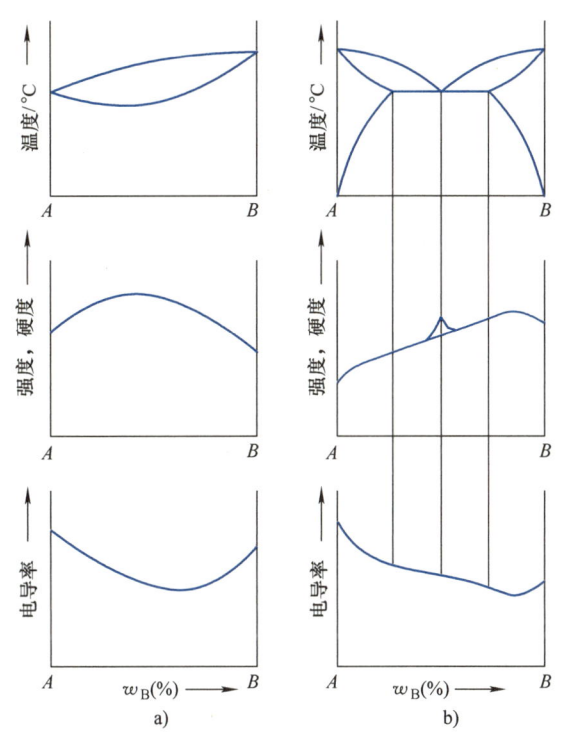

图 3-19 二元合金相图与合金力学性能及物理性能的关系
a）单相固溶体 b）机械混合物

二、合金的铸造性与相图的关系

图 3-20 表示了合金铸造性与相图的关系。单相固溶体合金的流动性差，铸造性不如共晶合金和纯金属，而且液相线与固相线间隔越大，即结晶温度范围越大，枝晶越易粗大，对合金流动性妨碍越严重，由此导致分散缩孔多，合金不致密，而且偏析严重，同时先后结晶区域容易形成成分的偏析，如图 3-20a 所示。而共晶合金的熔点低，并且是恒温结晶，熔液的流动性好，凝固后容易形成集中缩孔，故合金致密，铸造性优良，如图 3-20b 所示。因此，铸造合金宜选择接近共晶成分的合金。

三、合金的可锻性与相图的关系

压力加工性好的合金通常是单相固溶体，因为固溶体的强度低、塑性好、变形均匀。而两相混合物的强度不同，变形不均匀，变形大时，两相的界面也易开裂，尤其是存在脆性金

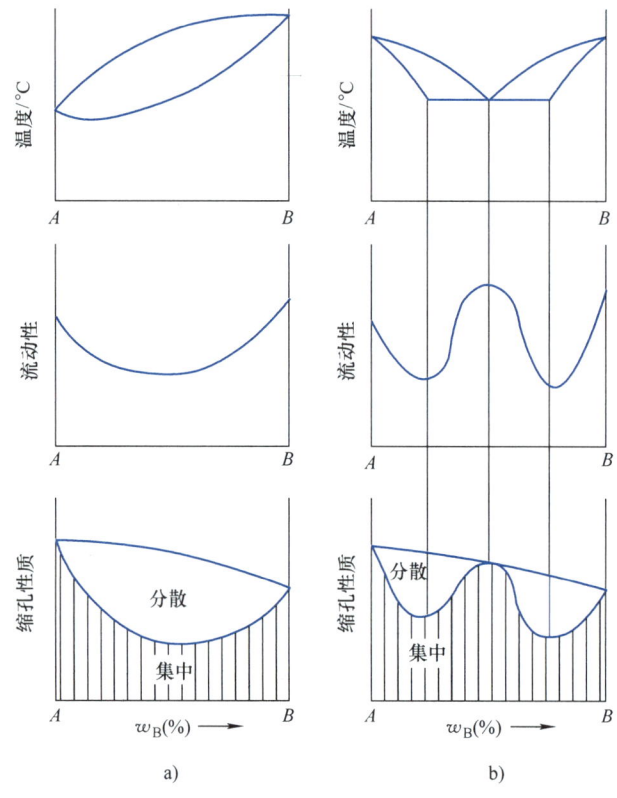

图 3-20 合金铸造性与相图的关系
a) 单相固溶体 b) 机械混合物

属化合物时对压力加工更为不利。因此,需要压力加工的合金通常取单相固溶体或接近单相固溶体或只含少量第二相的合金。

【单元小结】

1. 金属的实际结晶温度恒低于其熔点,这种现象称为过冷,过冷是结晶的必要条件。过冷度与金属的性质、纯度及冷却速度等许多因素有关,同一种金属熔液,结晶时冷却速度越大,过冷度越大,实际结晶温度越低。

2. 金属结晶的基本过程是形核与晶核的长大,晶体长大方式多为树枝状长大。

3. 在常温下,晶粒越细,金属材料的强度、硬度越高,塑性、韧性越好,细晶强化是提高金属材料力学性能的重要途径之一。凡是能促进形核、抑制长大的因素,都能使结晶后的晶粒数目增多,使晶粒细化。一般生产条件下,使金属液快速冷却、变质处理、振动、搅拌,均可细化铸造金属的晶粒并改善其力学性能。

4. 相图是分析合金结晶的有力工具,匀晶相图、共晶相图是基本的二元合金相图。

5. 平衡结晶是指合金在极缓慢的冷却速度下进行的结晶过程,在此条件下得到的组织称为平衡组织。实际生产条件下常发生不平衡转变,不平衡结晶的结果是使组织出现偏析现象。

6. 相图反映出不同成分合金室温时的组成相和平衡组织,而组成相的本质及其相对量、分布状况又将影响合金的性能。

【综合训练】

一、名词概念

过冷，过冷度，树枝状长大，变质处理，相图，匀晶转变，共晶转变，平衡结晶，枝晶偏析。

二、填空题

1. 金属结晶的过程是一个_____和_____的过程。
2. 在常温下晶粒尺寸越细小，金属的力学性能_____。
3. 实际生产中，金属的冷却速度越快，过冷度_____，其实际结晶温度_____。
4. 金属结晶时，晶体的长大方式一般为_____。
5. 变质处理时，变质剂的作用是_____。
6. 具有二元匀晶转变的合金，其室温平衡组织为_____。
7. Pb-Sn 合金相图属于二元_____相图。
8. 共晶合金的熔点低，且在恒温下结晶。所以，共晶合金的_____性能最好。
9. 在浇注前，向灰铸铁铁液中加入硅钙或硅铁的目的是_____，这种处理方法称为_____。
10. Cu-Ni 合金俗称_____。

三、选择题

1. 金属的实际结晶温度总是（　　）理论结晶温度。
   A. 等于　　　　　　B. 高于　　　　　　C. 低于　　　　　　D. 不能确定
2. 金属的冷却速度越快，过冷度（　　）。
   A. 越大　　　　　　B. 越小　　　　　　C. 不变
3. 液态合金在平衡状态下冷却时，结晶终止的温度线称为（　　）。
   A. 液相线　　　　　B. 固相线　　　　　C. 共晶线　　　　　D. 共析线
4. 发生共晶转变时，二元合金的温度（　　）。
   A. 升高　　　　　　B. 降低　　　　　　C. 不变　　　　　　D. 不能确定
5. 合金结晶组织中化学成分不均匀的现象称为（　　）。
   A. 过冷　　　　　　B. 偏析　　　　　　C. 位错
6. 为了消除枝晶偏析，需要进行专门的热处理，这种热处理称为（　　）。
   A. 再结晶　　　　　B. 均匀化退火　　　C. 回火　　　　　　D. 正火
7. 由一种液相生成一种固相和另一种固相的反应称为（　　）。
   A. 匀晶转变　　　　B. 共晶转变　　　　C. 共析转变　　　　D. 包析转变
8. 一种合金的室温组织为 α+(α+β)+β$_{II}$，那么它的组成相为（　　）。
   A. 4 个　　　　　　B. 3 个　　　　　　C. 2 个　　　　　　D. 1 个
9. 用于手工钎焊的 Sn63 焊锡丝的熔点只有 183℃，从成分上看，Sn63 焊锡丝属于（　　）。
   A. 亚共晶合金　　　B. 共晶合金　　　　C. 过共晶合金
10. 单相固溶体合金的硬度较低，塑性较高，（　　）较好。
    A. 焊接性　　　　　B. 铸造性　　　　　C. 可锻性　　　　　D. 热处理性能

四、简答题

1. 过冷度与金属的纯度及金属熔液的冷却速度有什么关系？
2. 过冷度对金属结晶过程和晶粒大小有何影响？
3. 生产中为什么要细化晶粒？细化晶粒的常用方法有哪些？
4. 如果其他条件相同，试比较下列铸造条件下铸件晶粒的大小。
（1）金属型铸造与砂型铸造。
（2）铸成薄壁件与铸成厚壁件。
（3）大体积铸件的表面部分与中心部分。
5. 合金相图有什么用途？怎样建立二元合金相图？
6. 合金的冷却曲线与纯金属的冷却曲线有什么不同？
7. 何谓枝晶偏析？枝晶偏析对合金的性能有何影响？

单元四 UNIT 4

铁碳合金相图

【学习目标】

知识目标
1. 掌握 Fe-Fe₃C 相图，理解相图中各点、线、区的意义
2. 掌握典型铁碳合金的平衡结晶过程和组织特点
3. 掌握铁碳合金成分、组织、性能三者之间的关系

能力目标
1. 具有正确使用光学金相显微镜的能力
2. 在教师指导下，对铁碳合金进行金相观察，并进行组织分析
3. 能运用 Fe-Fe₃C 相图解释生活和工程中的相关问题

　　钢铁是工程中应用最广泛的金属材料，虽然钢铁的成分各不相同、品种繁多，但都是以铁与碳两种元素为主所组成的合金。因此，研究铁碳合金的组织结构和性能变化规律，对掌握钢铁的组织、性能及应用具有重要意义。

　　本单元主要介绍铁碳合金相图的构成和分析方法，铁碳合金平衡结晶过程及室温下的平衡组织，以及铁碳合金成分、组织、性能之间的关系等内容。

模块一　铁碳合金的基本相

【模块导入】

　　在学习本模块之前，请同学们首先复习本书单元二中"同素异构转变"和"合金相结构"两部分内容，重点了解图 2-5 所示纯铁的同素异构转变过程。理解和掌握上述知识点，非常有助于本模块内容的学习。

【学习内容】

　　在铁碳合金中，铁与碳在液态下可无限互溶。在固态下，碳可以有限溶解在铁的晶格中

— 63 —

形成固溶体，也可与铁发生化学反应形成金属化合物。铁碳合金的基本相有铁素体、奥氏体、渗碳体，这些基本相性能各异，其数量、形态、分布直接决定了铁碳合金的组织和性能。

一、铁素体

碳溶解在α-Fe中形成的间隙固溶体称为铁素体，用符号"α"或"F"表示。铁素体保持了α-Fe的体心立方晶格，如图4-1a所示。

由于体心立方晶格的间隙很小，故溶碳能力极弱。在727℃时，α-Fe的最大溶碳量为0.0218%，随温度的下降，其溶碳量逐渐减少，在室温时溶碳量仅为0.0008%。

在显微镜下观察，铁素体为白色多边形晶粒，如图4-1b所示。铁素体在室温时的性能与纯铁相似，其强度、硬度低，塑性、韧性高，在770℃以下具有铁磁性。

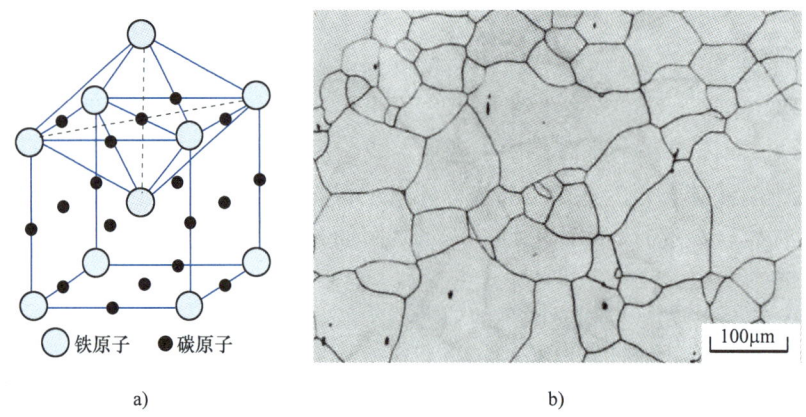

a) b)

图4-1 铁素体的晶体结构和显微组织
a）晶体结构 b）显微组织

二、奥氏体

碳溶解在γ-Fe中形成的间隙固溶体称为奥氏体，用符号"γ"或"A"表示。奥氏体保持了γ-Fe的面心立方晶格，如4-2a所示。

由于面心立方晶格的间隙较大，故γ-Fe的溶碳能力较α-Fe大。在1148℃时，γ-Fe的溶碳量最大，为2.11%；随着温度下降，其溶碳量逐渐减少，在727℃时为0.77%。

在普通的铁碳合金中，奥氏体是一种高温相，它只在727～1495℃范围内存在。若在铁碳合金加入足够数量的稳定奥氏体元素，可使奥氏体在室温下成为稳定相。奥氏体的显微组织如图4-2b所示，其晶粒呈多边形，与铁素体的显微组织近似，但晶粒边界较铁素体平直，且晶粒内常有孪晶出现。

奥氏体的强度、硬度较低，塑性、韧性好，其硬度为110～220HBW，断后伸长率为40%~50%，所以奥氏体是硬度较低而塑性较高的相，易于进行压力加工。因此，在锻造、轧制时，常将钢加热到奥氏体状态，以提高其塑性，所谓"趁热打铁"就是这个道理。

与铁素体不同，奥氏体不呈现铁磁性而呈顺磁性，在生活中分辨奥氏体不锈钢（如18-8型不锈钢）的方法之一就是用磁铁来检验其是否具有磁性。

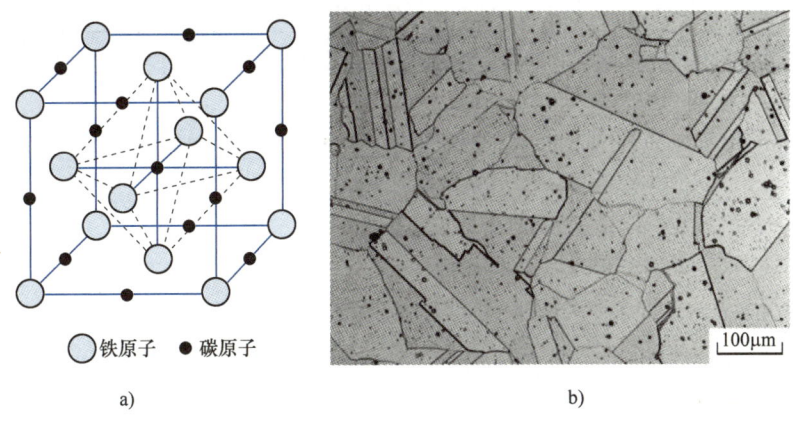

图 4-2 奥氏体的晶体结构和显微组织
a) 晶体结构 b) 显微组织

【试一试】

大部分手表外壳都是用奥氏体不锈钢制造的。找一块磁铁试一下,看你的手表壳能否被磁铁吸引。如果能,你可要注意哦,最好让你的手表离磁场远些!

三、渗碳体

铁和碳形成的金属化合物称为渗碳体,一般用化学式 Fe_3C 表示。渗碳体中碳的质量分数为 6.69%,熔点为 1227℃,具有复杂的晶格结构,如图 4-3 所示。

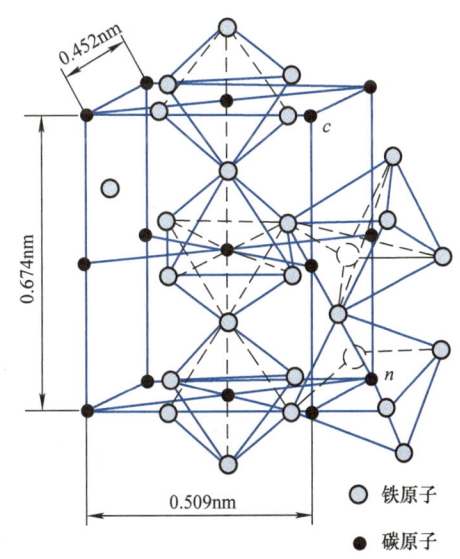

渗碳体的硬度很高,约为 800HV,塑性极低,是一种硬而脆的相。渗碳体不容易被硝酸酒精溶液腐蚀,在显微镜下观察呈白色,但能用碱性苦味酸钠浸蚀成黑色。渗碳体在铁碳合金中形态不一,可以呈片状、粒状、网状或板条状,其形态、大小及分布对钢的性能有很大的影响,是钢中的主要强化相。

综上所述,在铁碳合金中一共有三种相——铁素体、奥氏体和渗碳体。但奥氏体一般仅存在于高温下,所以室温下所有的铁碳合金中只有两种相——铁素体和渗碳体。由于铁素体中碳的质量分数非常小,所以碳在铁碳合金中主要以渗碳体的形式存在,这一点是十分重要的。铁碳合金基本相的种类和性能见表 4-1。

图 4-3 Fe_3C 的晶体结构

表 4-1 铁碳合金基本相的种类和性能

名 称	符 号	R_m/MPa	硬 度	A(%)	KV/J
铁素体	F	230	80HBW	50	160
奥氏体	A	400	220HBW	50	—
渗碳体	Fe_3C	30	800HV	≈0	≈0

模块二　铁碳合金相图特征

【模块导入】

法国金相学家奥斯蒙德（Floris Osmond, 1849~1912年）于1887年发现了铁的同素异构转变；英国冶金学家罗伯茨·奥斯汀（Roberts. Austen, 1843~1902年）于1899年最早测绘出了铁碳相图，为现代热处理初步奠定了理论基础。凡从事金属材料与热处理专业的人员都将铁碳相图视为解决技术问题的必备工具。同时，铁碳相图也是本门课程考试时的必考题目，这已是"公开的秘密"。

【学习内容】

铁碳合金相图是研究铁碳合金的工具，是研究钢铁材料成分、温度、组织和性能之间关系的理论基础，是制订钢铁铸造、锻压、焊接、热处理等热加工工艺的重要依据。

铁和碳可以形成 Fe_3C、Fe_2C、FeC 等一系列化合物。由于 $w_C>5\%$ 的铁碳合金脆性大，没有实用价值，且 Fe_3C（$w_C=6.69\%$）又是一种稳定的化合物，可以作为一个独立的组元看待，因此铁碳合金相图实质上就是 Fe-Fe_3C 相图（$0<w_C<6.69\%$），如图 4-4 所示（图中左上角已进行了简化）。

一、相图中的主要特性点

Fe-Fe_3C 相图中特性点的符号是国际通用的，不能随意更改。Fe-Fe_3C 相图中各特性点的温度、碳的质量分数及意义见表 4-2。

表 4-2　Fe-Fe_3C 相图中的特性点

特 性 点	温度/℃	w_C(%)	意 义
A	1538	0	纯铁的熔点
C	1148	4.3	共晶点
D	1227	6.69	渗碳体的熔点
E	1148	2.11	碳在奥氏体（γ-Fe）中的最大溶解度
F	1148	6.69	渗碳体的成分
G	912	0	铁的同素异构转变温度，也称 A_3 点

(续)

特 性 点	温度/℃	w_C(%)	意　义
K	727	6.69	渗碳体的成分
P	727	0.0218	碳在铁素体（α-Fe）中的最大溶解度
S	727	0.77	共析点，也称 A_1 点
Q	600	0.0057	碳在铁素体中的溶解度

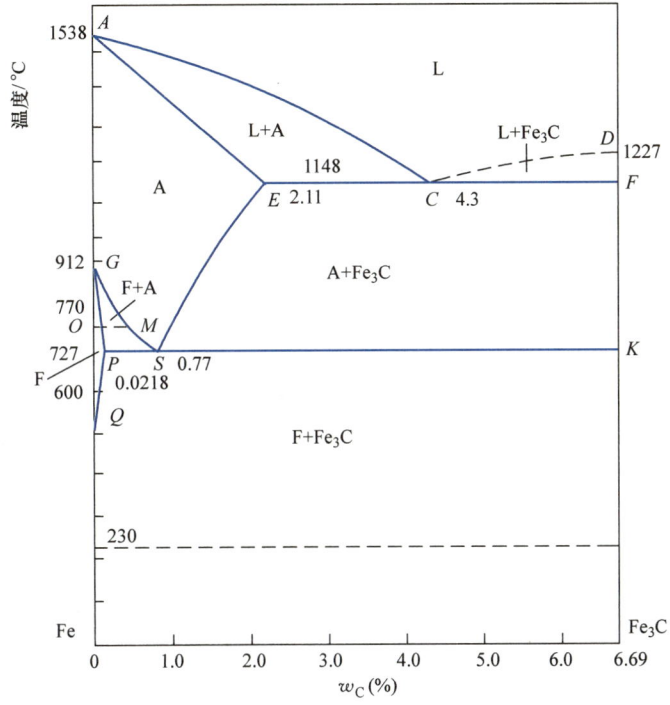

图 4-4　简化的 Fe-Fe₃C 相图

二、相图中的特性线

ACD 线为液相线，任何成分的铁碳合金在此线以上都处于液态（L），液态合金缓冷至 *AC* 线开始析出奥氏体，缓冷至 *CD* 线开始析出渗碳体。从液态中析出的渗碳体称为一次渗碳体 Fe_3C_I。

AECF 线为固相线，液态铁碳合金缓冷至此线以下全部结晶为固相，加热至此线开始熔化。

简化后的 Fe-Fe₃C 相图上有两条重要的水平线：*ECF*——共晶转变线，*PSK*——共析转变线。所以，简化后的 Fe-Fe₃C 相图可看作由共晶转变和共析转变两部分上下连接而成。

1. 共晶转变线（*ECF* 水平线）

1148℃的 *ECF* 水平线是共晶转变线，*C* 点为共晶点，1148℃为共晶温度。即具有共晶成分（w_C=4.3%）的液相 L 在共晶温度 1148℃下，同时结晶出 w_C=2.11%的奥氏体与渗碳体的混合物，即

$$L_{4.3} \rightarrow (A_{2.11} + Fe_3C)$$

共晶转变的产物称为莱氏体（A+Fe₃C），用"Ld"表示，莱氏体中的奥氏体和渗碳体分别称为共晶奥氏体和共晶渗碳体。凡是碳的质量分数超过 2.11% 的铁碳合金，在 ECF 线上均发生共晶转变。

2. 共析转变线（PSK 水平线）

727℃ 的 PSK 水平线是共析转变线，S 点为共析点，727℃ 为共析温度，用 A_1 表示。即具有共析成分（w_C=0.77%）的奥氏体在 727℃ 下，同时析出 w_C = 0.0218% 的铁素体与渗碳体的细密混合物，即

$$A_{0.77} \rightarrow (F_{0.0218} + Fe_3C)$$

凡碳的质量分数大于 0.0218% 的铁碳合金，在 PSK 水平线上均发生共析转变。

共析转变的产物（F+Fe₃C）因其金相磨面具有珍珠般的光泽而称为珠光体，用符号"P"表示。珠光体一般是铁素体与渗碳体以层片状相间分布而形成的机械混合物。由于珠光体中渗碳体的数量较铁素体少，所以珠光体中较厚的片是铁素体（白），较薄的片是渗碳体（黑），片层排列方向相同的领域称为一个珠光体团，如图 4-5a 所示。当放大倍数较高时，可以清晰地看到珠光体中平行排列分布的薄片渗碳体，如图 4-5b 所示。

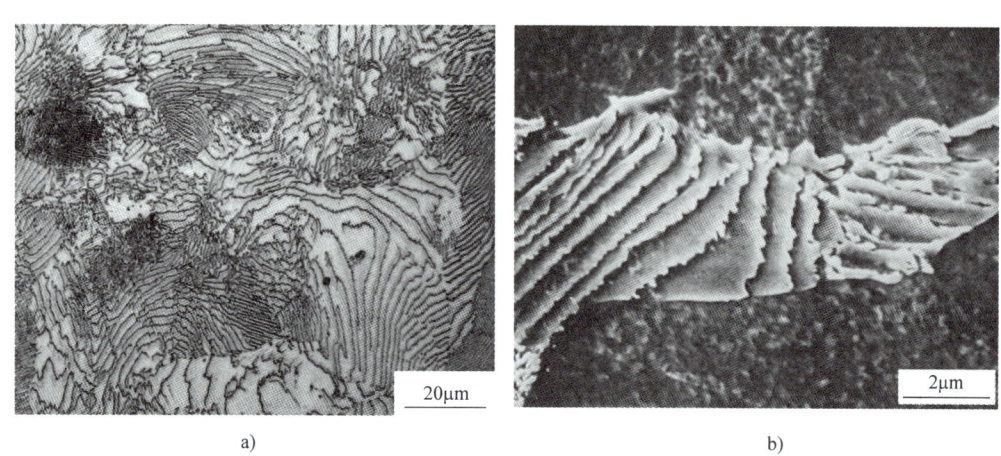

a)   b)

图 4-5   珠光体的显微组织
a）光学显微镜   b）扫描电镜（SEM）

3. 重要的特性线

（1）ES 线   ES 线为碳在奥氏体中饱和溶解度曲线（固溶线），又称 A_{cm} 线。奥氏体的最大溶碳量位于 1148℃，可溶碳 2.11%。随着温度下降，奥氏体的溶碳量逐渐减少，到 727℃ 时仅为 0.77%。因此，凡是碳的质量分数大于 0.77% 的铁碳合金，自 1148℃ 冷却至 727℃ 的过程中将从奥氏体中析出渗碳体，这种渗碳体称为二次渗碳体（Fe_3C_{II}）。

在缓慢加热时，ES 线是二次渗碳体溶入奥氏体的终止线。

（2）GS 线   GS 线为固溶体的同素异构转变线，又称 A_3 线。它是碳的质量分数小于 0.77% 的铁碳合金缓慢冷却时从奥氏体中析出铁素体的开始线，或者缓慢加热时铁素体转变为奥氏体的终止线。

奥氏体与铁素体之间的转变是溶剂铁发生同素异构转变的结果,所以也称为固溶体的同素异构转变。这就是说,具有同素异构转变的铁溶碳后所形成的固溶体也具有同素异构转变,但其转变温度将要改变。

(3) PQ线 PQ线为碳在铁素体中的溶解度曲线(固溶线)。铁素体的最大溶碳量是在727℃,可溶解碳0.0218%,而在600℃降为0.0057%,室温时几乎为0。因此,一般铁碳合金由727℃冷却至室温时,将从铁素体中析出渗碳体,这种渗碳体称为三次渗碳体(Fe_3C_{III})。

此外,Fe-Fe_3C相图上有两条磁性转变线。MO水平虚线(770℃)是铁素体磁性转变温度线,用A_2表示。230℃水平虚线是渗碳体的磁性转变温度线,用A_0表示。

【资料卡】

磁性材料并不是在任何温度下都具有磁性。一般地,磁性材料具有一个临界温度T_c,称为居里温度或磁性转变点。在T_c以下材料呈铁磁性,在T_c以上材料呈顺磁性。磁性转变在相图上一般用虚线表示。

铁碳合金相图的特性线及其含义归纳见表4-3。

表4-3 铁碳合金相图中的特性线

特 性 线	特性线的含义
ACD	液相线
AECF	固相线
ECF	$L_C \rightarrow A_E + Fe_3C$,共晶转变线,1148℃
PSK	$A_S \rightarrow F_P + Fe_3C$,共析转变线($A_1$线),727℃
GS	冷却时奥氏体向铁素体转变开始温度线(A_3线)
ES	碳在奥氏体中的溶解度曲线(A_{cm}线)
PQ	碳在铁素体中的溶解度曲线
MO	铁素体的磁性转变线(A_2线),770℃
230℃水平线	渗碳体的磁性转变线(A_0线)

三、相区

简化后的Fe-Fe_3C相图中有四个单相区:ACD以上——液相区(L);AESG——奥氏体相区(A);GPQ——铁素体相区(F);DFK——渗碳体(Fe_3C)相区。

相图中有五个两相区,这些两相区分别存在于相邻的两个单相区之间,它们是L+A、L+Fe_3C、A+F、A+Fe_3C、F+Fe_3C。

此外,相图中共晶转变线ECF及共析转变线PSK可分别看作三相共存的"特区"。

【试一试】

请选一首你最喜欢或熟悉的歌曲,将歌词改为以铁碳相图为主题的内容,借助歌曲理解和掌握铁碳相图的内容。如需借鉴他人的智慧或成果,请到互联网上搜索"铁碳相图版青花瓷"，你一定会大有收获的。

四、铁碳合金的分类

根据碳含量及室温组织的不同，铁碳合金可分为工业纯铁、钢和白口铸铁三类，如图4-6所示。

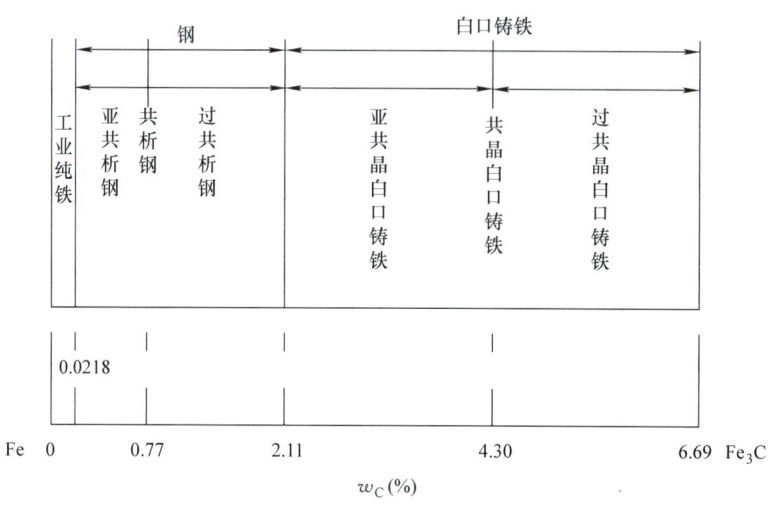

图4-6 铁碳合金的分类

【资料卡】

在实际生产生活中，常有"生铁"和"熟铁"的习惯叫法，那么二者有什么不同呢？生铁和熟铁都是铁碳合金，其区别在于碳的质量分数不同，$w_C<0.2\%$的称为熟铁，$w_C>2.11\%$的称为生铁。

模块三　铁碳合金的平衡结晶及组织

【模块导入】

　　铁碳合金中碳的质量分数决定了其组织，而组织又决定了其性能。所以，对铁碳合金进行金相分析，是研究其成分和性能的重要方法。那么，铁碳合金的组织是怎样形成的？有什么特点？又有怎样的变化规律呢？学海无涯，不要犹豫了，现在就开始学习吧！

【学习内容】

　　铁碳合金相图的重要用途是分析合金的平衡结晶过程及室温平衡组织，下面选取几种典型的铁碳合金进行分析，图4-7所示为选取的典型铁碳合金在相图中的位置。

一、工业纯铁

图4-7中的合金Ⅰ为$w_C=0.010\%$的工业纯铁,其平衡结晶过程如图4-8所示。

在1点以上合金全部为液相(L),当缓慢冷却至1点温度时,开始从液相中结晶出奥氏体(A),随温度的下降,奥氏体量逐渐增多,其成分沿AE线变化,而剩余液相逐渐减少,其成分沿AC线变化。当缓慢冷却至2点温度时,液相全部结晶为与原合金成分相同的奥氏体。在2~3点温度范围内为单一的奥氏体。当缓慢冷却至3点温度时,开始发生固溶体的同素异构转变,开始从奥氏体中析出铁素体,随温度降低,铁素体量不断增多。当温度达到4点时,奥氏体全部转变为铁素体。铁素体冷却到5点时,碳在铁素体中的溶解度达到饱和。因此,当将铁素体冷却到5点以下时,将从铁素体中析出三次渗碳体。

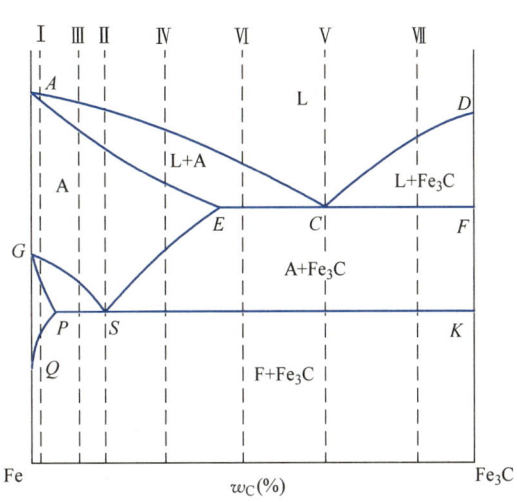

图4-7 典型铁碳合金在相图中的位置

在缓慢冷却的条件下,这种渗碳体常沿铁素体晶界呈片状析出。在室温下,工业纯铁的平衡组织为铁素体和三次渗碳体($F+Fe_3C_Ⅲ$)。图4-9所示为工业纯铁的显微组织,图中晶界处有极少量的$Fe_3C_Ⅲ$。

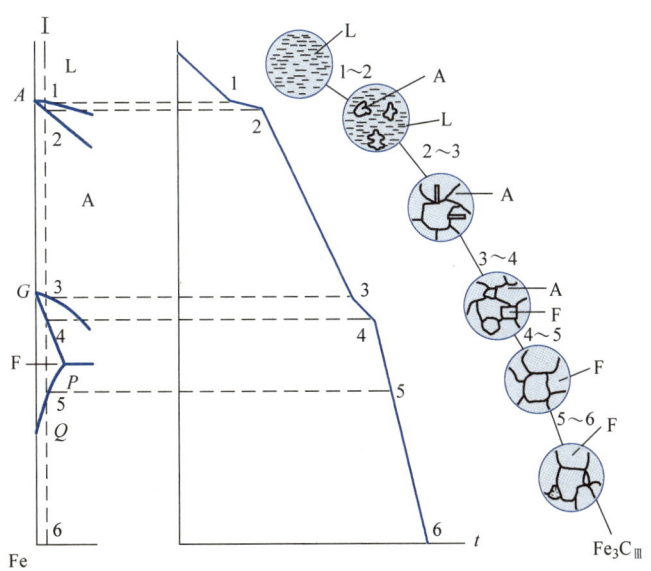

图4-8 工业纯铁平衡结晶过程示意图

二、共析钢

图4-7中的合金Ⅱ为$w_C=0.77\%$的共析钢,其平衡结晶过程及组织转变如图4-10所示。

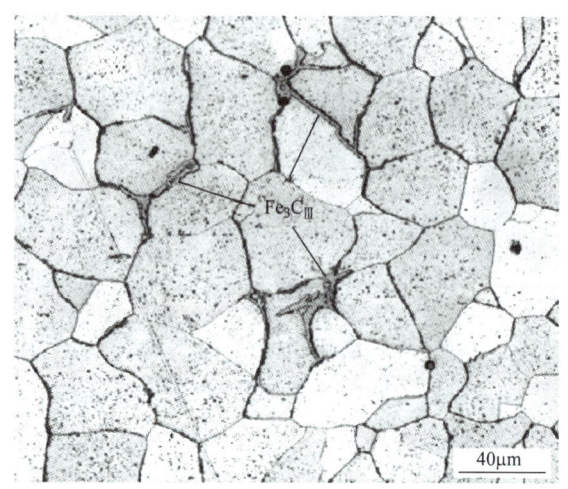

图 4-9 工业纯铁的显微组织

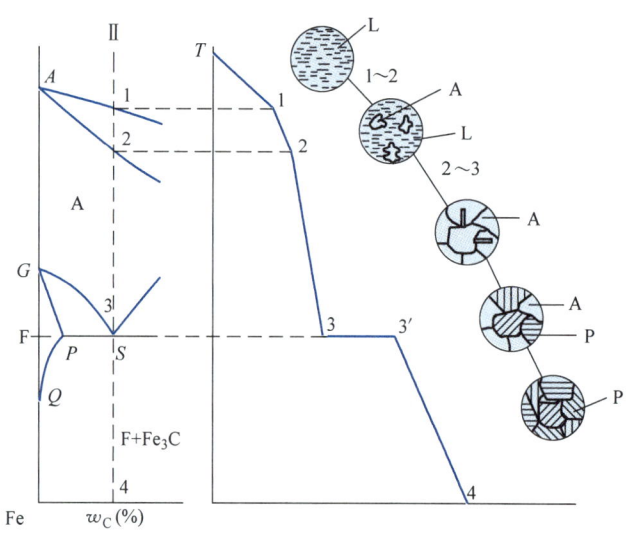

图 4-10 共析钢的平衡结晶过程及组织转变

在 3（S）点以上，共析钢的结晶过程与工业纯铁相同，组织为单一的奥氏体。当继续冷却至 S 点时，达到共析温度（727℃），发生共析转变，由奥氏体中同时析出成分为 P 点的铁素体和成分为 K 点的渗碳体，构成交替重叠的层片状两相组织，即珠光体。温度再继续下降，铁素体成分沿 PQ 线变化，将析出极少量的三次渗碳体，并与共析渗碳体混在一起，其对钢的影响不大，故可忽略不计。因此，共析钢的室温平衡组织是珠光体，如图 4-5 所示。

在球化退火条件下，珠光体中的渗碳体也可呈粒状，这种珠光体称为粒状珠光体。

珠光体是铁碳合金中的重要组织，其性能介于铁素体与渗碳体之间，强韧性较好。其抗拉强度为 750~900MPa，硬度为 180~280HBW，断后伸长率为 20%~25%，冲击吸收能量 KU 为 24~32J。

三、亚共析钢

图 4-7 中的合金Ⅲ为 $w_C=0.45\%$ 的亚共析钢，其平衡结晶过程及组织转变如图 4-11 所示。

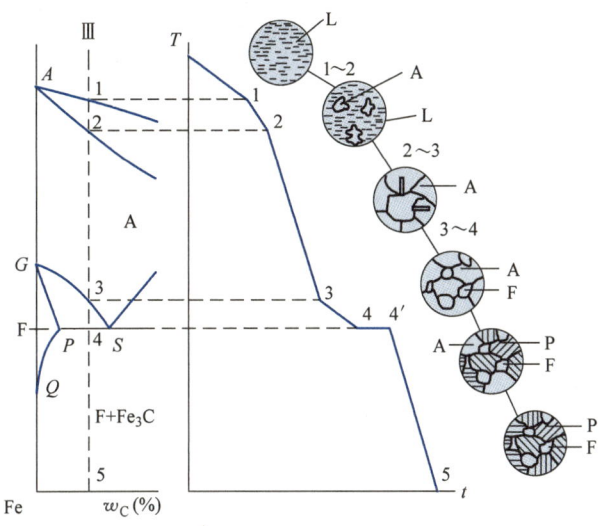

图 4-11 亚共析钢的平衡结晶过程及组织转变

合金Ⅲ在 3 点以上的冷却过程与共析钢相似。当冷却至合金线与 GS 线的交点 3 时，开始从奥氏体中析出铁素体，随温度降低，铁素体量不断增多，其成分沿 GP 线变化，而奥氏体量逐渐减少，其成分沿 GS 线向共析成分接近。当缓慢冷却至合金线与 PSK 线的交点 4 时，剩余的奥氏体达到共析成分（$w_C=0.77\%$），发生共析转变，转变成珠光体。温度继续下降，铁素体中析出极少量的三次渗碳体，可忽略不计，故其室温组织是铁素体与珠光体。$w_C=0.45\%$ 亚共析钢的显微组织如图 4-12c 所示，图中的白色部分为铁素体，黑色部分为珠光体，所谓"白铁黑珠"。

所有亚共析钢的冷却过程都与合金Ⅲ相似，其室温组织都是铁素体与珠光体。但随碳含量的增加，铁素体量逐渐减少，珠光体量逐渐增多，如图 4-12 所示。

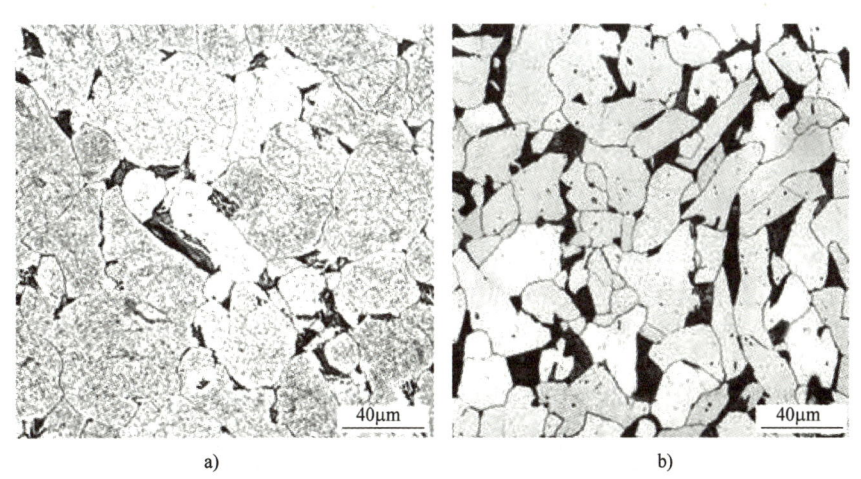

a)　　　　　　　　　　　　　　　b)

图 4-12 不同成分亚共析钢的室温平衡组织

a) $w_C=0.08\%$　b) $w_C=0.20\%$

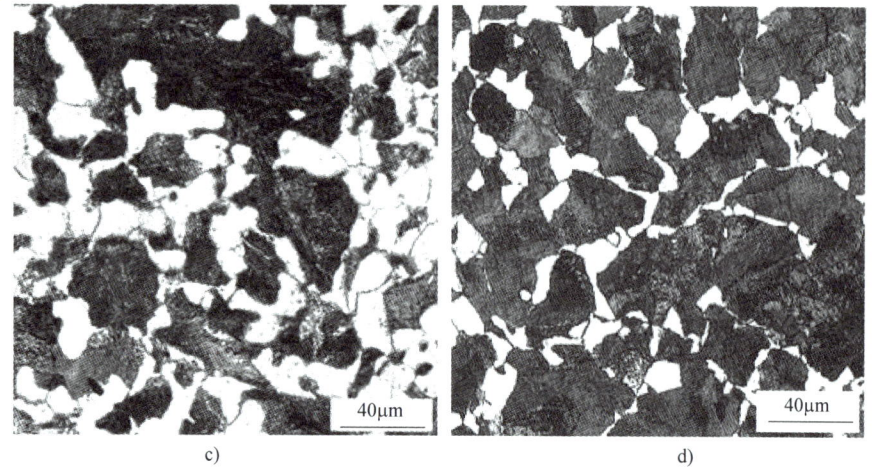

图 4-12 不同成分亚共析钢的室温平衡组织（续）

c) $w_C = 0.45\%$ d) $w_C = 0.65\%$

在金相分析中，可以根据珠光体和铁素体的相对量来估算退火亚共析钢中碳的质量分数，如果忽略铁素体中的碳，而认为钢中的碳全部集中在 P 中，则

$$w_C = P0.77\% \quad (P 为平衡组织中珠光体的相对量)$$

例如，有一种退火碳钢显微组织，视场面积中珠光体和铁素体各有 50%，则钢中碳的质量分数为 $w_C = 50\% \times 0.77\% = 0.385\%$，大体上相当于 40 钢。

四、过共析钢

图 4-7 中的合金Ⅳ为 $w_C = 1.2\%$ 的过共析钢，其平衡结晶过程及组织转变如图 4-13 所示。

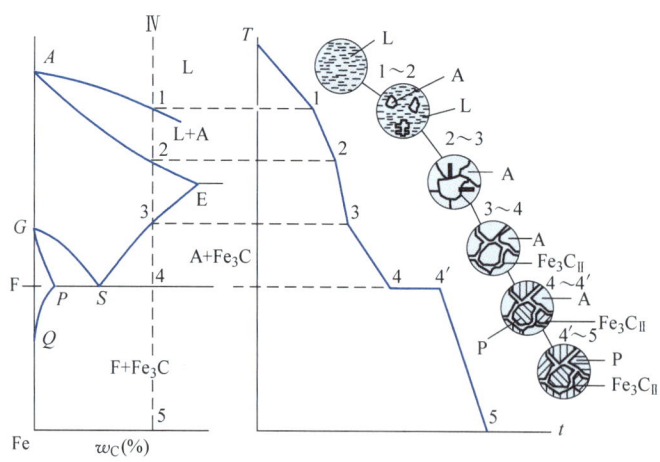

图 4-13 过共析钢的平衡结晶过程及组织转变

合金Ⅳ在 3 点以上的冷却过程与合金Ⅲ相似。当冷却至 3 点时，奥氏体中碳的溶解度达到饱和，随温度降低，多余的碳以二次渗碳体（Fe_3C_{II}）的形式析出，并以网状形式沿奥氏体晶界分布。随温度降低，渗碳体量不断增多，而奥氏体量逐渐减少，其成分沿 ES 线向

共析成分接近。当冷却至合金线与 PSK 线的交点 4 时，达到共析成分（$w_C = 0.77\%$）的剩余奥氏体发生共析转变，转变为珠光体。温度再继续下降，其组织基本不发生变化，故其室温组织是珠光体与网状二次渗碳体。

$w_C = 1.2\%$ 过共析钢的显微组织如图 4-14 所示，图中呈黑白相间的片状组织为珠光体，白色网状组织为二次渗碳体。

所有过共析钢的冷却过程都与合金Ⅳ相似，其室温组织是珠光体与网状二次渗碳体。但随碳含量的增加，珠光体量逐渐减少，二次渗碳体量逐渐增多。当碳的质量分数达到 2.11% 时，二次渗碳体的量达到最大值，其相对量为 22.6%。

图 4-14 过共析钢的显微组织

二次渗碳体以网状分布在晶界上，将明显降低钢的强度和韧性。因此，在使用过共析钢之前，应采用热处理方法消除网状二次渗碳体。

【资料卡】

本单元中有许多幅铁碳合金的金相照片，一幅完美的金相照片在材料人的眼中就像艺术品一样。金相照片应能清晰、准确地显示金属材料的显微组织，并加注标尺，以反映照片的放大倍数。根据标尺计算放大倍数的公式为 $\dfrac{\text{线段长度（mm）}}{\text{线段上的数值（μm）}} \times 1000$。请同学们现在就按公式计算一下图 4-14 的放大倍数吧。

五、共晶白口铸铁

图 4-7 中的合金Ⅴ为 $w_C = 4.3\%$ 的共晶白口铸铁，其平衡结晶过程及组织转变如图 4-15 所示。

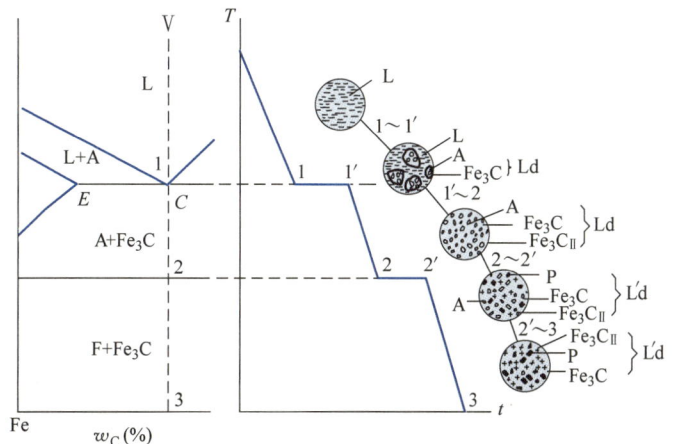

图 4-15 共晶白口铸铁的平衡结晶过程及组织转变

合金Ⅴ沿合金线自高温缓慢冷却时，温度在1点以上时全部为液相（L），当缓慢冷却至1点（C点）温度（1148℃）时，液态合金发生共晶反应，同时结晶出成分为E点的奥氏体（A）和成分为F点的渗碳体，即莱氏体Ld。继续冷却，开始从共晶奥氏体中析出二次渗碳体（$Fe_3C_Ⅱ$），随温度降低，二次渗碳体量不断增多，而共晶奥氏体量逐渐减少，其成分沿ES线向共析成分接近。当冷却至2点时，达到共析成分（w_C = 0.77%）的剩余共晶奥氏体发生共析反应，转变为珠光体，分布在渗碳体的基体上，这种组织称为低温莱氏体或变态莱氏体，用符号L′d表示。

温度再继续下降，其组织基本不发生变化。故共晶白口铸铁的室温组织是低温莱氏体，如图4-16所示，图中黑色颗粒部分为珠光体，白色基体为渗碳体（共晶渗碳体和二次渗碳体连在一起，分辨不开）。

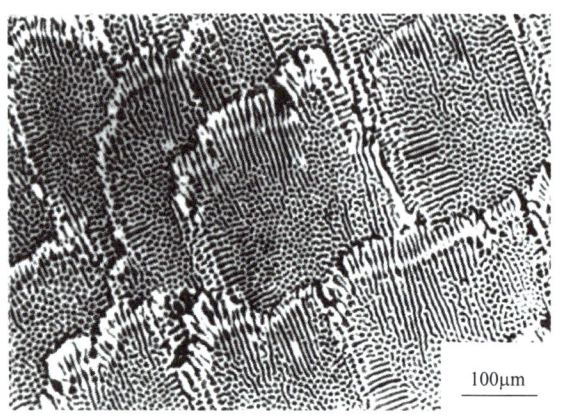

图 4-16 共晶白口铸铁的室温平衡组织

由于低温莱氏体的基体相是渗碳体，所以低温莱氏体的硬度高、但塑性很差。

六、亚共晶白口铸铁

图4-7中的合金Ⅵ为w_C = 3.0%的亚共晶白口铸铁，其平衡结晶过程及组织转变如图4-17所示。

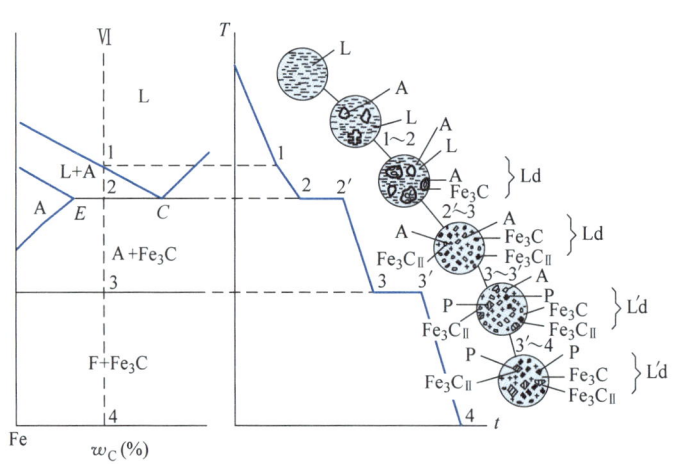

图 4-17 亚共晶白口铸铁的平衡结晶过程及组织转变

合金Ⅵ沿合金线自高温缓慢冷却时，在温度1点以上全部为液相（L），当缓慢冷却至1点的温度时，开始从液相中结晶出初生奥氏体。随温度的下降，奥氏体量逐渐增多，其成分沿AE线变化，而剩余液相逐渐减少，其成分沿AC线变化，向共晶成分接近。当冷却至2点温度（1148℃）时，剩余液相成分达到共晶成分（w_C = 4.3%）而发生共晶反应，形成莱氏体 Ld。继续冷却，奥氏体中开始析出二次渗碳体（Fe_3C_{II}），其成分沿 ES 线向共析成分接近。随温度降低，二次渗碳体量不断增多，而奥氏体量逐渐减少。当冷却至 3 点时，达到共析成分（$w_C = 0.77\%$）的奥氏体发生共析反应，转变为珠光体。故其室温组织由珠光体、二次渗碳体和低温莱氏体组成，其显微组织如图 4-18 所示，图中黑色枝状为珠光体，黑白相间的基体为低温莱氏体，珠光体周围的白色网状物为二次渗碳体。

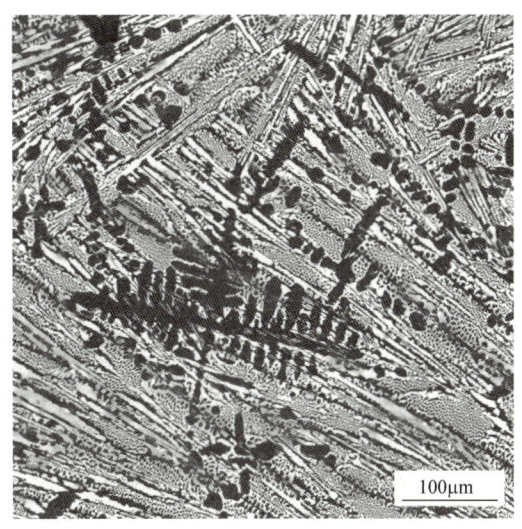

图 4-18　亚共晶白口铸铁的显微组织

所有亚共晶白口铸铁的冷却过程都与合金Ⅵ相似，其室温组织是珠光体、二次渗碳体和低温莱氏体。但随碳含量的增加，低温莱氏体量逐渐增多，其他量逐渐减少。

七、过共晶白口铸铁

图 4-7 中的合金Ⅶ为 $w_C = 5.0\%$ 的过共晶白口铸铁，其平衡结晶过程及组织转变如图 4-19 所示。

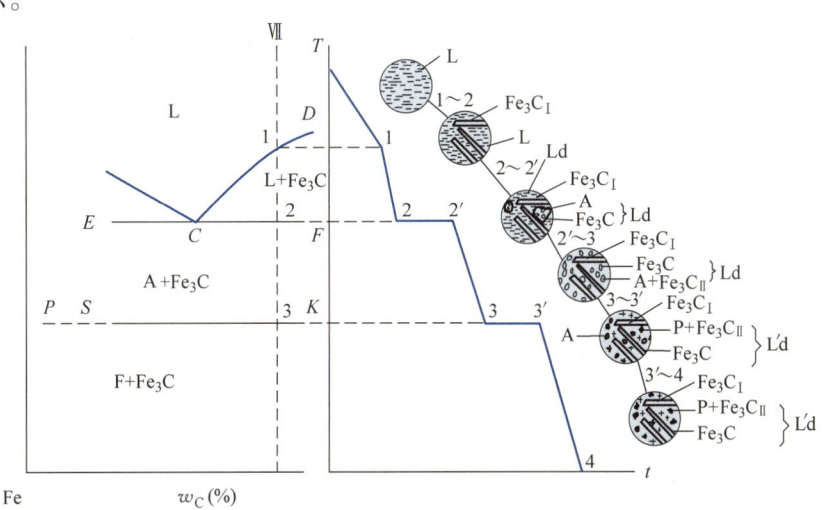

图 4-19　过共晶白口铸铁的平衡结晶过程及组织转变

合金Ⅶ自高温缓慢冷却时，温度在1点以上时全部为液相（L），当缓慢冷却至1点的温度时，开始从液相中结晶出板条状的一次渗碳体，此一次渗碳体将保留至室温。随温度的下降，一次渗碳体量逐渐增多，剩余液相逐渐减少，其成分沿 DC 线变化，向共晶成分接近。当冷却至2点温度（1148℃）时，剩余液相成分达到共晶成分而发生共晶转变，形成莱氏体Ld，其后的冷却过程与共晶白口铸铁相同。故其室温组织是低温莱氏体L′d和一次渗碳体，其显微组织如图4-20所示，图中白色条状为一次渗碳体，黑白相间的基体为低温莱氏体。

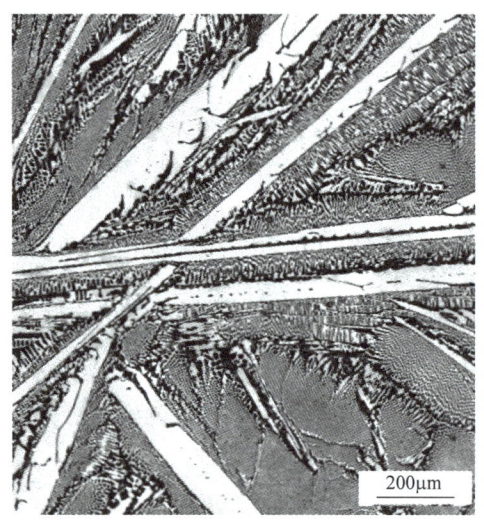

图4-20 过共晶白口铸铁的显微组织

所有过共晶白口铸铁的冷却过程都与合金Ⅶ相似，其室温组织是低温莱氏体L′d和一次渗碳体。但随碳含量的增加，一次渗碳体量逐渐增多，低温莱氏体L′d量逐渐减少。

铁碳合金的平衡组织归纳见表4-4。

表4-4 铁碳合金的平衡组织

名　称	w_C(%)	平　衡　组　织	
工业纯铁	<0.0218	铁素体或铁素体+少量三次渗碳体	F 或 $F+Fe_3C_Ⅲ$
亚共析钢	0.0218~0.77	铁素体+珠光体	F+P
共析钢	0.77	珠光体	P
过共析钢	0.77~2.11	珠光体+二次渗碳体	$P+Fe_3C_Ⅱ$
亚共晶白口铸铁	2.11~4.3	珠光体+二次渗碳体+低温莱氏体	$P+Fe_3C_Ⅱ+L'd$
共晶白口铸铁	4.3	低温莱氏体	L′d
过共晶白口铸铁	4.3~6.69	低温莱氏体+一次渗碳体	$L'd+Fe_3C_Ⅰ$

若将上述典型铁碳合金结晶过程中的组织变化填入相图中，则得到按组织组分填写的铁碳合金相图，如图4-21所示。

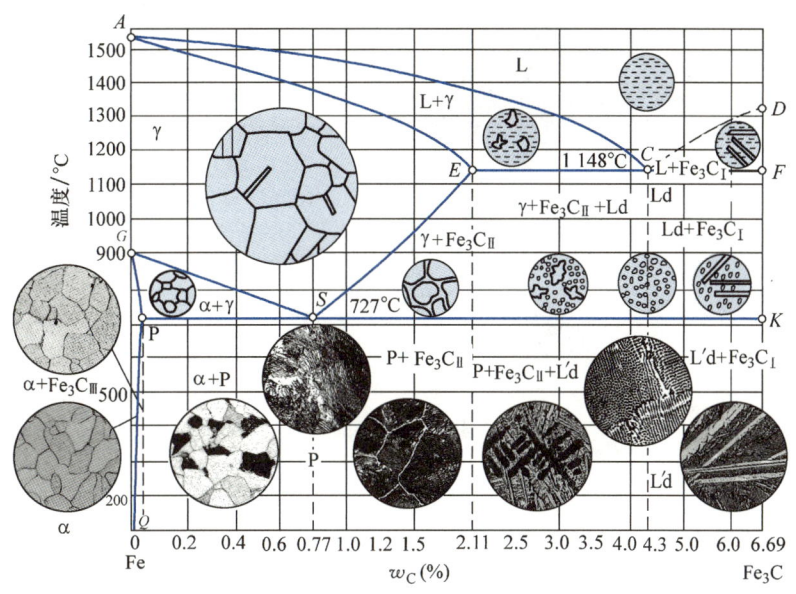

图 4-21　按组织组分填写的铁碳合金相图

技能训练　用金相法确定铁碳合金中碳的质量分数

某校金相热处理实验室一批 ϕ20mm 圆钢因标签丢失，不能确定其成分和牌号。现用金相分析法确定其种类和碳的质量分数。

设备仪器及材料

4XB 型金相显微镜，不明成分的钢材金相试样，金相图谱。

任务实施

一、初识金相显微镜

正常人眼所能分辨的两点间的最小距离为 0.15~0.30mm，而在金属显微组织中，相与相之间或组织与组织之间的距离远远小于这个数值。因此，观察金属材料的显微组织必须借助于各种金相显微镜。

金相显微镜是研究金属显微组织的主要仪器，按构造形式分为台式、立式和卧式三大类。金相显微镜由光学系统、照明系统和机械系统组成，有的显微镜还附带有多种功能及摄影装置。目前，已把金相显微镜与计算机及相关的分析系统相连，能更方便、更快捷地进行金相分析研究工作。图 4-22 所示为 4XB 型光学金相显微镜。

金相显微镜的放大系统由两个凸透镜组成，对着金相试样的称为物镜，对着人眼的称为目镜。金相显微镜通过目镜和物镜两次放大而得到较高的放大像。金相显微镜的放大倍数等于物镜放大倍数与目镜放大倍数的乘积。例如，物镜为 20×，目镜为 10×，则金相显微镜的放大倍数 = 20×10 = 200（倍）。一般金相显微镜的放大倍数为几十倍到 1500 倍。

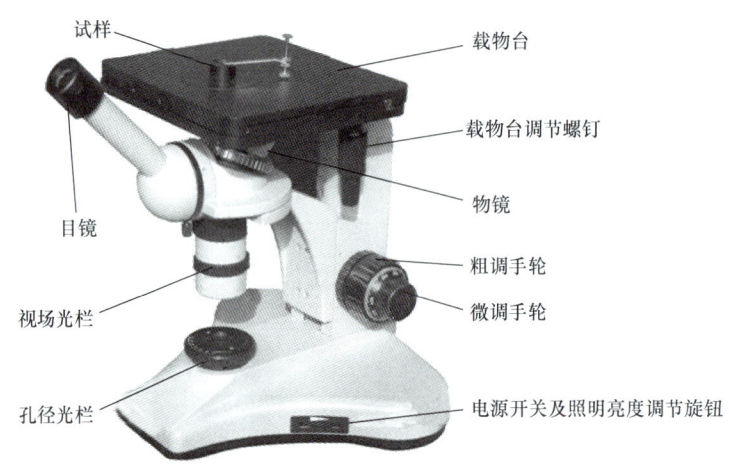

图 4-22 4XB 型光学金相显微镜

二、制备金相试样

用金相显微镜检验和分析钢材的显微组织时，需将所分析的材料制备成一定尺寸的金相试样。金相试样的制备包括取样、磨制、抛光和浸蚀四个步骤，其中最关键的是磨制和抛光环节。

（1）取样　取样时应根据检验目的选取有代表性的部位，试样的截取方法可根据金属材料的性能不同而异。金相试样的大小和形状以便于握持、易于磨制为准，通常采用直径为 15~20mm、高 15~20mm 的圆柱体或边长为 15~20mm 的立方体。如果试样大小合适，则不需要镶嵌，但试样尺寸过小或形状极不规则者（如金属丝、薄片、管等）制备试样十分困难，这时就需要使用试样夹或利用样品镶嵌机把试样镶嵌在低熔点合金或塑料（如胶木粉、聚乙烯及聚合树脂）等中，如图 4-23a 所示。

（2）磨制　取下试样后先用砂轮磨平，磨平的试样经清水冲洗并吹干后，把磨面依次在由粗到细的各号金相砂纸上磨光。金相试样的磨光除了要使表面光滑平整外，更重要的是应尽可能减少表层损伤。

（3）抛光　抛光的目的在于去除磨面上的细磨痕和变形层，以获得光滑的镜面。常用的抛光方法有机械抛光、电解抛光和化学抛光三种。抛光后的试样无磨痕和水迹，平整如镜，光可照人，如图 4-23b 所示（图中可见拍照者的眼部轮廓）。

（4）浸蚀　经抛光后的试样若直接放在显微镜下观察，只能看到一片亮光，除某些非金属夹杂物及石墨等外，无法辨别出各种组成物及其形态特征，必须使用浸蚀剂对试样表面进行浸蚀，才能清楚地看到显微组织的真实情况。钢铁材料最常用的浸蚀剂为 3%~4% 的硝酸酒精溶液或 4% 的苦味酸酒精溶液。

三、金相分析

1）熟悉金相显微镜的构造、各部件的功能及使用方法和维护事项。

2）按要求的放大倍数将物镜装在物镜转换器上，将目镜插入目镜管筒的目镜筒中。移动载物台，使物镜位于载物台中心孔的中央，然后把制备好的金相试样倒置在载物台上。

a) b)

图 4-23 金相试样

a) 镶嵌试样　b) 抛光后的金相试样

3) 接通电源，旋转粗调手轮进行调焦，从目镜中观察，当呈现模糊的映像时，再旋转微调手轮进行调焦，直至图像清晰为止。

4) 调节孔径光栏和视场光栏，使成像质量最佳。

5) 横向、纵向移动载物台来移动样品被照射的部位，转移视场，观察不同位置的显微图像，选择最佳视场进行分析，并将显微组织拍照存入计算机，如图 4-24 所示。

6) 观察后切断电源，取下镜头，将附件放回原处。

 金相显微镜是精密光学仪器，使用时要小心，操作前应了解其基本原理、构造、操作方法和注意事项。使用中不允许剧烈振动，调焦时不要用力过大、动作过猛，不允许随意拆换显微镜上的零件，不能用手、纸或布擦拭镜头，若有脏物和油污，可用镜头纸和脱脂纱布蘸少许二甲苯轻轻擦拭。

四、试验报告

1) 经观察，图 4-24 所示显微组织由白色块状铁素体和黑色珠光体组成，局部可见珠光体的层片状结构，可知所分析的钢材为亚共析钢。

图 4-24 不明钢材的显微组织

2）用肉眼观察或用金相分析软件，确定组织中珠光体（黑）的相对含量约为55%。据此可计算钢材中碳的质量分数为

$$w_C = P0.77\% = 55\% \times 0.77\% = 0.4235\%$$

3）结论：此钢材为亚共析钢，碳的质量分数为0.42%，相当于45钢。

4）写出试验报告。

扫描二维码观看金相显微镜的使用方法视频。

模块四 铁碳合金的成分、组织、性能之间的关系

【模块导入】

为什么绑扎物体用铁丝，而起重机吊运物体用钢丝绳？为什么钢能锻造成形，而铸铁只能铸造成形？钢锻造时的始锻温度和终锻温度如何确定？铸造时铁液的温度又是多少？每当这些金属材料选材和加工的技术问题出现时，我们的脑海中首先想到的肯定又是铁碳相图！

【学习内容】

一、碳含量对铁碳合金平衡组织的影响

通过对典型铁碳合金平衡结晶过程的分析可知，不同成分的铁碳合金，其室温组织不同，这些室温基本组织都是铁素体、珠光体、低温莱氏体和渗碳体中的一种或两种。但是珠光体是铁素体和渗碳体的机械混合物，低温莱氏体是珠光体、渗碳体的混合物。因此，铁碳合金室温组织都由铁素体和渗碳体两种基本相组成，只不过随着碳含量的增加，铁素体量逐渐减少，渗碳体量逐渐增多，并且渗碳体的形态、大小和分布也发生变化，如低温莱氏体中共晶渗碳体的形状和大小都比珠光体中的渗碳体粗大得多。正因为渗碳体的数量、形态、大小和分布不同，致使不同成分铁碳合金的室温组织及性能也不同。

随着碳含量的增加，铁碳合金的室温组织将按如下顺序变化：

$$F \rightarrow F+P \rightarrow P \rightarrow P+Fe_3C_{II} \rightarrow P+Fe_3C_{II}+L'd \rightarrow L'd \rightarrow L'd+Fe_3C_I \rightarrow Fe_3C_I$$

不同成分的铁碳合金组成相的相对量及组织组成物的相对量可总结如图4-25所示。

二、碳含量对铁碳合金力学性能的影响

碳含量对铁碳合金力学性能的影响如图4-26所示。

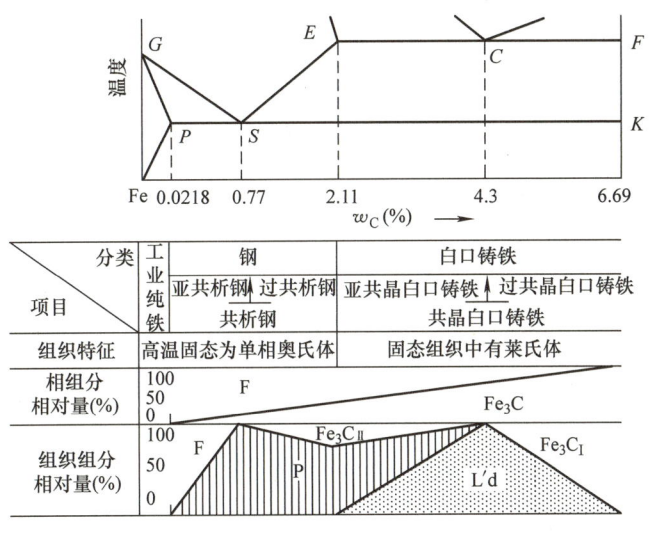

图 4-25 铁碳合金的组织与成分的关系

铁碳合金的强度主要取决于珠光体的含量。在铁碳合金中，铁素体是软韧相，渗碳体是硬脆相，渗碳体以细片状分散地分布在铁素体的基体上组成珠光体时起了强化作用，因此珠光体有较高的强度和硬度。故合金中的珠光体量越多，其强度与硬度越高，而塑性、韧性却相应降低。

在工业纯铁中，碳的质量分数小于 0.0218%，其组织全部或大部分为铁素体，强度低，工业上很少使用。

在亚共析钢中，随着碳含量的增加，珠光体逐渐增多，强度、硬度升高，而塑性、韧性下降。当碳的质量分数达到 0.77% 时，其性能就是珠光体的性

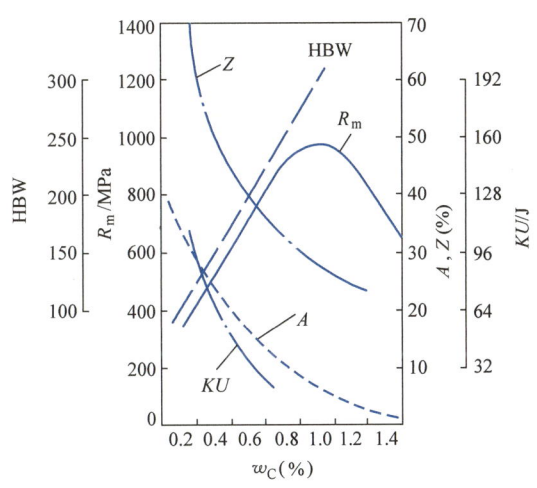

图 4-26 碳含量对铁碳合金力学性能的影响

能。在过共析钢中，当碳的质量分数接近 0.9% 时，强度达到最高值，碳的质量分数继续增加，强度下降，这是因为脆性的二次渗碳体形成网状包围着珠光体组织，从而削弱了珠光体组织之间的联系，使钢的强度和韧性降低。

硬度是对组织或组成相的形态不十分敏感的力学性能指标，其大小主要取决于组成相的数量和硬度。因此，随着碳含量的增加，硬而脆的渗碳体增多，软韧的铁素体减少，铁碳合金的硬度呈直线升高，而塑性下降。

冲击韧性对组织十分敏感。碳含量增加时，脆性的渗碳体增多，当出现网状的二次渗碳体时，韧性急剧下降。总体来看，韧性比塑性下降的趋势要大。

为了保证工业上使用的铁碳合金具有适当的塑性和韧性，合金中渗碳体相的数量不应过多。对于非合金钢及普通低中合金钢而言，其碳的质量分数一般不超过 1.3%。

三、铁碳合金相图的应用

铁碳合金相图从客观上反映了钢铁材料的组织随成分和温度变化的规律,因此,其在工程上为选材及制订铸、锻、焊、热处理等热加工工艺提供了重要的理论依据,在生产中具有重大的实际意义。

1. 在选材方面的应用

由铁碳合金相图可知,铁碳合金随着碳含量的不同,其平衡组织不同,从而导致其力学性能也不同。因此,可以根据零件的不同性能要求合理地选择材料。

纯铁的强度低,不宜用作结构材料,但由于其磁导率高,矫顽力低,可做软磁材料使用,如做电磁铁的铁心等。

要求塑性、韧性好的金属构件,应选碳含量较低的钢;要求强度、硬度、塑性和韧性都较高的机械零件,则应选用碳的质量分数为 0.25%~0.60% 的中碳钢;要求硬度较高、耐磨性较好的各种工具,应选碳的质量分数大于 0.60% 的高碳钢。

白口铸铁中碳的质量分数大于 2.11%,其组织中含有大量硬而脆的渗碳体,硬度高、脆性大,既不能切削加工又不能锻造,应用较少。但其耐磨性好,铸造性优良,适合制作要求耐磨、不受冲击、形状复杂的铸件,如拔丝模、冷轧辊、货车轮、犁铧、球磨机的磨球等。

【材料时空】

"南海一号"是南宋初期一艘在海上丝绸之路向外运送瓷器时失事沉没的木质古沉船,1987 年在阳江海域被发现,2007 年 12 月完成整体打捞。至 2019 年 3 月,"南海一号"共清理出船载文物已达 14 万余件,除了陶瓷这类人们熟知的中国特产,还在船舱里面发现大量的铁锅和铁钉。通过对"南海一号"出水铁器样品的金相组织观察判断:出水铁锅残片主要为共晶白口铸铁,其金相组织主要为低温莱氏体;铁钉组织主要为铁素体,局部为亚共析钢组织;铁钉铁素体组织包含夹杂物呈带状分布,推断铁钉是锻打制成的。

800 多年前的一次海难,历经 20 年的勘测打捞,完成了一次跨越时空的对话。这正是:时光虽能消逝,文明却不能湮没。

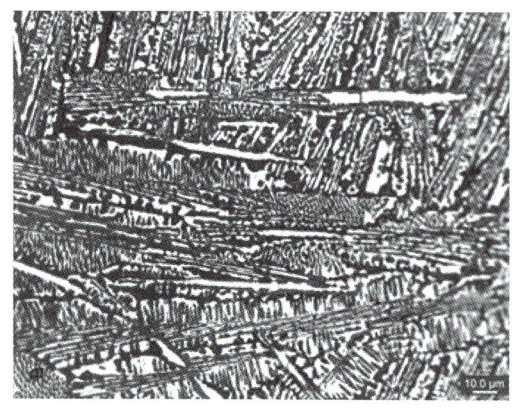

铁锅残片组织 共晶白口铸铁

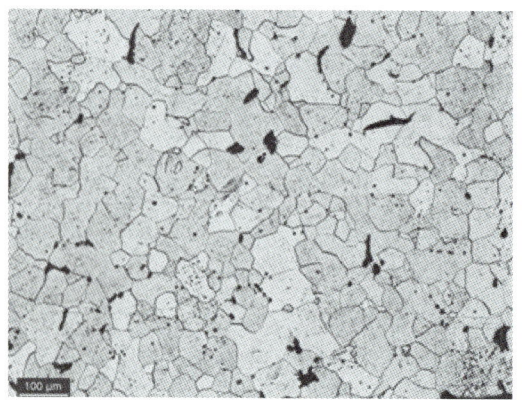

铁钉组织 晶粒度为 2~4 级

2. 在铸造方面的应用

从铁碳合金相图中可以看到,共晶白口铸铁不仅熔点最低(1148℃),而且其结晶温度范围最小(为零),故其流动性好,分散缩孔小,偏析小,即铸造性最好。因此,在铸造生产中,接近共晶成分的铸铁得到了广泛的应用。

钢也是常用的铸造合金,但钢的熔点高、结晶温度范围大,结晶过程中容易形成树枝晶,阻碍后续液体充满型腔,使流动性变差,容易形成分散缩孔和偏析,导致铸造性变差。适宜的铸钢碳的质量分数应为 0.15%~0.6%,在该范围内的钢,其凝固温度区间较小,铸造性较好。

根据铁碳合金相图可以确定合金的浇注温度,通常浇注温度在液相线以上 50~100℃,如图 4-27 所示。

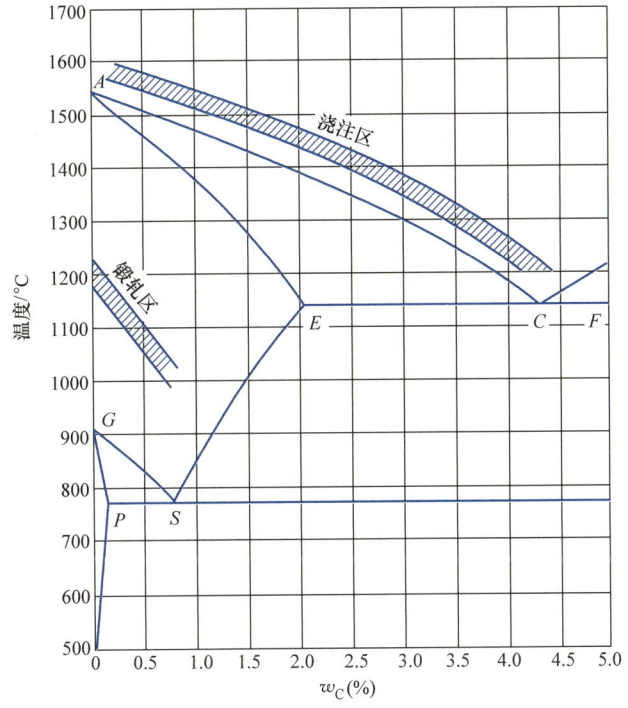

图 4-27 Fe-Fe$_3$C 相图与铸、锻工艺的关系

3. 在锻压方面的应用

钢的室温组织是由铁素体和渗碳体两相组成的混合物,其塑性较差,变形困难。当将其加热到单相奥氏体状态时,才具有较低的硬度、较好的塑性和较小的变形抗力,易于成形。因此,钢材的轧制或锻造温度范围通常选在 Fe-Fe$_3$C 相图中单相奥氏体区的适当范围,如图 4-27 所示。其选择原则是开始轧制或锻造温度不得过高,以免钢材氧化严重,甚至发生奥氏体晶界部分熔化的现象,使工件报废;而终止轧制或锻造温度也不能过低,以免钢材塑性差,导致产生裂纹。

白口铸铁无论在低温还是高温下,其组织中都有硬而脆的渗碳体组织,因而不能锻造。

4. 在切削加工方面的应用

一般认为钢的硬度为 170~260HBW 时，可加工性最好。因此，钢中碳的质量分数不同时，其可加工性也不同。

碳的质量分数低（$w_C \leq 0.25\%$），组织中有大量铁素体，硬度低、塑性好，因而切削时产生的切削热较大，容易粘刀，而且不易断屑和排屑，影响工件的表面粗糙度，故可加工性较差。碳的质量分数较高（$w_C > 0.60\%$）时，组织中的渗碳体较多，当渗碳体呈片状或网状分布时，硬度太高，对刀具磨损严重，可加工性也差。碳的质量分数为 0.25%~0.60% 时，铁素体与渗碳体的比例适当，硬度和塑性适中，可加工性较好。

钢的可加工性可通过热处理方法进行调整，相关内容将在本书第六单元进行介绍。

5. 在焊接方面的应用

分析 Fe-Fe$_3$C 相图可知，随着碳含量的增加，组织中硬而脆的渗碳体量逐渐增多，铁碳合金的脆性增加，塑性下降，致使焊接性下降。碳含量越高，铁碳合金的焊接性越差。因此，低碳钢的焊接性较好，铸铁的焊接性较差。

6. 在热处理方面的应用

铁碳合金在固态加热或冷却过程中均有相变发生，所以钢和铸铁可以进行有相变的退火、正火、淬火和回火等热处理。热处理与 Fe-Fe$_3$C 相图有着更为密切的关系，相关知识将在后续单元中学习。

【单元小结】

1. 由于钢和铸铁在工业上的广泛应用，铁碳相图是最重要的二元合金相图，本单元的内容也是"金属材料与热处理"课程的重点，更是学习后续课程的基础。

2. 铁碳合金中的基本组成相有奥氏体、铁素体、渗碳体；基本组织有铁素体、珠光体和莱氏体。

3. 必须牢固掌握 Fe-Fe$_3$C 相图，应能"默画"，应理解图中点、线、区的含义，特别是表 4-2、表 4-3 中列出的 10 个特性点、9 条特性线。

4. 不同成分铁碳合金的结晶过程不同，室温平衡组织也不同。典型成分铁碳合金的平衡组织见表 4-4，应特别注意掌握三种钢室温平衡组织的特点。

5. 铁碳合金的组织和性能与成分有密切的关系。应重点掌握钢的力学性能与其成分、组织的关系，并能利用这些知识解决实际问题。

【综合训练】

一、名词解释

铁素体，奥氏体，渗碳体，珠光体，莱氏体，共析钢，亚共析钢，过共析钢。

二、填空题

1. 碳在奥氏体中的溶解度随温度而变化，在 1148℃ 时碳的质量分数可达_____，在 727℃ 时碳的质量分数为_____。

2. 碳的质量分数为_____的铁碳合金称为共析钢，当加热后冷却到 S 点（727℃）时会发生_____转变，从奥氏体中同时析出_____和_____的混合物，称为_____。

3. 奥氏体和渗碳体组成的共晶产物称为_____，其碳的质量分数为_____，当温度低于727℃时，转变为珠光体和渗碳体，此时称为_____。

4. 亚共析钢中碳的质量分数为_____，其室温组织为_____。

5. 过共析钢中碳的质量分数为_____，其室温组织为_____。

6. 铁碳相图最右端在碳的质量分数为6.69%处，也就是相当于_____的成分位置。

7. 简化后的铁碳相图可以说由两个简单的二元相图组成，上部为_____相图，下部为_____相图。

8. 根据铁碳相图，常常把奥氏体的最大碳的质量分数2.11%作为_____和_____的分界线。

9. 铁碳合金中一共有三个相，即_____、_____和_____，但_____一般仅存在于高温下，所以室温下所有的铁碳合金中只有两个相。

10. 铁碳合金结晶过程中，从液体中析出的渗碳体称为_____，从奥氏体中析出的渗碳体称为_____，从铁素体中析出的渗碳体称为_____。

三、选择题

1. 铁碳合金相图中最大碳的质量分数为（　　　）。
   A. 0.77%　　　　B. 2.11%　　　　C. 4.3%　　　　D. 6.69%

2. 发生共晶转变的碳的质量分数的范围是（　　　）。
   A. 0.77%~4.3%　　B. 2.11%~4.3%　　C. 2.11%~6.69%　　D. 4.3%~6.69%

3. 铁碳合金共晶转变的产物是（　　　）。
   A. 奥氏体　　　　B. 渗碳体　　　　C. 珠光体　　　　D. 莱氏体

4. 珠光体是（　　　）。
   A. 铁素体与渗碳体的层片状混合物　　B. 铁素体与奥氏体的层片状混合物
   C. 奥氏体与渗碳体的层片状混合物　　D. 铁素体与莱氏体的层片状混合物

5. 铁碳合金共析转变的产物是（　　　）。
   A. 奥氏体　　　　B. 渗碳体　　　　C. 珠光体　　　　D. 莱氏体

6. w_C<0.77%的铁碳合金冷却至A_3线时，将从奥氏体中析出（　　　）。
   A. 铁素体　　　　B. 渗碳体　　　　C. 珠光体　　　　D. 莱氏体

7. w_C>4.3%的铸铁称为（　　　）。
   A. 共晶白口铸铁　B. 亚共晶白口铸铁　C. 过共晶白口铸铁　D. 共析白口铸铁

8. 铁碳合金相图中，ACD线是（　　　）。
   A. 液相线　　　　B. 固相线　　　　C. 共晶线　　　　D. 共析线

9. 铁碳合金相图中的A_{cm}线是（　　　）。
   A. 共析转变线　　B. 共晶转变线　　C. 碳在奥氏体中的固溶线
   D. 铁碳合金在缓慢冷却时奥氏体转变为铁素体的开始线

10. 工业上应用的碳钢，w_C一般不大于（　　　）。
    A. 0.77%　　　　B. 1.3%~1.4%　　C. 2.11%~4.3%　　D. 6.69%

11. 铁碳合金相图中，S点是（　　　）。
    A. 纯铁熔点　　　　　　　　　　　B. 共晶点
    C. 共析点　　　　　　　　　　　　D. 纯铁同素异构转变点

12. 理论上，钢中碳的质量分数一般在（　　）。
   A. 0.77%以下　　B. 2.11%以下　　C. 4.3%以下　　D. 6.69%以下
13. 亚共析钢平衡冷却至室温时的显微组织为（　　）。
   A. F+Fe$_3$C$_{\text{Ⅲ}}$　　B. F+P　　C. P　　D. P+Fe$_3$C$_{\text{Ⅱ}}$
14. 共析钢的 w_C 是（　　）。
   A. 4.3%　　B. 6.69%　　C. 0.53%　　D. 0.77%
15. 过共析钢平衡冷却至室温的显微组织为（　　）。
   A. F+Fe$_3$C$_{\text{Ⅲ}}$　　B. F+P　　C. P　　D. P+Fe$_3$C$_{\text{Ⅱ}}$

四、简答题

1. 铁碳合金室温平衡状态下的基本相和组织有哪些？
2. 默画简化的 Fe-Fe$_3$C 相图，填写各区域的相和组织组成物，试述相图中特性点及特性线的含义。
3. 何谓一次渗碳体、二次渗碳体、三次渗碳体？
4. 写出铁碳合金中共晶转变、共析转变的温度、成分、产物和反应式。
5. 利用 Fe-Fe$_3$C 相图，说明碳的质量分数为 0.20%、0.45%、0.77%、1.2% 的铁碳合金分别在 500℃、750℃ 和 950℃ 的组织。
6. 何谓亚共析钢、共析钢、过共析钢？试分析碳的质量分数为 0.45%、0.77% 和 1.2% 的铁碳合金从液态缓冷至室温的结晶过程和室温组织。
7. 说明碳的质量分数为 3.2%、4.3% 和 4.7% 的铁碳合金从液态缓冷至室温的结晶过程和室温组织。
8. 随着碳含量的增加，钢的室温平衡组织和力学性能有何变化？
9. 根据 Fe-Fe$_3$C 相图，计算碳的质量分数为 0.45% 的钢显微组织中珠光体和铁素体各占多少。
10. 由于某种原因，一批钢材的标签丢失。经金相检验，这批钢材的组织为 F 和 P，其中 F 占 80%。试问这批钢材中碳的质量分数为多少？
11. 填表。

名　称	符　号	组 成 相	晶体结构	组织特征	性能特点
铁素体					
奥氏体					
渗碳体					
珠光体					
莱氏体					

12. 根据铁碳相图，回答下列问题。
   （1）w_C = 1% 合金的硬度比 w_C = 0.5% 合金的硬度高。
   （2）w_C = 1.2% 合金的强度比 w_C = 0.77% 合金的强度低。
   （3）为什么绑扎物体选用低碳铁丝，起重机吊运物体时选用中碳钢钢丝绳？
   （4）为什么要"趁热打铁"？
   （5）钢和铸铁都能锻造吗？为什么？

单元五 UNIT 5

非合金钢

【学习目标】

知识目标
1. 了解杂质元素对非合金钢的影响
2. 掌握非合金钢的分类和牌号命名方法
3. 掌握非合金钢牌号与其成分、组织、性能、用途之间的关系

能力目标
1. 具备非合金钢的火花鉴别能力
2. 具备非合金钢的牌号识别能力
3. 能根据工件的服役条件和使用要求,正确选择非合金钢

模块一 杂质元素对非合金钢性能的影响

【模块导入】

钢中元素凡是非特意加入的,无论其含量多少,均为杂质元素,如 Mn 作为杂质元素存在时,最高质量分数可达 1.2%。钢中元素凡是人为有目的添加的,无论其含量多少,均为合金元素,如硼用作合金元素使用时,其质量分数一般小于 0.004%。

【学习内容】

国家标准 GB/T 13304—2008《钢分类》中按照化学成分将钢分为三类:非合金钢、低合金钢和合金钢。

非合金钢是指碳的质量分数为 0.0218%~2.11% 的铁碳合金,俗称碳素钢,简称碳钢。

非合金钢冶炼方便、价格便宜，性能能满足一般的工程需要，其产量约占工业用钢总产量的80%。除Fe、C外，非合金钢中还含有少量Mn、Si、S、P、H、O、N等非特意加入的杂质元素，它们对钢材的性能和质量影响很大，必须严格控制在规定的范围之内。

【资料卡】

在进行钢的化学分析时，常有"八大元素"和"五大元素"之说。钢是铁碳合金，除Fe、C外，还含有硅（Si）、锰（Mn）、硫（S）、磷（P）、氧（O）、氮（N）元素，此为"八大元素"。八大元素中的C、Si、Mn、P、S是钢铁中最重要，也是最基本的元素，被称为钢铁"五大元素"，其含量直接影响钢铁材料的性能。

一、锰的影响

锰在钢中作为杂质存在时，其质量分数一般均小于0.8%，有时也可达到1.2%。锰来自作为炼钢原料的生铁及脱氧剂（锰铁）。

在炼钢过程中，锰是良好的脱氧剂和脱硫剂。锰有很好的脱氧能力，锰与硫化合生成MnS，可消除硫的有害作用，这些反应产物大部分进入炉渣而被除去，小部分残留于钢中成为非金属夹杂物。

在室温下，锰大部分能溶于铁素体中，对钢有一定的固溶强化作用。因此，锰在碳钢中是有益元素，但其作为常存元素少量存在时对钢的性能影响不显著。

二、硅的影响

硅在钢中作为杂质存在时，其质量分数一般均小于0.4%，它也来自生铁与脱氧剂（硅铁）。

在室温下，硅溶入铁素体中起固溶强化作用，从而提高了热轧钢材的强度、硬度和弹性极限，但会降低其塑性、韧性。硅的脱氧作用比锰强，可以消除FeO夹杂对钢的有害作用。

因此，硅在碳钢中也是有益元素，但其作为常存元素少量存在时对钢的性能影响不显著。

三、硫的影响

硫是由生铁及燃料带入钢中的杂质。

在固态下，硫在铁中的溶解度极小，主要以FeS形态存在于钢中，由于FeS的塑性差，使含硫较多的钢脆性较大。更严重的是，FeS与Fe可形成低熔点（985℃）的共晶体（FeS+Fe），分布在奥氏体的晶界上。将钢加热到1000～1200℃进行热压力加工时，低熔点的共晶体已经熔化，晶粒间结合被破坏，导致钢材在加工过程中沿晶界开裂，这种现象称为钢的热脆。

为了消除硫的有害作用，必须增加钢中的含锰量。Mn与S优先形成高熔点（1620℃）的MnS，并呈粒状分布于晶粒内，它在高温下具有一定的塑性，从而避免了热脆性。

硫对钢的焊接性也有不良影响，它不但会导致焊缝产生热裂，而且硫在焊接过程中容易生成SO_2气体，从而使焊缝产生气孔和疏松。

因此，通常情况下硫是有害元素，在钢中要严格限制硫的含量，通常要求硫的质量分数小于0.050%。但含硫量较多的钢可形成较多的MnS，在切削加工中，MnS能起断屑作用，改善了钢的可加工性，这是硫有利的一面。

四、磷的影响

磷由生铁带入钢中，在一般情况下，钢中的磷能全部溶于铁素体中。

磷有强烈的固溶强化作用，可使钢的强度、硬度增加，但塑性、韧性则显著降低。这种脆化现象在低温时更为严重，故称为冷脆。冷脆对在高寒地带和其他低温条件下工作的结构件具有严重的危害性，一般希望冷脆转变温度低于工件的工作温度，以免发生冷脆。而磷在结晶过程中容易产生晶内偏析，使局部含磷量偏高，导致冷脆转变温度升高，从而易发生冷脆。此外，磷的偏析还会使钢材在热轧后形成带状组织。

因此，磷也是有害的杂质。在钢中也要严格控制磷的含量，通常要求钢中磷的质量分数小于0.045%。但含磷量较多时，由于脆性较大，在制造炮弹钢以及改善钢的可加工性方面是有利的。此外，磷还可以提高钢在大气中的耐蚀性，特别是钢中同时含有铜的情况下，这种效果更加显著。

五、氮、氧、氢的影响

大部分钢在整个冶炼过程中都与空气接触，因而钢液中总会吸收一些气体，如氮、氧、氢等，它们对钢的质量都会产生不良影响。

室温下氮在铁素体中的溶解度很低，钢中的过饱和N元素在常温放置过程中会以Fe_2N、Fe_4N的形式析出而使钢变脆，称为时效脆化。在钢中加入Ti、V、Al等元素可使氮被固定在氮化物中，从而消除时效倾向。

氧在钢中主要以氧化物夹杂的形式存在，氧化物夹杂与基体的结合力弱，不易变形，易成为疲劳裂纹源。

氢对钢的危害性更大，主要表现为氢脆。常温下氢在钢中的溶解度很低，原子态的过饱和氢将降低钢的韧性，引起氢脆。当氢在缺陷处以分子态析出时，会产生很高的内压，形成微裂纹，这将严重影响钢的力学性能，使钢易于脆断。这种裂纹在横断面宏观磨片上腐蚀后呈现为毛细裂纹，故又称发裂；在纵向断面上，裂纹呈现近似圆形或椭圆形的银白色斑点，故称白点，如图5-1所示。

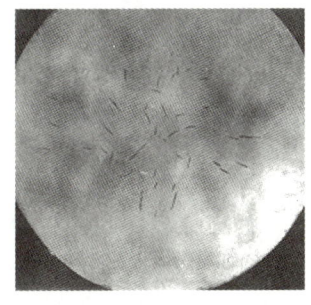
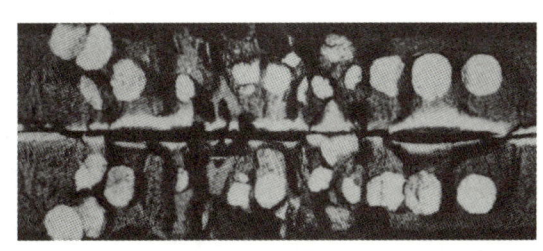

a)   b)

图5-1 钢中氢造成的裂纹

a) 横向低倍——发裂　b) 纵向低倍——白点

六、非金属夹杂物的影响

非金属夹杂物是指在金属冶炼和浇注过程中产生或混入的,与金属基体成分和结构都不同的非金属化合物。钢中的非金属夹杂物是由于炉料带入,炉渣、耐火材料浸蚀剥落及冶炼中的反应物融入钢液中形成的,常见的有氧化物、硫化物、硅酸盐和氮化物等,图 5-2 所示为钢中的 MnS 夹杂物。

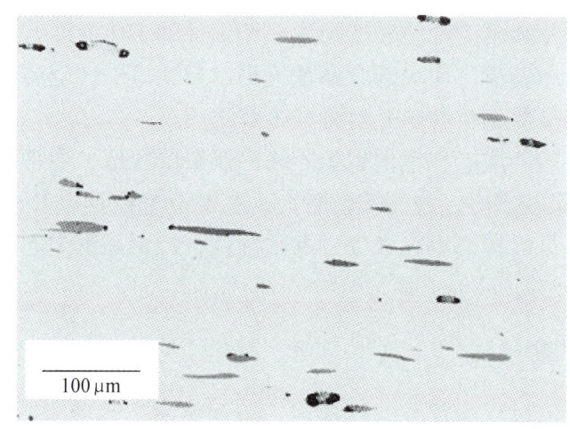

图 5-2 钢中的 MnS 夹杂物

非金属夹杂物破坏了金属基体的连续性,加大了组织的不均匀性,严重影响了金属的各种性能。例如,钢中的非金属夹杂物导致应力集中,引起疲劳断裂;数量多且分布不均匀的夹杂物会使材料具有各向异性,明显降低金属的塑性、韧性、焊接性以及耐蚀性;钢中呈网状存在的硫化物会造成热脆性。因此,夹杂物的数量和分布是评定钢材质量的一个重要指标,并且被列为优质钢和高级优质钢出厂的常规检测项目之一。

模块二　钢材产品及其命名方法

【模块导入】

钢铁是一个国家的核心产业,更是工业发展的脊梁。新中国成立后,我国钢铁工业实现了产业规模由小到大、产业技术水平由低到高、产业竞争力由弱到强、产业绿色低碳化发展水平由低到高的历史性大跨越。2020 年我国钢产量突破 10 亿吨,占世界钢产量的57.1%,连续 26 年稳居世界第一。我国自主研制的高寒高铁钢轨、大口径管线钢、航母特种钢、超超临界发电机组耐热钢、汽车用高强钢等,彻底摆脱了国外的封锁和制约,"洋铁""洋钉"的时代一去不复返。

【学习内容】

一、钢材产品的种类

由生铁经冶炼直接得到的产品为粗钢,固体状态称为钢坯或钢锭。粗钢通过轧制、锻造、拉拔、挤压等压力加工方法加工后成为钢材。常用的钢材产品有型材、板材、管材、金属制品四大品种。

1. 型材

型材是通过轧制等压力加工工艺制成的具有特定几何截面和尺寸的实心长条钢材。钢型材品种很多,按其断面形状不同又分为简单断面和复杂断面两种。前者包括圆钢、方钢、扁钢、六角钢和角钢;后者包括钢轨、工字钢、槽钢、窗框钢和异形钢等。常用的热轧型钢断面如图5-3所示。

直径为5~10mm的小圆钢和10mm以下的螺纹钢称为线材,因其大多通过卷线机卷成盘卷供应,也称盘条或盘圆。其横截面通常为圆形、椭圆形、方形、矩形、六角形、八角形和半圆形等。

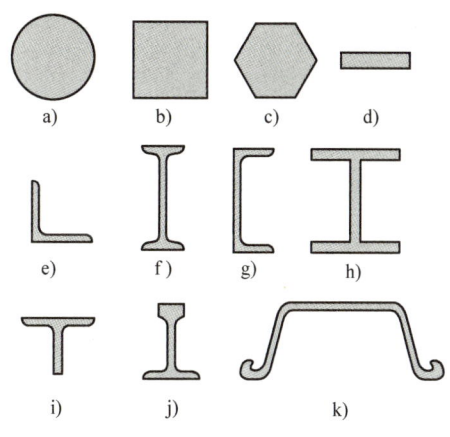

图 5-3 常用的热轧型钢断面
a) 圆钢 b) 方钢 c) 六角钢 d) 扁钢
e) 角钢 f) 工字钢 g) 槽钢 h) H型钢
i) T型钢 j) 钢轨 k) 钢板桩

2. 板材

板材是一种宽厚比和表面积都很大的扁平钢材。板材一般分为薄板、中板和厚板,厚度在4mm以下的为薄板,厚度为4~20mm的为中板,厚度大于20mm的为厚板,厚度大于60mm的钢板称为特厚板。薄板又分为冷轧板和热轧板两种。

宽度比较小、长度很长的钢板称为钢带,列为一个独立的品种。电工硅钢薄板也称硅钢片或矽钢片。

3. 管材

管材是一种中空截面的长条钢材,按其截面形状不同可分圆管、方形管、六角形管和各种异形截面钢管。按加工工艺不同,钢管又可分为无缝钢管和焊接钢管两大类。

4. 金属制品

金属制品包括钢丝、钢丝绳、钢绞线和其他制品。钢丝是用直径为6~9mm的热轧线材再经拉拔而成的,按形状不同分为圆钢丝、扁形钢丝和三角形钢丝等。

二、钢材产品的长度尺寸

钢材的长度尺寸是各种钢材最基本的尺寸,是指钢材的长、宽、高、直径、半径、内径、外径以及壁厚等数值。钢材长度的法定计量单位是米(m)、厘米(cm)、毫米(mm)。在现行习惯中,也有用英寸(in)表示的,但不是法定计量单位。

常用型钢的长度尺寸见表5-1。钢板的长度尺寸一般以厚度d的毫米(mm)数标定,而钢带的长度尺寸则以宽度U和厚度d的毫米(mm)数标定。钢管的长度尺寸一般以钢管的外径D、内径和壁厚S的毫米(mm)数标定。

表 5-1 常用型钢的长度尺寸

型 钢 名 称	断面形状及尺寸	型 钢 名 称	断面形状及尺寸
圆钢	直径 d	工字钢	高 h、腰厚 d、腿宽 b
方钢	边长 a	槽钢	高 h、腰厚 d、腿宽 b
扁钢	厚度、宽度	等边角钢	边厚 d、边宽 b
六角钢 八角钢	内、外圆直径 a	不等边角钢	长边 B、边厚 d、短边 b

【资料卡】

在钢材贸易中或进行工程成本核算时,经常需要计算钢材的重量。钢的密度为 7.85g/cm^3,其理论质量等于体积与密度的乘积。但在工程实践中,常采用经过推导的公式对钢材的质量进行快速计算,如每米圆钢或盘条的质量 $W(\text{kg}) = 0.006165d^2$,其中 $d(\text{mm})$ 为直径。又如每平方米钢板的质量 $W(\text{kg}) = 7.85d$,其中 $d(\text{mm})$ 为厚度。

三、钢铁产品的命名符号

GB/T 221—2008《钢铁产品牌号表示方法》规定了钢铁产品牌号的表示方法,以示统一和便于使用。我国钢铁产品牌号采用汉语拼音字母、化学元素符号和阿拉伯数字相结合的方法来表示。采用汉语拼音字母或英文字母表示产品名称、用途、特性和工艺方法时,一般从产品名称中选取有代表性的汉字的汉语拼音的首写字母或英文单词的首写字母。当和另一个产品所选用的字母重复时,可改用第二个字母或第三个字母,或同时选取两个汉字中的第一个汉语拼音字母,见表 5-2。

表 5-2 常用钢铁产品名称、用途、特性和工艺方法命名符号（摘自 GB/T 221—2008）

名 称	采用的汉字及其汉语拼音		采用符号	位置
	汉字	汉语拼音或英文单词		
铸造用生铁	铸	ZHU	Z	牌号头
炼钢用生铁	炼	LIAN	L	牌号头
碳素结构钢	屈	QU	Q	牌号头
低合金结构钢	屈	QU	Q	牌号头
碳素工具钢	碳	TAN	T	牌号头
（滚珠）轴承钢	滚	GUN	G	牌号头
管线用钢	管线	Line	L	牌号头
钢轨钢	轨	GUI	U	牌号头
易切削钢	易	YI	Y	牌号头
焊接气瓶用钢	焊瓶	HAN PING	HP	牌号头
焊接用钢	焊	HAN	H	牌号头
冷镦钢（铆螺钢）	铆螺	MAO LUO	ML	牌号头
热轧带肋钢筋	热轧带肋钢筋	Hot Rolled Ribbed Bars	HRB	牌号头
耐候钢	耐候	NAI HOU	NH	牌号尾
汽车大梁用钢	梁	LIANG	L	牌号尾
桥梁用钢	桥	QIAO	Q	牌号尾
锅炉用钢（管）	锅	GUO	G	牌号尾
锅炉和压力容器用钢	容	RONG	R	牌号尾
低温压力容器用钢	低容	DI RONG	DR	牌号尾
沸腾钢	沸	FEI	F	牌号尾

模块三　常用非合金钢

【模块导入】

"一桥飞架南北，天堑变通途"。武汉长江大桥横跨于武昌蛇山和汉阳龟山之间，是长江上建造的第一座铁路、公路两用桥梁，于 1957 年 9 月 25 日建成，同年 10 月 15 日正式通车交付使用。武汉长江大桥公、铁路两用的双层钢桁梁采用的是 Q235 钢（旧牌号为 A3）。近 60 年来，历经风雨沧桑的武汉长江大桥仍然雄风不减、岿然不动地傲立于滔滔江水之上。

【学习内容】

一、非合金钢的分类

1. 按碳的质量分数分类

按钢中碳的质量分数高低，可将非合金钢分为低碳钢（$w_C<0.25\%$）、中碳钢（$0.25\% \leq w_C<0.60\%$）和高碳钢（$w_C \geq 0.60\%$）。

2. 按主要质量等级分类

根据钢中硫和磷等杂质含量、微量残存元素含量、非金属夹杂物含量、碳含量的波动范围、低温韧性、屈服强度的控制程度不同，非合金钢可分为普通质量非合金钢、优质非合金钢和特殊质量非合金钢。

3. 按用途分类

（1）碳素结构钢　主要用于各种工程构件，如桥梁、船舶、建筑构件等，也可用于不太重要的零件。这类钢的碳含量较低，一般属于低碳钢系列。

（2）优质碳素结构钢　主要用于制造各种机器零件，如轴、齿轮、弹簧、连杆等。这类钢一般为低、中碳钢系列。

（3）碳素工具钢　主要用于制造各类刃具、量具和模具。这类钢的碳含量较高，属于高碳钢系列。

（4）一般工程用铸造碳素钢　主要用于制造形状复杂且需要具有一定强度、塑性和韧性的零件。

在给钢产品命名时，为了能充分反映它的本质属性，往往把用途、成分和质量这三种分类方法结合起来，从而将钢命名为碳素结构钢、优质碳素结构钢、碳素工具钢以及高级优质碳素工具钢等。

二、碳素结构钢

碳素结构钢中所含硫、磷的质量分数较高（$w_P \leq 0.045\%$，$w_S \leq 0.055\%$），大部分用于工程构件，如屋架、桥梁等；少部分也可用于机械零件，如螺钉、法兰等。

碳素结构钢的牌号表示方法由代表屈服强度的字母（Q）、屈服强度数值、质量等级符号（A、B、C、D）及脱氧方法符号（F、Z、TZ）四个部分按顺序组成，镇静钢和特殊镇静钢牌号中的脱氧方法符号（Z、TZ）可省略。例如，Q235AF 表示屈服强度不小于 235MPa 的 A 级沸腾钢。

在 GB/T 700—2006 中，碳素结构钢按屈服强度和质量等级共分为 4 个牌号、11 个钢种。碳素结构钢的牌号、质量等级、化学成分和力学性能见表 5-3 和表 5-4。

随着牌号数值的增大，钢中碳的质量分数增加，强度提高，塑性和韧性降低，冷弯性能逐渐变差。同一钢号内质量等级越高，钢材的质量越好，如 Q235C、Q235D 级优于 Q235A、Q235B 级。牌号为 Q215、Q235 的碳素结构钢，质量等级为 A、B 级时，在保证力学性能要求的前提下，化学成分可根据需方要求适当调整。

碳素结构钢一般在热轧空冷状态下使用，不再进行热处理，常采用焊接、铆接等工艺方法成形。但对某些零件，必要时可进行锻造等热加工，也可通过正火、调质、渗碳等处理，以提高其使用性能。

表 5-3 碳素结构钢的牌号和化学成分（摘自 GB/T 700—2006）

牌号	等级	厚度(或直径)/mm	脱氧方法	化学成分(质量分数)(%),不大于				
				C	Si	Mn	P	S
Q195	—	—	F、Z	0.12	0.30	0.50	0.035	0.040
Q215	A	—	F、Z	0.15	0.35	1.20	0.045	0.050
	B							0.045
Q235	A	—	F、Z	0.22	0.35	1.40	0.045	0.050
	B			0.20			0.045	0.045
	C		Z	0.17			0.040	0.040
	D		TZ				0.035	0.035
Q275	A	—	F、Z	0.24	0.35	1.50	0.045	0.050
	B	≤40	Z	0.21			0.045	0.045
		>40		0.22				
	C		Z	0.20			0.040	0.040
	D		TZ				0.035	0.035

表 5-4 碳素结构钢的力学性能（摘自 GB/T 700—2006）

牌号	等级	屈服强度 R_{eH}/MPa,不小于					抗拉强度 R_m/MPa	断后伸长率 A(%),不小于					冲击试验	
		厚度(或直径)/mm						厚度(或直径)/mm					温度/℃	KV_2/J
		≤16	>16~40	>40~60	>60~100	>100~150	>150~200		≤40	>40~60	>60~100	>100~150	>150~200		
Q195	—	195	185	—	—	—	—	316~430	33	—	—	—	—	—	—
Q215	A	215	205	195	185	175	165	336~450	31	30	29	27	26	—	—
	B													+20	27
Q235	A	235	225	215	215	195	185	370~500	26	25	24	22	21	—	—
	B													+20	27
	C													0	
	D													-20	
Q275	A	275	265	255	245	225	215	410~540	22	21	20	18	17	—	—
	B													+20	27
	C													0	
	D													-20	

碳素结构钢的特性和用途见表 5-5，其中以 Q235 钢最为常用。

表 5-5 碳素结构钢的特性和用途

牌号	主要特性	应用举例
Q195 Q215	有高的塑性、韧性、焊接性,良好的压力加工性能,但强度低	用于制造地脚螺栓、烟囱、屋板、铆钉、低碳钢丝、薄板、焊管、拉管、拉杆、吊钩、支架、焊接结构
Q235	具有良好的塑性、韧性、焊接性、冲压性能,以及一定的强度、好的冷弯性能	广泛应用于一般要求的零件和焊接结构,如受力不大的拉杆、销、轴、螺钉、螺母、套圈、支架、机座、建筑结构、桥梁等
Q275	具有较高的强度、较好的塑性和可加工性以及一定的焊接性	用于制造强度要求较高的零件,如齿轮、螺栓、螺母、键、轴、农机用型钢、链轮、链条等

三、优质碳素结构钢

优质碳素结构钢是碳的质量分数小于 0.8% 的非合金钢,其所含硫、磷及非金属夹杂物都比碳素结构钢少,碳含量的波动范围也小,力学性能比较均匀,塑性和韧性都比较好,属于优质级或特殊质量级,多用于制造机械零件。

优质碳素结构钢的牌号用两位阿拉伯数字表示。这两位阿拉伯数字表示钢中平均碳的质量分数的万分数,如 20 钢表示钢中平均 $w_C = 0.20\%$;08 钢表示钢中平均 $w_C = 0.08\%$。

优质碳素结构钢按含锰量不同,分为普通含锰量($w_{Mn} = 0.25\% \sim 0.8\%$)和较高含锰量($w_{Mn} = 0.7\% \sim 1.2\%$)两组。较高含锰量的一组,在其牌号数字后加"Mn"字,如 65Mn 钢。

优质碳素结构钢的牌号、化学成分和力学性能见表 5-6。

表 5-6 优质碳素结构钢牌号、化学成分和力学性能(摘自 GB/T 699—2015)

牌号	化学成分(质量分数)(%)			25mm 试样正火后力学性能(纵向)					交货硬度 HBW	
	C	Si	Mn	R_m/MPa	R_{eL}/MPa	A(%)	Z(%)	KU_2/J	未热处理钢	退火钢
				≥					≤	
08	0.05~0.11	0.17~0.37	0.35~0.65	325	195	33	60		131	
10	0.07~0.13	0.17~0.37	0.35~0.65	335	205	31	55		137	
15	0.12~0.18	0.17~0.37	0.35~0.65	375	225	27	55		143	
20	0.17~0.23	0.17~0.37	0.35~0.65	410	245	25	55		156	
25	0.22~0.29	0.17~0.37	0.50~0.80	450	275	23	50	71	170	
30	0.27~0.34	0.17~0.37	0.50~0.80	490	295	21	50	63	179	
35	0.32~0.39	0.17~0.37	0.50~0.80	530	315	20	45	55	197	
40	0.37~0.44	0.17~0.37	0.50~0.80	570	335	19	45	47	217	187
45	0.42~0.50	0.17~0.37	0.50~0.80	600	355	16	40	39	229	197
50	0.47~0.55	0.17~0.37	0.50~0.80	630	375	14	40	31	241	207
55	0.52~0.60	0.17~0.37	0.50~0.80	645	380	13	35		255	217
60	0.57~0.65	0.17~0.37	0.50~0.80	675	400	12	35		255	229

(续)

牌号	化学成分(质量分数)(%)			25mm试样正火后力学性能(纵向)					交货硬度HBW	
	C	Si	Mn	R_m/MPa	R_{eL}/MPa	A(%)	Z(%)	KU_2/J	未热处理钢	退火钢
				≥					≤	
65	0.62~0.70	0.17~0.37	0.50~0.80	695	410	10	30		255	229
70	0.67~0.75	0.17~0.37	0.50~0.80	715	420	9	30		269	229
75	0.72~0.80	0.17~0.37	0.50~0.80	1080	880	7	30		285	241
80	0.77~0.85	0.17~0.37	0.50~0.80	1080	930	6	30		285	241
85	0.82~0.90	0.17~0.37	0.50~0.80	1130	980	6	30		302	255
15Mn	0.12~0.18	0.17~0.37	0.70~1.00	410	245	26	55		163	
20Mn	0.17~0.23	0.17~0.37	0.70~1.00	450	275	24	50		197	
25Mn	0.22~0.29	0.17~0.37	0.70~1.00	490	295	22	50	71	207	
30Mn	0.27~0.34	0.17~0.37	0.70~1.00	540	315	20	45	63	217	187
35Mn	0.32~0.39	0.17~0.37	0.70~1.00	560	335	18	45	55	229	197
40Mn	0.37~0.44	0.17~0.37	0.70~1.00	590	355	17	45	47	229	207
45Mn	0.42~0.50	0.17~0.37	0.70~1.00	620	375	15	40	39	241	217
50Mn	0.48~0.56	0.17~0.37	0.70~1.00	645	390	13	40	31	255	217
60Mn	0.57~0.65	0.17~0.37	0.70~1.00	695	410	11	35		269	229
65Mn	0.62~0.70	0.17~0.37	0.90~1.20	735	430	9	30		285	229
70Mn	0.67~0.75	0.17~0.37	0.90~1.20	785	450	8	30		285	229

优质碳素结构钢基本上属于亚共析钢和共析钢的范畴，其牌号数值越大，钢中碳的质量分数越高，组织中的珠光体越多，其强度越高，而塑性、韧性越低。优质碳素结构钢主要用于制造各种机械零件和小直径弹簧，大多需要通过热处理调整工件的性能。下面介绍几种常用钢的特点和应用范围。

08、10钢属极软低碳钢，其强度、硬度很低，塑性、韧性很好，具有优良的冲压、拉伸及焊接性，淬透性、淬硬性差，不宜切削加工，因此被广泛用来制造冲压零件，适宜轧制成薄板、薄带、冷变形材等，用于制造各种容器、仪表板、机器罩以及摩擦片、深冲器皿、汽车车身、管子、垫圈、卡头等。

15、20钢也具有良好的冲压及焊接性，常用来制造受力不大、韧性要求较高的中小结构件或零件，如容器、螺钉、螺母、杠杆、轴套等。

35、40、45、50钢的强度较高，综合力学性能良好，用来制造齿轮、连杆、轴类零件等。

60、65、70或65Mn、70Mn等钢的屈服强度和屈强比较高，具有足够的韧性和耐磨性，可用于制造小线径（<12~15mm）的弹簧、弹簧垫圈、重钢轨、轧辊、铁锹、钢丝绳等。其中，以65Mn钢在热成形弹簧中应用最广。

由优质碳素结构钢制造的一些零件如图5-4所示。

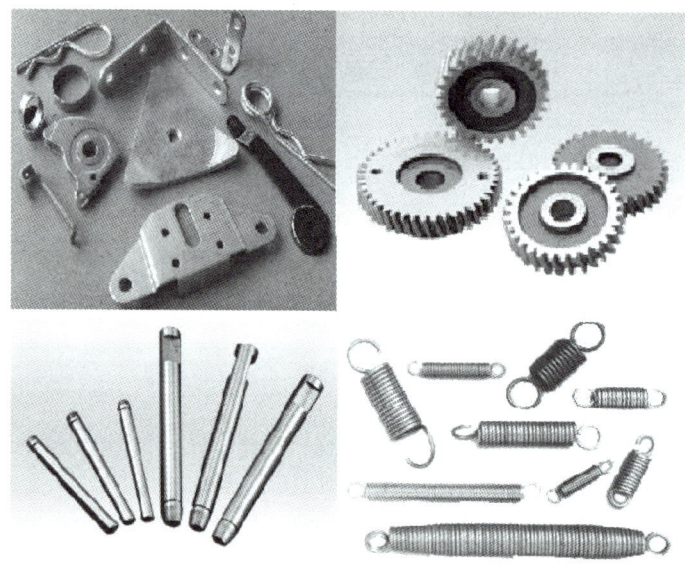

图 5-4 优质碳素结构钢的应用实例

四、碳素工具钢

碳素工具钢中碳的质量分数在 0.65%~1.35% 范围内，故属高碳钢范畴。

碳素工具钢的牌号是以汉字"碳"的拼音首位字母"T"后面附加数字表示的，数字表示平均碳的质量分数的千分数。例如，T8 钢表示 $w_C = 0.8\%$ 的碳素工具钢。

较高含锰量的碳素工具钢，在牌号后加锰的元素符号，如 T8Mn。高级优质碳素工具钢则在钢号末端再附加以字母"A"，如 T12A、T8MnA 等。

所有碳素工具钢淬火后的硬度都相差不大，为 60~64HRC。但随着钢中碳含量增多，淬火组织中粒状渗碳体的数量增多，从而使钢的耐磨性提高、韧性下降。

碳素工具钢的牌号、化学成分和力学性能见表 5-7。

表 5-7 碳素工具钢的牌号、化学成分和力学性能（摘自 GB/T 1299—2014）

牌号	化学成分(质量分数)(%)			退火硬度	试样淬火	
	C	Mn	其他	HBW(≤)	淬火温度/℃ 和冷却介质	HRC(≥)
T7	0.66~0.74	≤0.40	Si：≤0.35 S：≤0.030 P：≤0.035	187	800~820 水	62
T8	0.76~0.84			187	780~800 水	
T8Mn	0.80~0.90	0.40~0.60				
T9	0.86~0.94	≤0.40		192		
T10	0.96~1.04			197	760~780 水	
T11	1.06~1.14			207		
T12	1.16~1.24					
T13	1.26~1.35			217		

碳素工具钢的可加工性好，价格低廉，热处理后的硬度可达60HRC以上，有较好的耐磨性。但由于碳素工具钢的热硬性差（刃部温度达到250℃以上时，硬度及耐磨性迅速降低），淬透性低，淬火时容易变形开裂，故多用于制造手工用工具以及低速、小切削用量的机用刀具、量具、模具等，如图5-5所示。

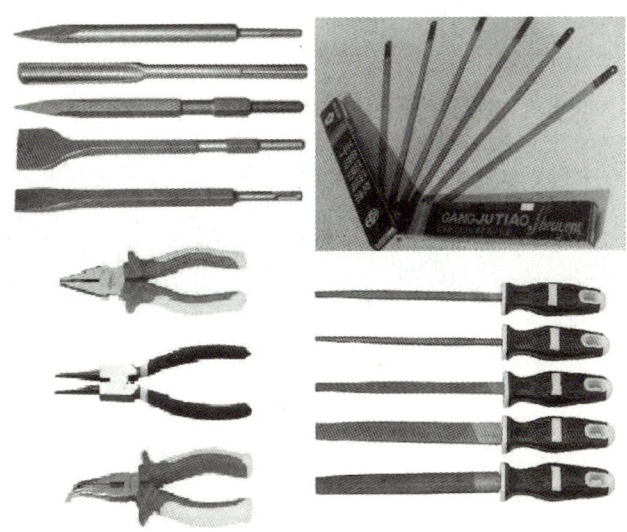

图5-5 碳素工具钢制造的一些工具

T7、T8钢的硬度高、韧性较高，可制造冲头、錾子、锤子等工具。T9、T10、T11钢的硬度高、韧性适中，可制造钻头、刨刀、丝锥、锯条等刃具及冷作模具等。T12、T13钢的硬度高、韧性较低，可制作锉刀、刮刀等刃具以及量规、样套等量具。

【资料卡】

你知道生活中常用的一些五金工具都是由什么材料制造的吗？表5-8给出了常用五金工具的选材和硬度要求。

表5-8 常用五金工具的选材和硬度要求

工具名称	推荐材料	工作部分硬度HRC	工具名称	推荐材料	工作部分硬度HRC
钢丝钳	T7、T8	52~60	活扳手	45、40Cr	41~47
锤子	50、T7、T8	49~56	民用剪刀	50、55、60、65Mn	54~61
锯条	T10、T11	60~64	美工刀	T10、30Cr13	55~60
螺钉旋具	50、60、T7	48~52	锉刀	T12、T13	64~67

五、铸造碳钢

铸造碳钢是冶炼后直接铸造成形的非合金钢种。在实际生产中，当一些形状复杂、综合力学性能要求较高的大型零件难以用锻轧方法成形，而铸铁又难以满足其力学性能要求时，通常采用铸造碳钢制造。

随着铸造技术的进步，铸钢件在组织、性能、精度和表面粗糙度等方面都已接近锻钢件，可在不经切削加工或只需少量切削加工后使用，能大量节约钢材和成本。因此，铸造碳钢获得了广泛应用。

一般工程用铸造碳钢牌号用"铸钢"的汉语拼音字首"ZG"和表示屈服强度及抗拉强度的两组数字表示，如ZG200-400、ZG270-500等。铸造碳钢的牌号与性能见表5-9。

表5-9 铸造碳钢的牌号与性能（摘自 GB/T 11352—2009）

牌 号	化学成分(质量分数)(%), ≤			力学性能(≥) 正火(或退火)+回火状态				
	C	Si	Mn	R_{eH} /MPa	R_m /MPa	A (%)	Z (%)	KV_2 /J
ZG200-400	0.20	0.60	0.80	200	400	25	40	30
ZG230-450	0.30	0.60	0.90	230	450	22	32	25
ZG270-500	0.40	0.60	0.90	270	500	18	25	22
ZG310-570	0.50	0.60	0.90	310	570	15	21	15
ZG340-640	0.60	0.60	0.90	230	640	10	18	10

铸造碳钢主要用于制造矿山机械、冶金机械、船舶、机车车辆、水压机、水轮机等重型机械中承受大载荷的零件，如轧钢机机架、水压机底座、铁路车辆的车轮和车钩以及船舶上的锚、导缆孔和尾轴管等，图5-6所示为铸造碳钢的一些应用实例。

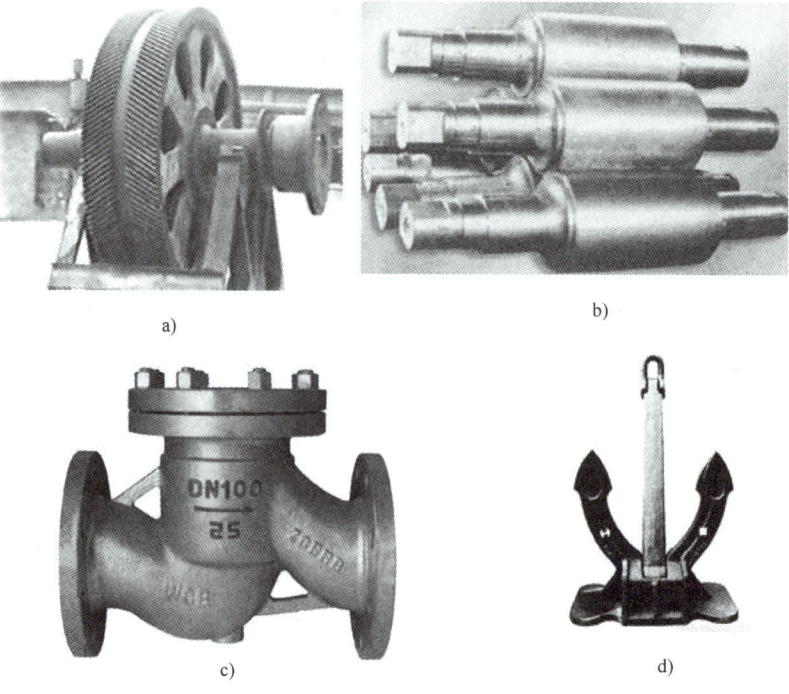

图5-6 铸造碳钢的一些应用实例
a) 大齿轮 b) 轧辊 c) 高压泵壳 d) 船锚

一般工程用铸造碳钢的特性和应用见表5-10。

表5-10 一般工程用铸造碳钢的特性和应用

牌 号	主 要 特 性	应 用 举 例
ZG200-400	低碳铸钢，韧性及塑性均好，但强度和硬度较低，低温冲击韧性大，脆性转变温度低，导磁、导电性良好，焊接性好，但铸造性差	机座、电气吸盘、变速器箱体等受力不大，但要求具有韧性的零件
ZG230-450		用于受力不大、韧性较好的零件，如轴承盖、底板、阀体、机座、侧架、轧钢机架、箱体、犁柱、砧座等
ZG270-500	中碳铸钢，有一定的韧性及塑性，强度和硬度较高，可加工性良好，焊接性尚可，铸造性比低碳钢好	应用广泛，用于制作飞轮、车辆车钩、水压机工作缸、机架、蒸汽锤气缸、轴承座、连杆、箱体、曲拐
ZG310-570		用于重载荷零件，如联轴器、大齿轮、缸体、气缸、机架、制动轮、轴及辊子
ZG340-640	高碳铸钢，具有高强度、高硬度及高耐磨性，塑性、韧性低，铸造、焊接性均差，裂纹敏感性较大	起重运输机齿轮、联轴器、齿轮、车轮、阀轮、叉头

【想一想】

钢的牌号与人的名字之间有很多相似之处，人的名字由姓+名组成，钢的牌号也可以这样理解，每一种钢的牌号中都蕴涵着其名和姓。例如，碳素结构钢牌号中的 Q 就是它的姓，后面的屈服强度数值就是它的名；又如碳素工具钢，其牌号中的 T 就是它的姓，后面表示碳的质量分数的数值就是它的名。

想一想是不是这样？其他钢的名和姓又是什么呢？

技能训练 钢的火花鉴别

某校金相热处理实验室一批 $\phi 20mm$ 的非合金钢因标签丢失，不能确定其成分和牌号。现用火花鉴别的方法大致确定其碳的质量分数。

设备仪器及材料

台式砂轮机，待鉴别钢材，护目镜，20、45、T8、T12 等牌号非合金钢。

任务实施

一、知识准备

火花鉴别法是将被试验的钢铁材料与高速旋转的砂轮接触，根据在磨削过程中所出现的火花爆裂形状、流线、色泽等特点近似地确定钢铁的化学成分的一种方法。火花鉴别法作为一种简便、实用的方法广泛应用于钢制工件的材料鉴别中。

1. 火花产生的机理

当试样与高速旋转的砂轮接触时，由于剧烈摩擦，温度急剧升高，被砂轮切削下来的颗粒以高速抛射出去，同空气摩擦，温度继续升高，发生激烈氧化甚至熔化，从而在抛射中呈现出一条条光亮流线。磨削颗粒表面生成的 FeO 被颗粒内所含的碳元素还原，生成 CO 气体，在压力足够时便冲破表面氧化膜，发生爆裂而形成爆花。流线和爆花的色泽、数量、形状、大小同试样的化学成分有关，因此可以初步鉴别金属材料。

2. 火花束的构成

工件与砂轮接触时产生的全部火花称为火花束，由根部、中部、尾部组成。火花束中线条状的光亮火花称为流线，通常分为直线状流线、断续状流线、波浪状流线三种，如图 5-7 所示。

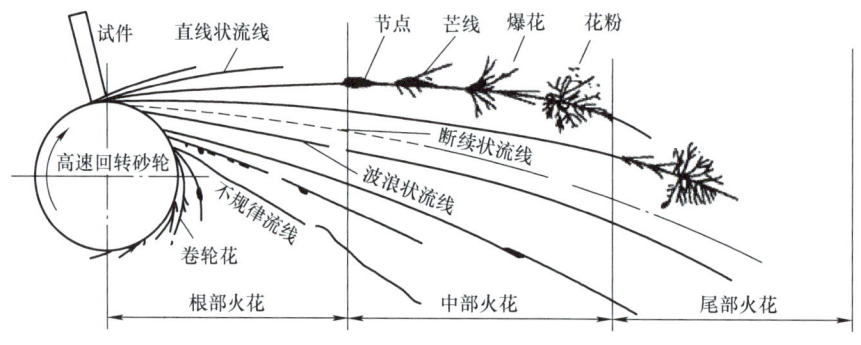

图 5-7　火花束的构成

流线由节点、爆花和尾花组成。节点是流线上火花爆裂的原点，呈明亮点。爆花是节点处爆裂的火花。组成爆花的每一根细小线称为芒线。随芒线的爆裂情况，爆花有一次花、二次花、三次花和多次花之分，如图 5-8 所示。分散在爆花芒线间的点状火花称为花粉，流线尾端呈现出的不同形状的爆花称为尾花。

3. 非合金钢的火花特征

非合金钢火花鉴别的要点是详细观察火花束的疏密和长短、火花爆裂形态、花粉的多少和色泽变化情况。

非合金钢的流线多是直线状、亮白色。碳含量越高，流线越短、越密，节点和爆花越多，芒线分叉越多，爆裂越严重。

低碳钢的流线少，火束长，芒线稍粗，爆花量不多，多为一次花，发光一般，带暗红色，无花粉，尾端呈明显的枪尖形，色泽呈草黄色。图 5-9 所示为 20 钢的火花示意图。

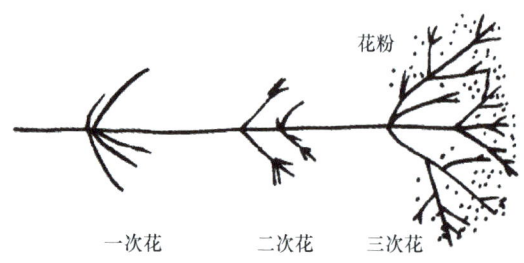

图 5-8　爆花的各种形式

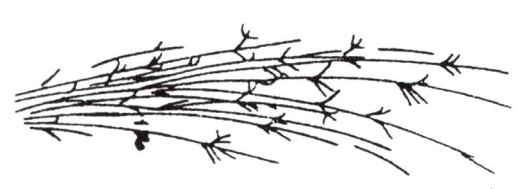

图 5-9　20 钢的火花示意图

中碳钢的流线多而稍细，火束较短，爆花分叉较多，开始出现二次花、三次花，发光较强，颜色为橙色。图 5-10 所示为 45 钢的火花示意图。

高碳钢的流线多而细，由于碳含量高，火束的长度渐次缩为短而粗，发光渐次减弱，火花稍带红色，爆裂为多根分岔，存在大量三次花、小碎花及花粉极多，发光较亮，研磨时手的感觉稍硬。图 5-11 所示为 T10 钢的火花示意图。

图 5-10 45 钢的火花示意图

图 5-11 T10 钢的火花示意图

二、待测钢材的火花鉴别

火花鉴别的工作场地不宜太亮，最好在暗处，以避免阳光直射影响火花的光色和清晰度；操作时，应使火花光束与视线有一适当角度，以便于仔细观察火花束的长度和特征。

操作时应戴无色平光防护眼镜，以免砂粒飞射入眼内。操作时应该站立砂轮一侧，不得面对砂轮站立。

从待测钢材上截取长度为 100～150mm 的试样。打开电源开关，待砂轮机起动旋转后，用手拿紧被测试样并轻压砂轮，用力要适度。仔细观察火花束的长短、疏密和颜色以及火花爆裂的形态、花粉的多少等，对待测钢材的碳含量进行判断。

为防止可能发生的错判，可与已知化学成分的低、中、高碳钢标准试样进行对照鉴别。

扫描二维码观看非合金钢的火花鉴别方法视频。

【单元小结】

1. 非合金钢是碳的质量分数为 0.0218%～2.11% 的铁碳合金，除基本组成元素 Fe、C 外，非合金钢中还含有少量 Si、Mn、S、P、N、H、O 等非特意加入的杂质元素。C、Si、Mn、S、P 被称为钢铁"五大元素"。

2. 杂质元素对钢材性能和质量的影响很大，必须严格控制在钢材的规定范围之内。

3. 非合金钢有各种分类方法，如按碳的质量分数可分为低碳钢、中碳钢和高碳钢；按钢的冶金质量可分为普通质量非合金钢、优质非合金钢和特殊质量非合金钢；按用途又可分为碳素结构钢、碳素工具钢；按脱氧程度可分为镇静钢、半镇静钢、沸腾钢和特殊镇静钢等。

4. 牌号对于正确认识、使用非合金钢有重要意义。非合金钢的牌号表示方法见表 5-11。

表 5-11 非合金钢的牌号表示方法

钢　种		牌号表示方法	典型牌号	用　途
普通碳素结构钢		Q+屈服强度值+质量等级符号+脱氧程度	Q235AF	工程构件
优质碳素结构钢	正常含锰量	平均碳的质量分数的万分数	45	机械零件
	较高含锰量	平均碳的质量分数的万分数+Mn	65Mn	
碳素工具钢		T+平均碳的质量分数的千分数	T8	简单形状、使用温度不高的工具
铸造碳钢		ZG+屈服强度值-抗拉强度值	ZG310-570	大型或形状复杂,但力学性能要求较高的零件

【综合训练】

一、名词解释

非合金钢，热脆，冷脆。

二、填空题

1. 钢中"五大元素"指＿＿＿＿＿＿＿＿＿，其中有害元素是＿＿＿＿＿＿。
2. 按碳的质量分数不同，非合金钢可分为＿＿＿＿、＿＿＿＿、＿＿＿＿三类。
3. 按主要质量等级，非合金钢可分为＿＿＿＿、＿＿＿＿、＿＿＿＿三类。
4. 按脱氧程度，非合金钢可分为＿＿＿＿、＿＿＿＿、＿＿＿＿、＿＿＿＿等。
5. T12A 钢按用途分类属于＿＿＿＿钢，按碳的质量分数分类属于＿＿＿＿，按冶炼质量分类属于＿＿＿＿。
6. 20 钢按用途分类属于＿＿＿＿钢，按碳的质量分数分类属于＿＿＿＿，按冶炼质量属于＿＿＿＿。
7. Q235 钢按用途分类属于＿＿＿＿钢，按冶炼质量分类属于＿＿＿＿。
8. 钢中的非金属夹杂物主要分＿＿＿＿、＿＿＿＿和＿＿＿＿三大类。
9. 一般地说，硫在钢中能造成＿＿＿＿，磷在钢中能造成＿＿＿＿。
10. 铸造碳钢一般用于制造形状复杂、＿＿＿＿要求高的机械零件。

三、选择题

1. 08 牌号中，08 表示其平均碳的质量分数为（　　）。
  A. 0.08%　　　　B. 0.8%　　　　C. 8%
2. ZG310-570 中，310 表示钢的（　　），570 表示钢的（　　）。
  A. 抗拉强度值　　　　　　　B. 屈服强度值
  C. 疲劳强度值　　　　　　　D. 布氏硬度值
3. 选择制造下列零件的材料：冲压件（　　），齿轮（　　），小弹簧（　　）。
  A. 08　　　　　　　　　　　B. 70
  C. 45　　　　　　　　　　　D. T10

4. 选择制造下列工具所用的材料：木工工具（　　），锉刀（　　），锯条（　　）。
   A. T8A　　　　　B. T10　　　　　C. T12　　　　　D. 20

5. 一般地说，P、S属于钢中的有害元素，应限制其含量。但在某些特殊用途的钢中，却反而要适当提高其含量，以提高钢材的（　　）。
   A. 淬透性　　　　　　　　　　　　B. 纯净度
   C. 焊接性　　　　　　　　　　　　D. 可加工性

6. 非合金钢的质量高低，主要根据钢中杂质（　　）含量的多少划分。
   A. S、P　　　B. Si、Mi　　　C. S、Mn　　　D. P、Si

7. 钢牌号Q235A中的235表示的是（　　）。
   A. 抗拉强度值　　　　　　　　　　B. 屈服强度值
   C. 疲劳强度值　　　　　　　　　　D. 布氏硬度值

8. 在平衡状态下，下列牌号的钢中强度最高的是（　　），塑性最好的是（　　），硬度最高的是（　　）。
   A. 45　　　　　　　　　　　　　　B. 65
   C. 08　　　　　　　　　　　　　　D. T12

9. 低碳钢的火花束中流线较（　　），爆花多为（　　）。
   A. 短，一次花　　　　　　　　　　B. 长，一次花
   C. 短，二次花　　　　　　　　　　D. 长，二次花

10. 下列非合金钢中焊接性最好的是（　　），冲压性能最好的是（　　）。
    A. 45钢　　　　　　　　　　　　　B. Q235钢
    C. 08钢　　　　　　　　　　　　　D. T12钢

四、判断题

1. T10钢中碳的质量分数是10%。　　　　　　　　　　　　　　　　　（　　）
2. 高碳钢的质量优于中碳钢，中碳钢的质量优于低碳钢。　　　　　　（　　）
3. 优质碳素结构钢使用前不必进行热处理。　　　　　　　　　　　　（　　）
4. 碳素工具钢的碳含量越高，材料的韧性越好，耐磨性也越强。　　　（　　）
5. 碳素工具钢都是优质或高级优质钢，其碳的质量分数一般都大于0.7%。（　　）
6. 硫是钢中的有害杂质，能导致钢的冷脆性。　　　　　　　　　　　（　　）
7. 45Mn钢是合金钢。　　　　　　　　　　　　　　　　　　　　　　（　　）
8. 低碳钢的强度、硬度低，但具有良好的塑性、韧性及焊接性。　　　（　　）
9. 硫、磷在钢中是有害元素，所以它们在钢中没有任何好的作用。　　（　　）
10. 冶金质量等级高的钢就是力学性能高的钢。　　　　　　　　　　　（　　）

五、简答题

1. 硫和磷在钢中有哪些危害？如何消除？
2. 常用的非合金钢有哪些种类？
3. 说明碳素结构钢牌号数值与性能、用途之间的关系。
4. 说明优质碳素结构钢牌号数值与碳的质量分数、组织、性能、用途之间的关系。
5. 不同牌号的碳素工具钢在力学性能和用途上有什么区别？
6. 填表。

钢　号	种　类	牌号中符号和数字的含义
Q235B		
08F		
45		
65Mn		
T8A		
T12		
ZG310-570		

单元六 UNIT 6

钢的热处理

【学习目标】

知识目标
1. 掌握热处理的定义、实质、作用和分类
2. 了解热处理的原理，明确钢在加热和冷却时的组织转变过程
3. 掌握常用热处理工艺的目的、方法和应用范围

能力目标
1. 在教师指导下，能正确编制典型非合金钢零件的热处理工艺
2. 在教师指导下，能正确使用热处理炉及控温仪表
3. 在教师指导下，能正确进行热处理操作

 模块一　热处理概述

【模块导入】

对于初学者而言，"热处理"是个比较陌生的词汇。所以，在学习本模块之前，请同学们思考下列问题。

1. 在影视作品中常有这样的场景：工匠将烧红的工件用钳子夹持着进行浸水冷却（见右图），这种操作叫什么？有何意义？

2. 在东汉班固所著《汉书·王褒传》中有"巧冶铸干将之朴，清水淬其锋"等有关热处理技术的记载，你知道干将是什么人吗？

3. 在你生活中接触的钢制工件中，哪些经过了热处理？请举 5 种以上的实例。

【学习内容】

一、热处理的实质

热处理是指采用适当的方式对金属材料或工件进行加热、保温和冷却,以获得预期的组织结构与性能的工艺。

热处理的实质是在加热、保温和冷却过程中,钢的组织结构发生了变化,从而改变了其性能。所以,只有固态下能够发生相变的金属材料,才能进行热处理。

二、热处理的作用

金属的热处理是机械制造中的重要工艺之一,与铸、锻、焊及切削工艺相比,热处理的目的不是改变工件的形状和尺寸,而是改善工件的工艺性能或使用性能,充分发挥材料的性能潜力,提高工件的内在质量,延长其使用寿命,而这一般不是肉眼所能看到的。

热处理在机械制造业中应用广泛,在机床制造中有60%~70%的零件要经过热处理,在汽车、拖拉机制造业中需热处理的零件达70%~80%,工模具、滚动轴承等100%需经过热处理。总之,重要零件都需进行适当热处理后才能使用。

三、热处理的分类

根据加热、冷却方式的不同以及组织、性能变化特点的不同,热处理可以分为下列几类。

(1) 整体热处理 包括退火、正火、淬火和回火,俗称"四把火",如图6-1所示。

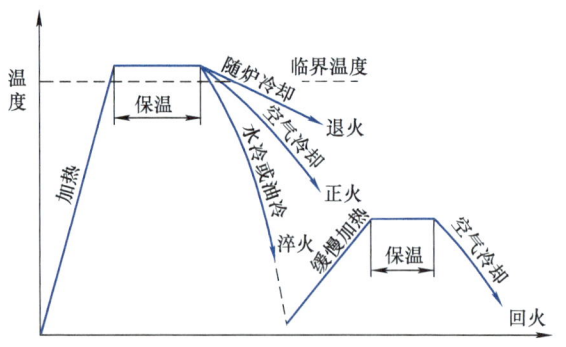

图 6-1 热处理工艺曲线

(2) 表面热处理 包括感应淬火、火焰淬火、接触电阻加热淬火、激光淬火和电子束淬火等。

(3) 化学热处理 包括渗碳、氮化和碳氮共渗等。

(4) 其他热处理 包括可控气氛热处理、真空热处理和形变热处理等。

热处理方法虽然很多,但任何一种热处理都是由加热、保温和冷却三个过程组成的,如图6-1所示。其中加热温度、保温时间和冷却速度被称为热处理的三要素。这三大基本要素决定了材料热处理后的组织和性能。

模块二　钢在加热时的组织转变

【模块导入】

同学们思考过热处理中的"热"字是什么意思吗？对，就是必须先将工件加热才能处理！那么，加热的目的是什么？用什么方式加热呢？热处理加热有哪些技术要求呢？

【学习内容】

为了正确编制和执行热处理工艺，就必须了解金属材料在加热、保温和冷却过程中发生了哪些组织转变，这些组织转变的规律是怎样的，以及这些组织对热处理后的性能有什么影响。这就是热处理原理。

一、热处理的加热目的和临界温度

1. 热处理的加热目的

加热是热处理的第一道工序。在多数情况下，热处理需要先加热得到全部或部分奥氏体组织，然后采用适当的冷却方法，使奥氏体组织发生转变，从而使钢获得所需要的组织和性能。因此，钢在热处理时的加热过程就是奥氏体化过程。

奥氏体化也是形核和长大的过程，分为四步。以共析钢为例，它们分别是：奥氏体的形核、奥氏体的长大、残留渗碳体的溶解和奥氏体成分的均匀化，如图6-2所示。

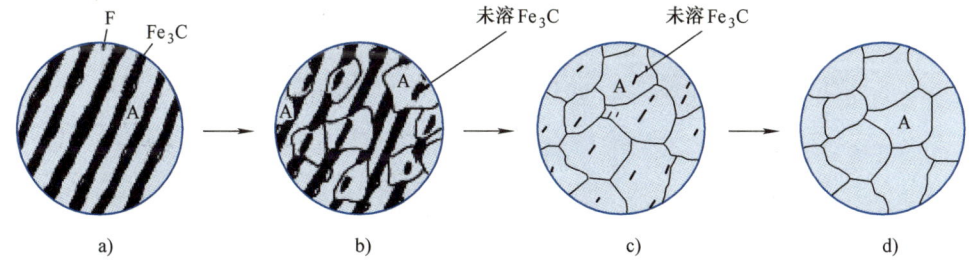

图6-2　共析钢中奥氏体形成过程示意图

a) A形核　b) A长大　c) 残留Fe_3C溶解　d) A均匀化

2. 热处理的临界温度

钢热处理时应加热到什么温度呢？由铁碳相图可知，当温度高于727℃时，就能获得奥氏体组织，A_1线、A_3线和A_{cm}线是钢在平衡状态下发生组织转变的临界点。在实际热处理条件下，加热速度和冷却速度一般较快，相变是在不平衡条件下进行的，其相变点与相图中的相变温度有一定的偏移。由于过热和过冷现象的影响，加热时相变温度偏向高温，冷却时偏向低温，加热或冷却速度越快，这种现象越严重。图6-3所示为加热和冷却速度对碳钢临界温度的影响，通常把加热时的实际临界温度标以字母"c"，如Ac_1、Ac_3、Ac_{cm}；而把冷却时的实际临界温度标以字母"r"，如Ar_1、Ar_3、Ar_{cm}等。

因此，钢热处理时奥氏体化的最低温度是 Ac_1，即加热到 Ac_1 温度以上时，钢的原始组织将转变为奥氏体。对于亚共析钢和过共析钢，需要加热到 Ac_3 或 Ac_{cm} 以上，使先共析相充分转变或溶解，获得单相奥氏体，才能完全奥氏体化。

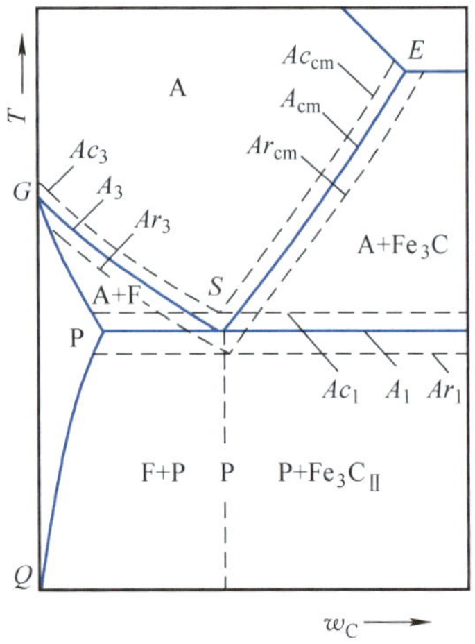

在实际生产中，常以一定的加热速度将工件连续加热到 Ac_1 温度以上，并保温一定时间。保温的目的是使工件受热均匀、奥氏体转变充分进行，并防止出现氧化、脱碳。保温时间与工件材质和尺寸、装炉量及工艺要求有关。

二、热处理的加热方法

热处理加热通常是在各种热处理炉或表面加热装置中进行的，常采用以下几种加热方法。

图 6-3 加热和冷却速度对碳钢临界温度的影响

（1）电加热　包括常用的电阻加热炉、感应加热设备和盐浴加热炉等。电加热时温度易于控制，无环境污染，热效率高，是最常用的热处理加热方法。

（2）燃料燃烧加热　常用的燃料有油、天然气、氧乙炔火焰等。

（3）高能量密度能源加热　以很大的功率密度加热工件表面，加热时间以毫秒（ms）计，功率密度可达 $10^6 \sim 10^8$ W/cm^2，采用的热源有激光束和电子束等。

图 6-4 所示为常用的热处理加热设备。

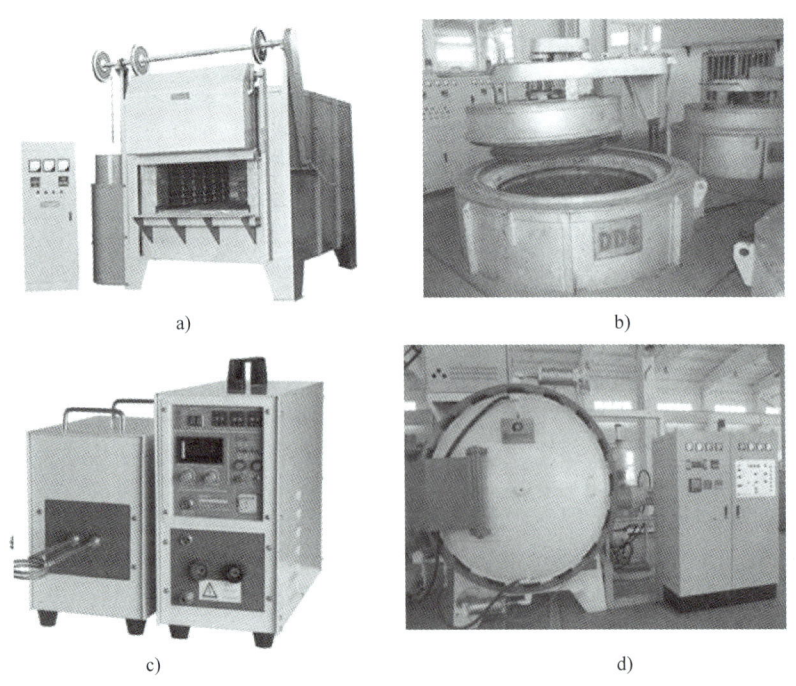

图 6-4　常用的热处理加热设备
a）箱式电阻炉　b）井式电阻炉　c）小型高频感应加热装置　d）真空加热炉

三、奥氏体晶粒度及其控制

钢中奥氏体的晶粒大小将直接影响热处理冷却后的组织和性能。如果奥氏体晶粒粗大，则其转变产物的晶粒也会粗大，使热处理后钢的强度与韧性降低，并容易导致工件的变形和开裂。因此，热处理加热时总希望得到细小均匀的奥氏体晶粒。

1. 奥氏体晶粒大小的表示方法

奥氏体晶粒大小的表示方法有三种，即晶粒的平均直径（d）、放大100倍时 $1in^2$ 上的晶粒数（N_{100}）和晶粒度等级（G）。

按照国家标准，钢的奥氏体晶粒度分为8级，其中1~4级为粗晶粒，5~8级为细晶粒，超过8级为超细晶粒。它是将在一定加热条件下获得的奥氏体晶粒放大100倍后与标准晶粒度图比较得到的，如图6-5所示。

晶粒度等级（G）与晶粒的大小有如下关系

$$N_{100} = 2^{G-1}$$

式中，N_{100} 表示放大100倍时，$1in^2(6.45cm^2)$ 上的晶粒数。N_{100} 越大，晶粒越细，晶粒度等级越高。

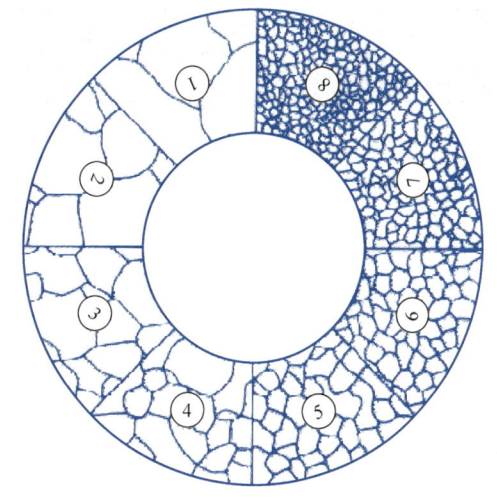

图6-5 奥氏体标准晶粒度

2. 奥氏体晶粒大小的控制

（1）合理制订加热规范　加热温度越高、保温时间越长，奥氏体晶粒越粗大。因此，为了获得细小的奥氏体晶粒，热处理时必须制订合理的加热规范，如在保证奥氏体成分均匀的情况下，选择尽量低的奥氏体化温度；或者快速加热到较高的温度经短暂保温形成的奥氏体，使其来不及长大而冷却得到细小的晶粒。

（2）选择奥氏体晶粒长大倾向小的钢种　钢中加入钛、钒、铌、锆、铝等元素时，在热处理加热时奥氏体晶粒的长大倾向小，有利于得到细小的奥氏体晶粒。因为这些元素在钢中可以与碳、氮形成碳化物、氮化物，弥散分布在晶界上，能阻碍晶粒长大，而锰（中碳时）和磷会促进晶粒长大。

模块三　钢在冷却时的组织转变

【模块导入】

钢加热时得到的奥氏体并不是热处理的最终组织，在随后的冷却过程中，奥氏体将发生转变，其转变产物决定着钢热处理后的性能。反映过冷奥氏体转变规律的等温转变图是本课程中与铁碳相图同等重要的内容。如果没有这些理论知识基础，热处理工干的活儿就是没有任何技术含量的"工件搬运工"。

【学习内容】

冷却是热处理的最终工序，也是热处理最重要的工序，它决定了钢热处理后的组织和性能。表6-1所列为45钢在同样奥氏体化条件下，不同冷却速度对其力学性能的影响。显然，表6-1中结果的出现是由于奥氏体在不同的冷却速度下转变成了不同的组织产物。因此，为了控制钢热处理后的性能，必须研究奥氏体在冷却时的转变规律。

表6-1 45钢840℃奥氏体化后，不同冷却速度时的力学性能

冷却方式	下屈服强度 R_{eL}/MPa	抗拉强度 R_m/MPa	断后伸长率 $A(\%)$	硬 度
随炉冷却	280	530	32.5	160~200HBW
空气冷却	340	670~720	15~18	170~240HBW
油中冷却	620	900	18~20	40~50HRC
水中冷却	720	1100	7~8	52~60HRC

在热处理生产中，常用的有等温冷却和连续冷却两种方式。等温冷却是将加热奥氏体化的钢迅速冷却到临界温度 Ar_1 以下的某一温度保温，进行等温转变，然后冷却到室温，如等温退火、等温淬火等，如图6-6中的曲线1所示。连续冷却是将加热到奥氏体状态的钢，以一定的冷却速度连续冷却到室温，如水冷、油冷、空冷等，如图6-6中的曲线2所示。

当温度在 A_1 以上时，奥氏体是稳定的。当温度降到 A_1 以下后，奥氏体即处于过冷状态，是不稳定的，将会转变为其他组织，这种奥氏体称为过冷奥氏体。钢在冷却时的转变实质上是过冷奥氏体的转变。

除退火外，实际热处理的冷却速度大多较快，不能再利用铁碳相图分析过冷奥氏体在冷却时的转变产物。因此在热处理中，需要在等温冷却和连续冷却条件下测绘过冷奥氏体转变图，用以说明过冷奥氏体在不同冷却条件下的转变规律。

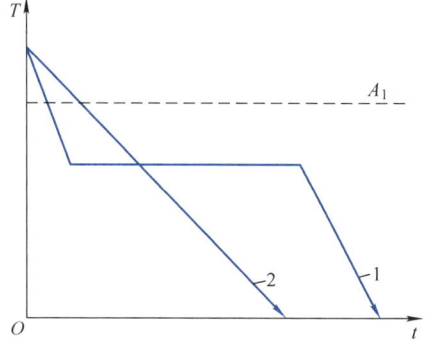

图6-6 两种冷却方式示意图
1—等温冷却 2—连续冷却

一、过冷奥氏体等温转变图

1. 过冷奥氏体等温转变图的构成

过冷奥氏体等温转变图是表示奥氏体急速冷却到临界点 A_1 以下，在不同温度下保温过程中转变量与转变时间的关系曲线，也可称为 TTT（Time-Temperature-Transformation Diagram）曲线。因曲线的形状像英文字母C，所以又称为C曲线。

因为共析钢的组织转变相对而言比较简单，所以下面以共析钢为例，说明过冷奥氏体等

温转变图的构成及组织转变规律。

共析钢过冷奥氏体等温转变图是用试验方法测定的,并建立在温度-时间坐标中,如图 6-7 所示。图中纵坐标表示转变温度,横坐标表示转变时间,左边的曲线"C"是过冷奥氏体在不同温度等温时转变开始点的连线,称为转变开始线,右边的曲线"C"是过冷奥氏体在不同温度等温时转变终了点的连线,称为转变终了线。Ms 线是马氏体转变开始温度,Mf 线是马氏体转变结束温度(共析钢为-50℃,图中未画出)。

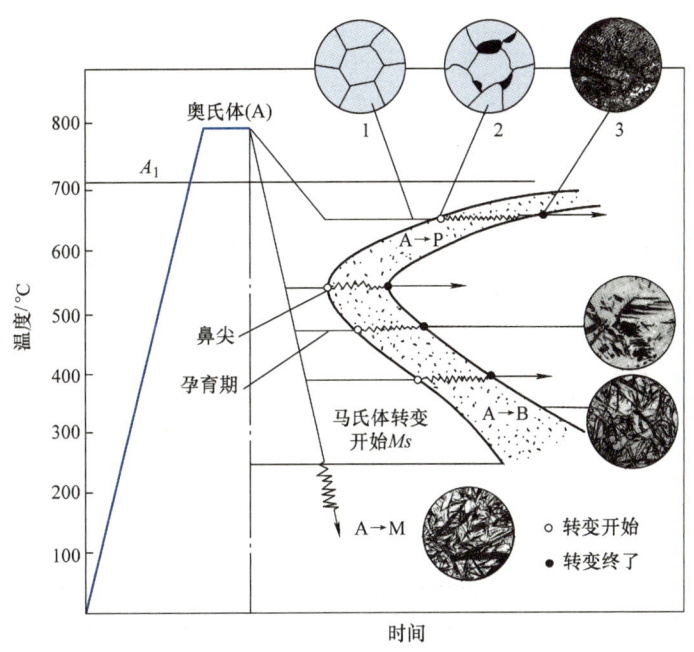

图 6-7 共析钢过冷奥氏体等温转变图

2. 过冷奥氏体等温冷却转变的孕育期

从共析钢等温转变图可明显看出,在 A_1 以下一定温度等温冷却时,过冷奥氏体并不是立即发生转变的,而是要经历一段时间的"等待"后才开始转变,这段"等待"的时间称为孕育期。在不同等温温度下,过冷奥氏体转变的孕育期长短差别很大,从不足 1s 至长达几小时。孕育期越长,过冷奥氏体越稳定,反之则越不稳定。

对共析钢来讲,过冷奥氏体在 550℃ 附近等温时孕育期最短,即过冷奥氏体最不稳定,最易分解,转变速度最快,这里被形象地称为等温转变图的"鼻尖"。在高于或低于"鼻尖"(550℃)时,孕育期由短变长,即过冷奥氏体的稳定性增加,转变速度较慢。等温转变图上的"鼻尖"位置对钢的热处理工艺性能有重要影响。

3. 非共析钢的过冷奥氏体等温转变图

亚共析钢和过共析钢的过冷奥氏体等温转变图如图 6-8 所示。

亚共析钢的过冷奥氏体等温转变图与共析钢不同的是,在"鼻尖"上方,过冷奥氏体将有一部分先转变为铁素体,剩余的过冷奥氏体再转变为珠光体型组织,因此多了一条先共析铁素体的转变线。同理,过共析钢多了一条先共析渗碳体的转变线。

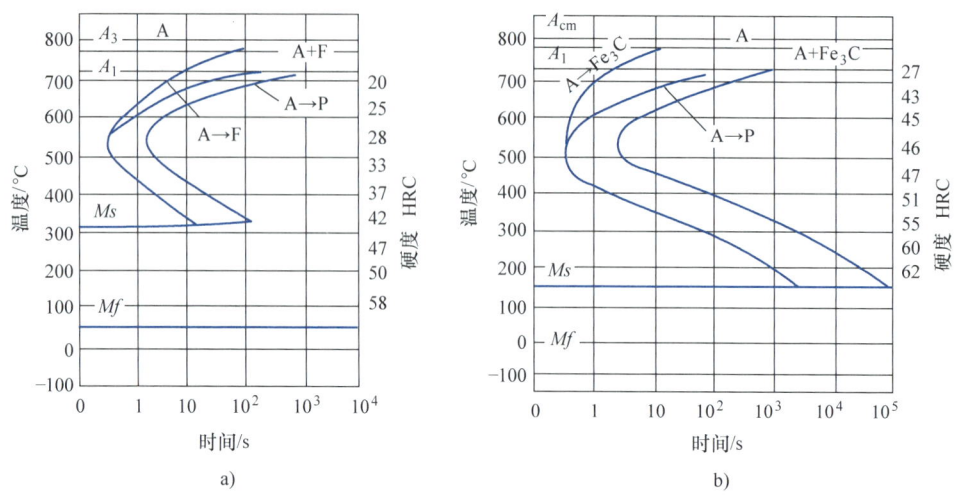

图 6-8 非共析钢的过冷奥氏体等温转变图
a) 亚共析钢　b) 过共析钢

二、过冷奥氏体等温转变的组织和性能

在 A_1 温度以下的不同温度区间，共析钢过冷奥氏体可以发生三种不同的转变，见表 6-2。

表 6-2 共析钢过冷奥氏体的等温转变

转变名称	等温温度范围	组织名称	转变特点
高温转变	550℃ ~ A_1	珠光体类型组织	扩散型相变
中温转变	Ms(230℃) ~ 550℃	贝氏体	半扩散型相变
低温转变	Ms(230℃) 以下	马氏体	无扩散型相变

1. 珠光体转变过程

共析钢在 A_1 温度以下至"鼻尖"（550℃）区间进行等温冷却时，铁、碳原子的扩散能力较强，过冷奥氏体通过扩散型相变转变为珠光体类型组织，即形成铁素体与渗碳体以层片状相间排列组成的机械混合物，称为珠光体转变，也称高温转变。

过冷奥氏体在 A_1 温度至"鼻尖"（550℃）左右等温冷却时，转变产物——珠光体类型组织的片间距离随等温温度的降低而减小。根据片层的厚薄不同，这类组织又可细分为三种，见表 6-3。

表 6-3 珠光体类型组织的形态和性能

等温温度	组织名称	符号	层片形态	可见倍数	硬度 HBW
650℃ ~ A_1	珠光体	P	较厚,平直,连续	500	170 ~ 250
600 ~ 650℃	索氏体	S	较薄,平直,连续	800 ~ 1000	250 ~ 300
550 ~ 600℃	托氏体	T	极薄,弯曲,断续	2000 ~ 5000	300 ~ 450

实际上，P、S、T 三种组织都属于珠光体，其差别只是层片间距大小不同。形成温度越低，层片间距越小，如图 6-9 所示。而层片间距越小，珠光体类型组织的硬度越高，塑性、韧性也越好。如托氏体的硬度高于索氏体，索氏体的硬度又高于珠光体。

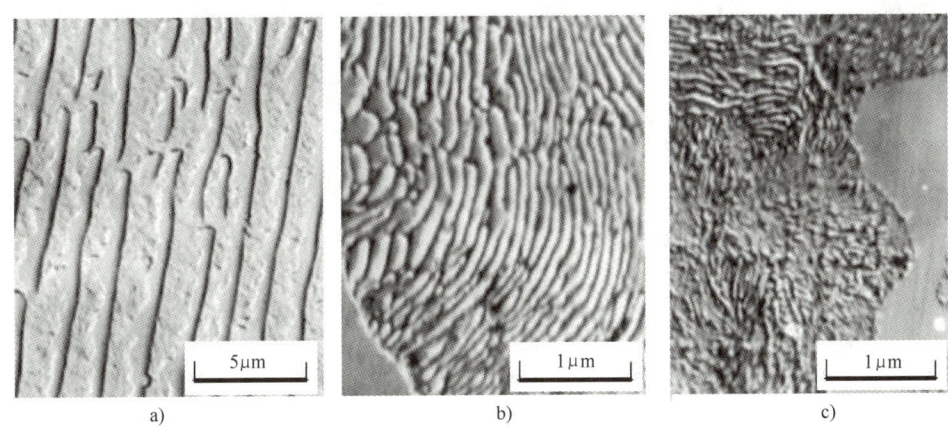

图 6-9 三种珠光体类型组织（SEM）
a）珠光体 b）索氏体 c）托氏体

2. 贝氏体转变

在 $Ms \sim 550$℃ 区间进行等温冷却时，铁、碳原子扩散较困难，其中铁原子将不能发生扩散，仅有碳原子能做很小的位移，过冷奥氏体通过这种半扩散型相变转变为贝氏体组织，称为贝氏体转变，也称为中温转变。贝氏体是由过饱和碳的铁素体与碳化物组成的非层片状的机械混合物，用符号 B 表示。

【资料卡】

贝氏体的名字来自钢铁热处理理论的奠基者——美国化学家贝茵（E. C. Bain，1891—1971）。贝茵和达文波特（E. S. Davenport）在 1929—1930 年开始研究钢中奥氏体在不同温度条件下的转变过程及其产物，测绘出了等温转变图，阐明了钢热处理的一般原理。他们在试验中发现了一种非马氏体针状组织，这种针状或羽毛状的组织就是贝氏体。

根据组织形态和形成温度区间的不同，贝氏体主要分为上贝氏体（$B_上$）与下贝氏体（$B_下$）。

共析钢上贝氏体的形成温度为 350~550℃，在光学显微镜下呈黑色羽毛状，如图 6-10 所示。上贝氏体的强度很低，脆性很大，基本上没有实用价值。

共析钢下贝氏体的形成温度为 $Ms \sim 350$℃，在光学显微镜下呈黑色针状或竹叶状，如图 6-11 所示。下贝氏体有较高的强度和硬度，还有良好的塑性和韧性，具有较优良的综合力学性能，是生产中常用的组织。

图 6-10　上贝氏体的显微组织

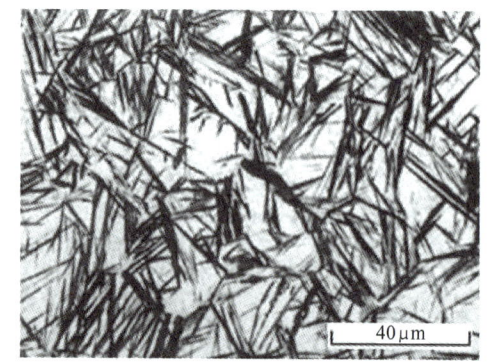
图 6-11　下贝氏体的显微组织

通过调整钢的化学成分或热处理方法获得下贝氏体组织，是钢强韧化的有效途径之一。

三、马氏体转变

1. 马氏体

当以较快的速度将奥氏体过冷到 M_s 以下时，其将转变为马氏体组织，称为马氏体转变。马氏体转变是强化钢铁材料的重要途径之一。

由于马氏体的形成温度较低，过冷度很大，铁、碳原子难以扩散，所以马氏体转变时只发生 $\gamma\text{-Fe} \rightarrow \alpha\text{-Fe}$ 的晶格改组，是一种无扩散型转变。因此，马氏体与过冷奥氏体的碳含量相等。故马氏体是碳在 $\alpha\text{-Fe}$ 中的过饱和固溶体，是单相的亚稳组织。

马氏体为体心正方晶格，由于过饱和的碳原子的溶入，使其晶格常数 $a=b\neq c$，如图 6-12 所示。c/a 称为马氏体的正方度，马氏体中的碳含量越高，其正方度越大，晶格畸变越严重。

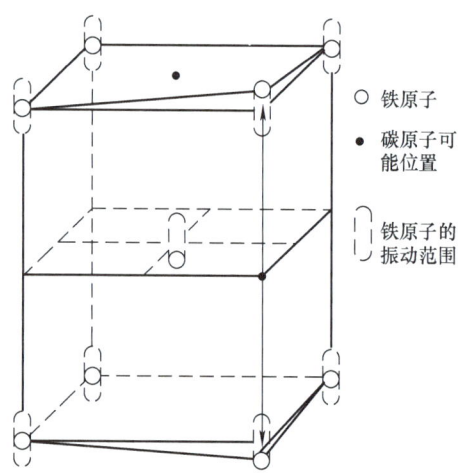
图 6-12　马氏体晶体结构示意图

【资料卡】

马氏体（Martensite）是为纪念德国著名的冶金学家阿道夫·马滕斯 [Adolf Martens (1850—1914)] 而得名的。马滕斯是材料研究及试验的奠基者之一，在德国建立了测试材料科学。他用自制的显微镜观察铁的金相组织，并在 1878 年发表了《铁的显微镜研究》，阐述了金属断口形态及其抛光和酸浸后的金相组织。

2. 马氏体的组织形态

钢中马氏体主要有板条马氏体和片（针）状马氏体两种形态。

（1）板条马氏体　板条马氏体以尺寸大致相同的板条为单元，结合成定向的、平行排列的马氏体束（群），在一个奥氏体晶粒中可以有几个不同取向的马氏体束，如图 6-13 所示。钢中碳的质量分数在 0.25% 以下时，基本上是板条马氏体，也称低碳马氏体。

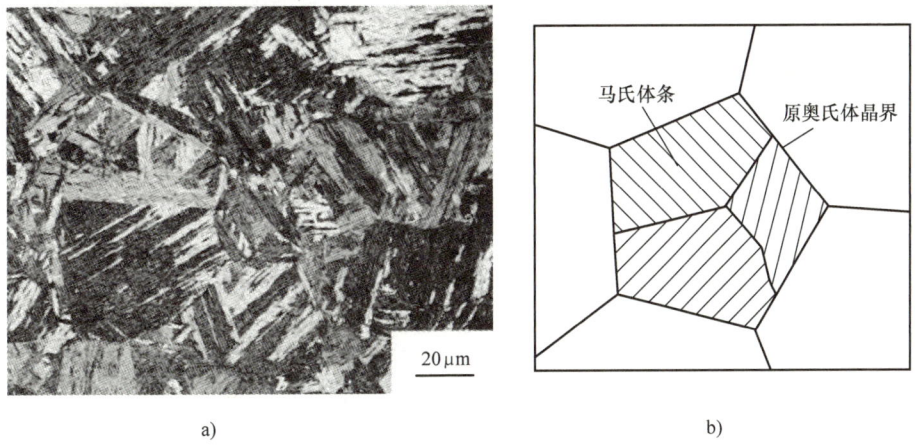

图 6-13　板条马氏体
a）光学显微组织　b）结构示意图

（2）片状马氏体　片状马氏体的立体形状为薄的凸透镜状，在空间中形似铁饼。在金相显微镜下看到的仅是其截面形状，一般是交叉的针状或竹叶状，马氏体针之间形成一定的角度（60°），如图 6-14 所示。当钢中碳的质量分数大于 1.0% 时，大多数是片状马氏体，也称高碳马氏体。

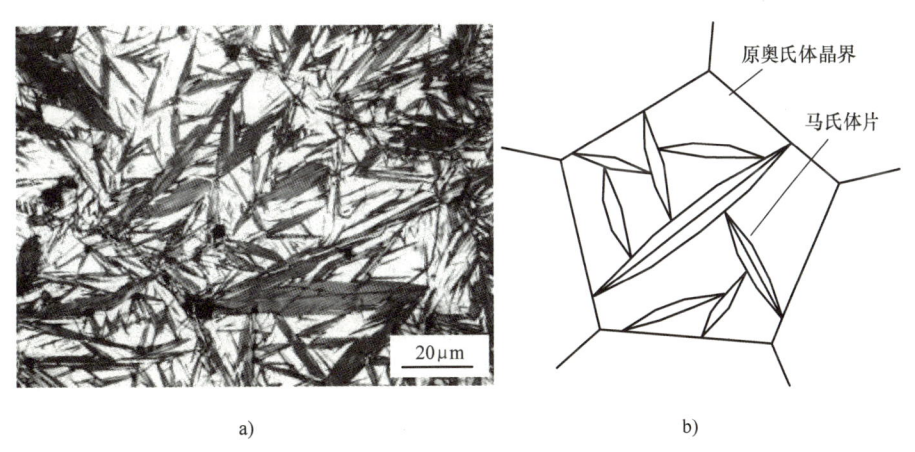

图 6-14　片状马氏体
a）光学显微组织　b）结构示意图

当最大尺寸的马氏体片小到光学显微镜无法分辨时，便称为隐晶马氏体。在生产中正常淬火得到的片状马氏体一般都是隐晶马氏体。图 6-14a 所示的片状马氏体实际上是通过人为提高钢的加热温度，获得较粗大的奥氏体晶粒，然后快速冷却后获得的粗大片状马氏体。

碳的质量分数在 0.25%~1% 范围内时，为板条马氏体和针状马氏体的混合组织，如 45

钢淬火后得到的马氏体组织。

3. 马氏体的性能

马氏体是钢中最硬的组织。马氏体的硬度主要取决于其中碳的质量分数。碳的质量分数越高，马氏体的硬度越高，尤其是碳的质量分数较低时，这种关系非常明显。但当碳的质量分数大于 0.6% 时，其硬度变化逐渐趋于平缓，为 65~67HRC，如图 6-15 所示。

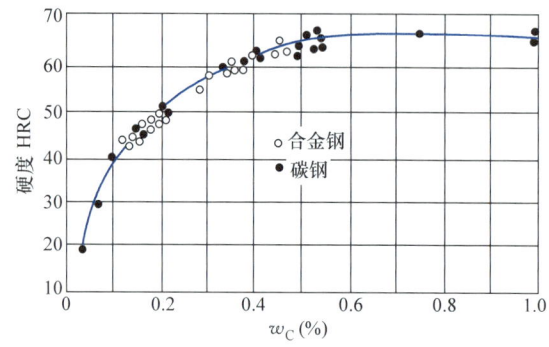

图 6-15　碳的质量分数对马氏体硬度的影响

马氏体硬度提高的原因是过饱和的碳原子使晶格发生畸变，产生了强烈的固溶强化。同时在马氏体中又存在大量的微细孪晶和位错，它们都会提高塑性变形的抗力，从而产生了相变强化。

马氏体的塑性和韧性与其碳的质量分数（或形态）密切相关。高碳马氏体由于过饱和度大、内应力高和存在孪晶结构，所以硬而脆，塑性、韧性极差，但晶粒细化得到的隐晶马氏体却有一定的韧性。而低碳马氏体由于过饱和度小、内应力低和存在位错亚结构，则不仅强度高，塑性、韧性也较好，故近年来在生产中，已日益广泛地采用低碳钢和低碳合金钢进行直接淬火获得低碳板条马氏体的热处理工艺。

【试一试】

我们可以通过吹气球来体会、理解马氏体性能与其碳含量的关系。当吹入气体较少时，气球的硬度低、柔韧性好；随着吹入气体量的增多，气球越来越大，硬度增加，但柔韧性下降。当气体量达到一定值时，气球就会爆裂。

4. 马氏体转变的特点

马氏体转变有以下主要特点。

（1）在不断降温的过程中形成　马氏体转变是在 Ms 点以下不断冷却过程中进行的，其转变的温度区间是 Ms~Mf，一旦降温停止，马氏体转变也很快停止。随着温度下降，过冷奥氏体不断转变为马氏体，是一个连续冷却的转变过程。

（2）高速形成　奥氏体冷却到 Ms 点以下后无孕育期，瞬时转变为马氏体。马氏体转变速度可达 $(1~2) \times 10^5 \mathrm{cm/s}$。因此，马氏体转变量的增加不是靠已经形成的马氏体片的不断长大，而是靠新的马氏体片的不断生成。

（3）不完全性　马氏体转变是不彻底的，总要残留少量奥氏体，这些经冷却后未转变的奥氏体称为残留奥氏体，用 A_R 表示。残留奥氏体的含量主要与 Ms、Mf 的位置有关，Ms、Mf 越低，残留奥氏体的含量越高。对于碳的质量分数小于 0.6% 的非合金钢，残留奥氏体可忽略。但有些高合金钢的残留奥氏体量可达 30% 以上，须予以重视。图 6-16 所示是奥氏体中碳的质量分数对 Ms、A_R 含量的影响，图中还给出了碳的质量分数与板条马氏体含量的关系。

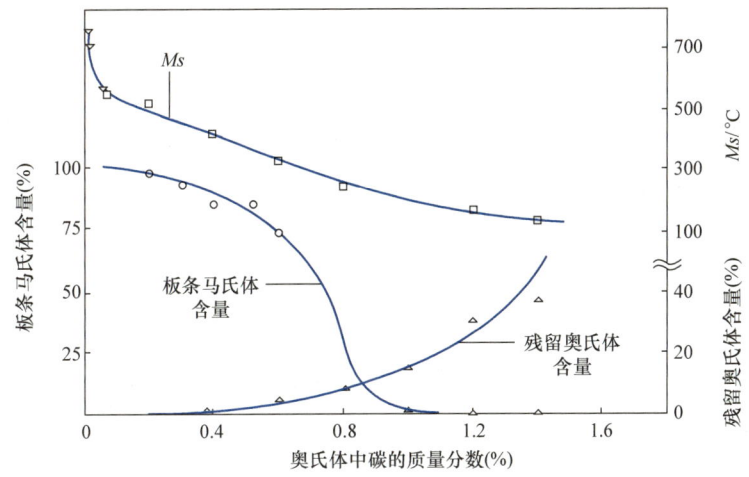

图 6-16　碳的质量分数对 Ms、残留奥氏体量的影响

（4）体积膨胀　在钢的组织中，马氏体的比体积最大，奥氏体的比体积最小。所以，当奥氏体转变为马氏体时，会因工件体积膨胀而产生内应力，这是淬火时容易出现变形和裂纹的原因之一。

四、过冷奥氏体连续冷却转变

在热处理生产中，常采用连续冷却方式，如水冷、油冷、空冷或炉冷。因此，研究过冷奥氏体连续冷却转变规律更具有实际意义。

1. 过冷奥氏体连续冷却转变图

过冷奥氏体连续冷却转变图也是通过试验测定的，通过连续转变冷却曲线可以了解冷却速度与过冷奥氏体转变组织的关系。图 6-17 所示是共析钢的过冷奥氏体连续冷却转变图，也称 CCT（Continuous-Cooling-Transformation Diagram）曲线。

与过冷奥氏体等温转变图（图 6-17 中的虚线）相比，可以发现过冷奥氏体连续冷却转变有以下特点。

1）共析钢连续冷却转变图中只有等温冷却转变图的上半部，而没有下半部，说明共析钢在连续冷却转变时只发生珠光体转变和马氏体转变，而贝氏体转变被强烈抑制。所以，共析钢（和过共析钢）过冷奥氏体在连续冷却转变时得不到贝氏体组织。

必须指出，亚共析钢、大部分合金钢中的奥氏体在连续冷却过程中一般都会发生贝氏体转变。

2）图 6-17 中的 Ps 线为过冷奥氏体转变为珠光体的开始线，Pf 线为珠光体转变终了线，两线之间为转变过渡区。KK' 线为转变的中止线，当冷却曲线碰到此线时，过冷奥氏体将中止向珠光体型组织转变，直到 Ms 点以下，才继续转变为马氏体。

3) 与过冷奥氏体连续冷却转变图"鼻尖"相切的冷却速度称为上临界冷却速度，也称马氏体临界冷却速度，用 v_k 表示。当冷却速度 $v>v_k$ 时，冷却曲线不再与 Ps 线相交，避开了连续冷却转变图的"鼻尖"，全部过冷到 Ms 温度以下发生马氏体转变。由此可见，v_k 是保证获得全部马氏体组织（实际还含有一小部分残留奥氏体）的最小冷却速度。v_k 越小，过冷奥氏体越稳定，因而即使在较慢的冷却速度下也会得到马氏体，这对淬火操作具有十分重要的意义。

v_k' 称为下临界冷却速度，当冷却速度 $v<v_k'$ 时，共析钢连续冷却转变将得到全部珠光体类型组织。

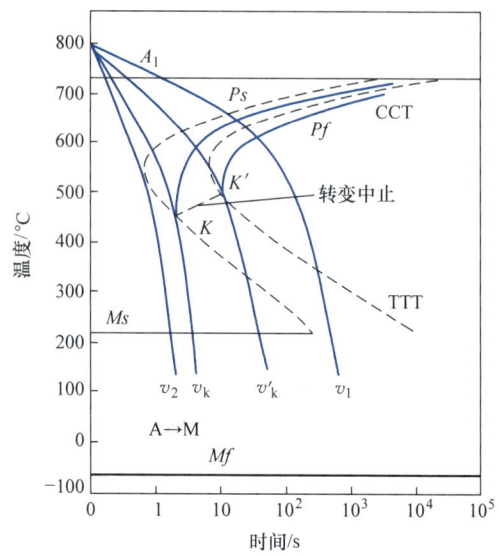

图 6-17　共析钢过冷奥氏体连续冷却转变图

4) 与等温转变图相比，共析钢的连续冷却转变图稍靠右下一点，表明连续冷却时，过冷奥氏体完成珠光体转变的温度较低、时间更长。

2. 过冷奥氏体连续冷却转变图的分析方法

过冷奥氏体等温冷却转变图是连续冷却转变的理论基础，可以将连续冷却看作是由许多时间很短的等温冷却组成的。所以，过冷奥氏体连续冷却转变后不会出现新的组织产物。

图 6-17 中的冷却速度 v_1 相当于空冷，根据其与连续冷却转变图相交的位置，可知过冷奥氏体在索氏体形成温度区间进行转变，故冷却后的组织产物为索氏体。同理，冷却速度 v_2 相当于水冷，避开了连续冷却转变图的"鼻尖"，过冷奥氏体只发生马氏体转变，组织产物为马氏体+少量残留奥氏体。

由于过冷奥氏体的连续冷却转变是在一个温度区间内进行的，在同一冷却速度下，因为转变开始温度高于转变终了温度，先后获得的组织粗细不均匀，有时还可获得混合组织。

3. 过冷奥氏体连续冷却转变图的应用

连续冷却转变图是分析连续冷却过程中奥氏体转变过程及其组织和性能的依据，是实际热处理生产中常用的图表之一。

图 6-18 所示是 Q345 钢的连续冷却转变图。图上标示出了在不同冷却速度下，过冷奥氏体转变产物的组成和性能。当 Q345 钢奥氏体以不同速度连续冷却时，有先共析铁素体的析出（A→F）、珠光体转变（A→P）、贝氏体转变（A→B）及马氏体转变（A→M）等过程。当冷却速度很慢（<0.5℃/s）时，转变产物为铁素体和珠光体（F+P）；当冷却速度为 0.5℃/s 时，开始出现贝氏体（B）；当冷却速度为 0.5~10℃/s 时，转变产物为铁素体、珠光体和贝氏体（F+P+B）；当冷却速度为 15℃/s 时，珠光体基本消失，转变产物为铁素体和贝氏体（F+B）；当冷却速度大于 20℃/s 时，开始发生马氏体转变；直接水冷（速度>75℃/s）时，转变产物主要为马氏体和少量游离铁素体。例如，当冷却速度为 5℃/s 时，连续冷却后的组织为 F+P+B，硬度为 158HV，如图 6-19 所示。

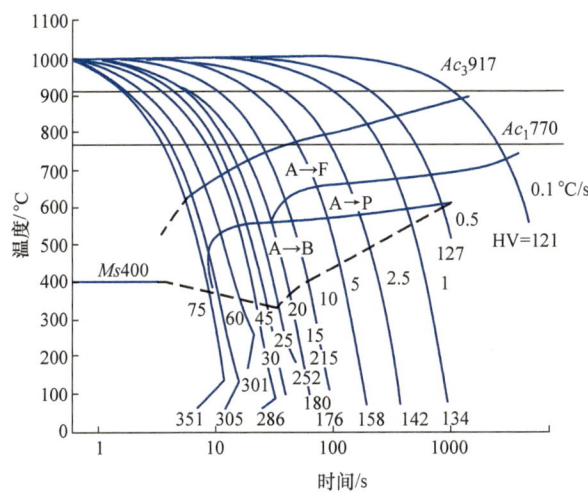

图 6-18　Q345 钢连续冷却转变图　　　　图 6-19　Q345 钢的 F+P+B 组织

因过冷奥氏体连续冷却转变图测定比较困难，有些钢的连续冷却转变图尚未被测出。在生产中，还可应用等温冷却转变图定性、近似地分析过冷奥氏体在连续冷却中的转变。

模块四　退火和正火

【模块导入】

学习了钢在加热和冷却时的组织转变，我们明白了热处理的原理。从本模块开始，将学习热处理工艺——怎样进行热处理。也就是根据热处理原理制订具体的加热温度、保温时间、冷却方式等工艺参数，明确各种热处理方法的工艺特点、操作要领和应用范围。

【学习内容】

机械零件或工模具的制造过程由许多冷、热加工工序组成，如图 6-20 所示。钢的退火和正火常作为预备热处理工序，安排在铸、锻等毛坯生产之后，用于消除缺陷、去除内应力，以改善毛坯的可加工性，并为最终热处理做准备。对于性能要求不高的铸、锻、焊件，退火和正火也可作为最终热处理。

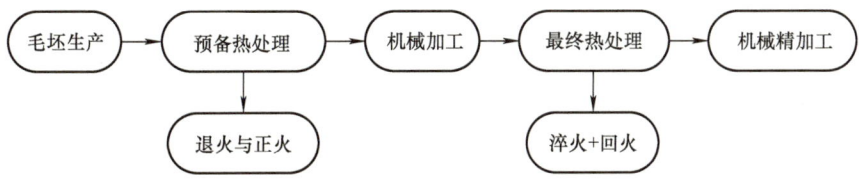

图 6-20　金属工件常见的制造过程

一、退火的特点和作用

退火是将钢加热到 Ac_1 以上或以下的适当温度，保温一定时间，然后缓慢冷却的一种热处理工艺。

退火的主要特点是缓慢冷却，一般采取随炉冷却、埋砂冷却、灰冷等冷却方法，目的是使过冷奥氏体在等温转变图的较上部位进行转变，使金属内部组织达到或接近平衡状态，获得以珠光体（P）为主的组织。亚共析钢的转变组织为 F+P，共析钢、过共析钢的转变组织为球状珠光体。

退火的作用是降低硬度，以利于切削（比较适合的切削硬度为 170~260HBW）；消除内应力，稳定尺寸，防止变形或开裂；细化晶粒；消除偏析，均匀成分和组织。

二、常用的退火工艺方法

退火的种类很多，常用的主要有以下几种类型。

1. 完全退火

完全退火是把钢加热至 Ac_3 以上 30~50℃ 进行完全奥氏体化，保温一定时间后缓慢冷却（随炉冷却或埋入石灰和砂中冷却），以获得接近平衡组织的热处理工艺。

完全退火的目的在于通过完全重结晶，使热加工造成的粗大、不均匀或非平衡的组织细化、均匀化或向平衡组织转变，以降低硬度，改善可加工性。由于冷却速度缓慢，完全退火还可消除内应力。

完全退火一般用于亚共析钢（w_C 0.30%~0.60%）的铸、锻、焊件。w_C<0.30% 的低碳钢不进行完全退火，原因是退火后组织中的铁素体过多，硬度太低，一般在 170HBW 以下，切削时容易"粘刀"；w_C>1.0% 的过共析钢完全退火后易出现网状二次渗碳体，使力学性能降低，也不宜进行完全退火。

有时，高速工具钢、高合金钢等淬火返修前也进行完全退火，消除过热组织后，才能重新进行加热淬火。

2. 球化退火

球化退火是为使钢中碳化物球状化而进行的退火工艺。球化退火的加热温度一般为 Ac_1+20~30℃，保温较长时间以保证渗碳体的自发球化，保温后随炉冷却（<50℃/h）或等温冷却。

球化退火后的显微组织为在铁素体基体上分布着细小均匀的球状渗碳体，称为球化体或粒状珠光体。图 6-21 所示是 T12 钢在 760℃ 保温 4h，随炉冷却至 700℃ 保温 4h，再炉冷至 550℃ 出炉后的显微组织。

球化退火的目的是降低硬度，提高塑性，改善可加工性，并为淬火做组织准备。

球化退火主要用于高碳钢、高碳合金钢工件（如工具、模具、滚动轴承等）及某些

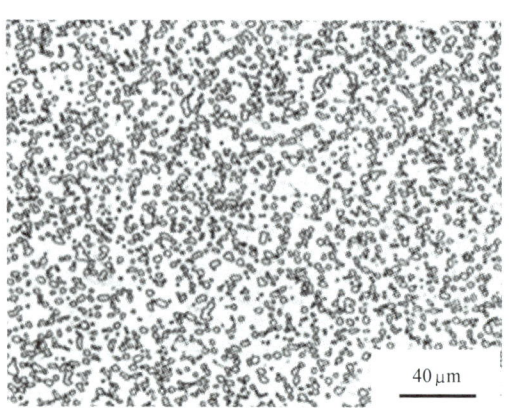

图 6-21 T12 钢球化退火的显微组织

冷挤压成形的低、中碳结构钢件。

对于存在网状二次渗碳体的过共析钢，应在球化退火前进行正火，消除网状渗碳体，以利于球化。

3. 等温退火

等温退火是将钢件加热到高于 Ac_3（或 Ac_1）的适当温度，保温适当时间后，较快地冷却到稍低于 Ar_1 的珠光体转变区的某一温度等温保持，使奥氏体等温转变为珠光体类型组织，然后在空气中冷却的热处理工艺。

等温退火与完全退火、球化退火的目的一致，只是冷却方式发生了重要改进。对某些奥氏体比较稳定的合金钢，采用等温退火可大大缩短退火周期。图 6-22 所示是高速工具钢的等温退火与普通退火的对比。

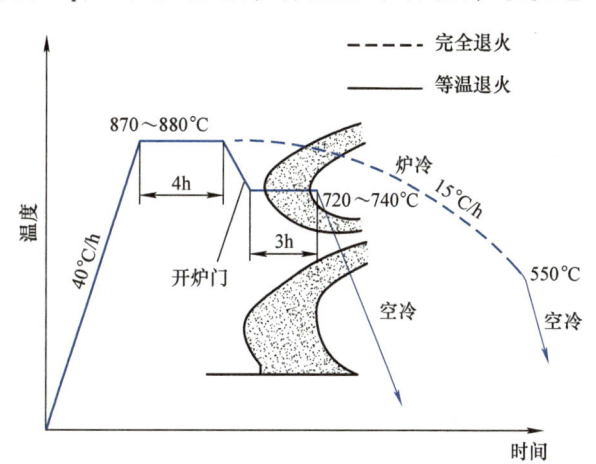

图 6-22　高速工具钢的等温退火与普通退火

4. 去应力退火

一些铸、锻、焊、机加工件和冷变形工件会残存很大的内应力，为了消除残余内应力而进行的退火称为去应力退火。

去应力退火是将钢件加热至低于 A_1 的某一温度（一般为 500~650℃），保温后缓慢冷却至 500℃ 以下出炉空冷。大件、易畸变件应冷却至 200~300℃ 再出炉空冷，以避免产生新的内应力。

对于一些大型结构，由于体积庞大，无法装炉退火，可采用火焰加热或感应加热等局部加热方法，对焊缝及热影响区进行局部去应力退火。

5. 均匀化退火

均匀化退火通常是将钢加热到固相线以下 100~200℃ 后长时间保温，使原子充分扩散，以消除或减少成分偏析及显微组织的不均匀性，一般用于偏析现象较为严重的合金铸件。

均匀化退火的加热温度高、时间长，能耗大，生产成本很高，而且在无保护的条件下，高温下长时间加热，氧化脱碳严重，生产中选用时要慎重。

在均匀化退火后，需补充一次完全退火或正火，以细化晶粒。

三、钢的正火

1. 正火的特点

将钢件加热到 Ac_3 或 Ac_{cm} 以上 50~70℃，保温适当时间后，在自由流通的空气中均匀冷却的热处理称为正火。一些大型工件或在炎热的夏天，也可采用吹风或喷雾冷却。

正火的目的是使钢的组织正常化，也称常化处理。亚共析钢正火后的组织为铁素体+索氏体；当碳的质量分数大于 0.6% 时，钢正火后一般不出现先共析组织，为伪共析的珠光体或索氏体。

【想一想】

对退火中的"退"字,正火中的"正",你是怎样理解的?

2. 正火与退火的区别

正火实质上是退火的一个特例,二者的主要区别在于冷却速度不同。正火的冷却速度比退火稍快,组织较细,且先共析相数量少,珠光体组织数量多,因而强度和硬度也较高,而且正火生产周期短,设备利用率高,工艺操作简单,比较经济。因此,在条件允许的情况下,应尽量选择正火。

3. 魏氏组织

如果正火加热温度过高或保温时间过长,使奥氏体晶粒粗大,同时冷却速度又较快,则亚共析钢中的先共析铁素体或过共析钢中的渗碳体(Fe_3C)将沿奥氏体晶界或在晶粒内部独自呈针状析出,这种组织称为魏氏组织,用符号 W 表示,如图 6-23 所示。

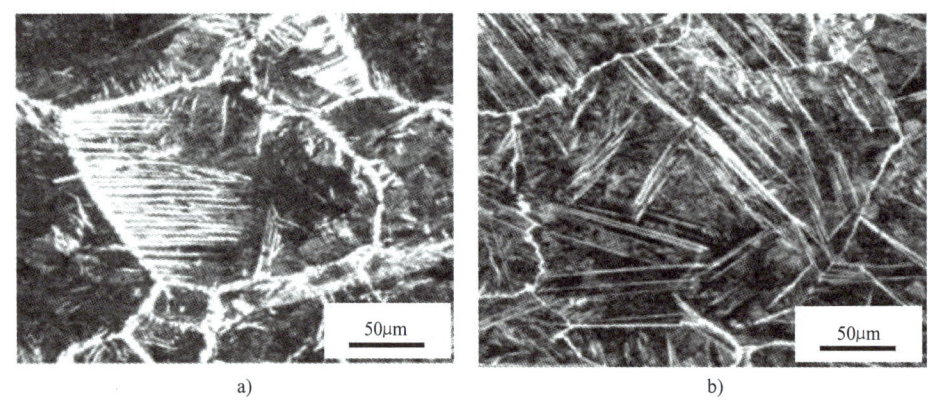

图 6-23 钢中的魏氏组织(200×)
a)亚共析钢中的铁素体魏氏组织 b)过共析钢中的渗碳体魏氏组织

钢在锻造、轧制、焊接时也会出现魏氏组织。一般认为,魏氏组织会降低钢的力学性能,尤其是显著降低钢的塑性和冲击韧性。生产中常采用完全退火或正火消除魏氏组织。

【资料卡】

至此,我们已学习了钢铁中的 10 种显微组织,其中大部分是以著名材料学者的名字命名的,如马氏体。正所谓"奥索托马魏莱贝,都是材料老前辈。铁素珠光渗碳体,组织名称记心里"。

4. 正火的应用

正火主要应用于以下几个方面。

1)正火能提高硬度,改善可加工性,一般用于低碳钢的预备热处理。正如前述,低碳钢不宜采用退火处理,而用正火则可得到量多而细的珠光体组织,提高其硬度,从而改善可加工性。

2)正火可以消除魏氏组织、粗大组织、带状组织、网状组织等。例如,过共析钢在球化退火之前,应先用正火消除网状的 Fe_3C_{II}。某些非合金钢、低合金钢的淬火返修件,也可采用正火消除内应力并细化组织,以防止重新淬火时产生变形或开裂。

3）对于力学性能要求不高的结构钢零件，经正火后所获得的性能即可满足使用要求，可用正火代替淬火+回火作为最终热处理。

图 6-24 所示是常用退火和正火的加热温度和工艺曲线示意图。

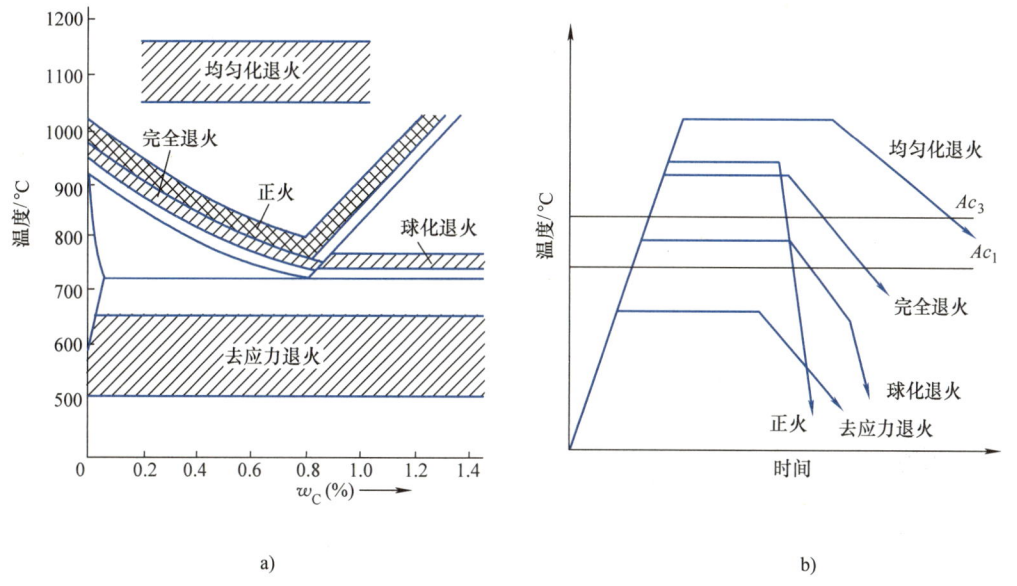

图 6-24　退火和正火的加热温度和工艺曲线示意图
a）加热温度　b）工艺曲线

模块五　钢的淬火[⊖]

【模块导入】

淬火是最常用、最重要的热处理方法之一。1955 年在辽阳三道壕出土的西汉铁剑经金相检验，其内部组织为马氏体（见右图，来源：北京科技大学材料科学与工程学院实验测试中心），表明这种剑实为钢剑且经过了淬火处理，这是西汉以前淬火技术已在我国应用的有力证明。如今，"淬火"还经常被用于文学和影视作品中，如教育年轻人要勇于到艰苦的环境或在急难险重任务中去接受"淬火"，以锻炼自身的意志品质和业务能力。

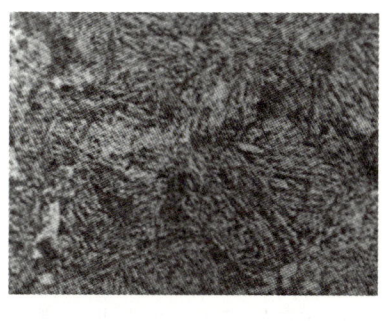

[⊖]　"淬火"一词在行业中通读为"蘸火"，"蘸火"已成为专业口头交流的习惯用词，但文献中又看不到它的存在。也就是说，淬火是标准词，人们不读它；"蘸火"是常用词，人们却不写它。

——编者注

【学习内容】

将钢加热到 Ac_3 或 Ac_1 以上适当温度，保温一定时间后，以大于 v_k 的速度快速冷却，使奥氏体转变为马氏体或下贝氏体的热处理工艺称为淬火。

淬火的目的是获得马氏体或下贝氏体，以提高钢的强度和硬度。因此，淬火强化是钢的主要强化手段，是热处理中应用最广的工艺方法，一般作为最终热处理使用。

一、淬火工艺参数

1. 淬火加热温度

淬火加热温度即钢的奥氏体化温度，是淬火的主要工艺参数之一。选择淬火加热温度的原则是获得均匀细小的奥氏体组织。淬火加热温度主要根据钢的化学成分和相变点来确定，图 6-25 所示是非合金钢的淬火温度范围。

亚共析钢的淬火温度一般为 Ac_3 以上 30~50℃，在此温度范围内可得到细小均匀的奥氏体，淬火后可获得均匀细小的马氏体组织。如果温度过高，会因为奥氏体晶粒粗大而得到粗大的马氏体组织，使钢的力学性能恶化，特别是使塑性和韧性降低；如果淬火温度低于 Ac_3，则淬火组织中会保留未溶铁素体，使钢的硬度下降。

对于共析钢和过共析钢，适宜的淬火温度为 Ac_1+(30~50)℃，此时钢的组织为细小的奥氏体晶粒和未溶解碳化物，淬火后可形成在细小针状马氏体（隐晶马氏体）基体上均匀分布着细颗粒状渗碳体的组织，使淬火钢具有较高的硬度和耐磨性。若采用 Ac_{cm} 以上的温度加

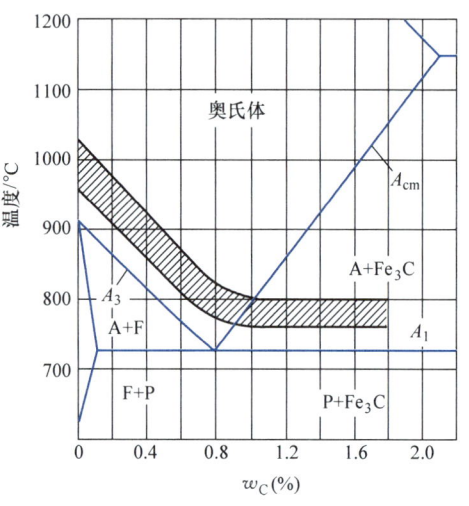

图 6-25　非合金钢的淬火温度范围

热，则必然使奥氏体晶粒长大，渗碳体全部溶解，奥氏体溶碳量增加，所以淬火组织为粗大马氏体和大量的残留奥氏体，这会降低钢的硬度、耐磨性及韧性，同时会使淬火钢的变形、开裂倾向加大。若淬火温度过低，则会得到非马氏体组织，钢的硬度将达不到要求。

对于合金钢，由于合金元素对奥氏体化有延缓作用，加热温度应适当高一些。

2. 淬火保温时间

淬火保温时间是指零件热透及完成奥氏体化过程所需要的时间，它与工件的形状和尺寸、加热介质、装炉方式、加热温度等多种因素有关。因此，要确切计算保温时间是比较复杂的。

目前在生产中，常根据经验公式估算或通过试验确定合理的保温时间，以保证淬火质量。下面的经验公式常被用于确定中、小型工件淬火时的保温时间

$$\tau = \alpha K D$$

式中　τ——保温时间（min）；

α——加热系数，与钢种及加热介质有关，在 0.3~1.8 的范围内选取；

K——装炉排料系数，通常在1.0~2.0的范围内选取；
D——工件有效厚度，指最快传热方向上的厚度，表6-4中所列是常见形状零件的有效厚度。

表6-4 常见形状零件的有效厚度

工件形状	b<a<c	D<h	D>h	$\frac{D-d}{2}$<h	$\frac{D-d}{2}$>h
有效厚度	b	D	h	$\frac{D-d}{2}$	h

例如，直径为φ30mm的45钢工件在箱式电阻炉中进行840℃淬火加热，其保温时间的确定方法为：查阅相关手册可知，α取1.0~1.2，少量工件装炉K取1.0，工件有效厚度为30mm，按经验公式 $\tau = \alpha KD = (1.0~1.2) \times 1.0 \times 30 = 30~36(\min)$。

按上述经验公式算出的保温时间通常较为保守，实际中可根据具体情况适当缩短。

3. 淬火冷却介质

为了得到马氏体组织，淬火冷却速度必须大于上临界冷却速度 v_k，但并非越快越好。冷却速度快必然会产生较大的淬火内应力，往往会引起工件变形或开裂。所以，在得到马氏体组织的前提下，淬火冷却速度应尽量缓和。

根据钢的等温转变图可知，在"鼻尖"温度附近必须快速冷却，以躲开"鼻尖"，保证不产生非马氏体相变；而在 Ms 点以下又应缓冷，以减轻马氏体转变时的相变应力。根据上述要求，理想的淬火冷却曲线应如图6-26所示。但是到目前为止，还找不到完全理想的淬火冷却介质。

实际生产中常用的淬火冷却介质有水、全损耗系统用油、水溶性盐类和碱类、有机物水溶液等，尤其是水和油最为常用。

水是目前应用最广的淬火冷却介质，因为它价廉易得、使用安全、不燃烧、无腐蚀。水在400~650℃范围内冷却速度较大，能保证工件获得马氏体组织，但在300℃以下冷却能力更大，工件易发生变形和开裂，这是

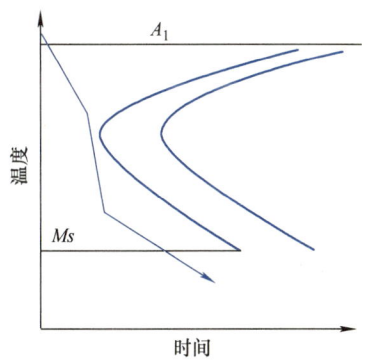

图6-26 理想的淬火冷却曲线

水作为淬火冷却介质的最大缺点。因此，水一般用于形状简单的非合金钢件的淬火。为提高水的冷却能力，可加入少量的盐或碱，如5%~10%的盐水溶液可用于低碳钢的淬火冷却。

各种矿物油也是常用的淬火冷却介质，目前常用的是L-AN15、L-AN32全损耗系统用油。油在200~300℃温度范围内的冷却速度小于水，这可大大减小淬火钢件的变形、开裂倾向，但其在550~650℃"鼻尖"温度范围内的冷却速度比水小得多。因此，油常用作等温转变图靠右的合金钢件的淬火冷却介质。用油淬火的钢件需要清洗，油质易老化，这是油作

为淬火冷却介质的不足。

使用水、油做淬火冷却介质时,有"冷水热油"之说。即水温越低,其冷却能力越强,在生产中常采用循环冷却的方法使水温保持在 15~30℃;而油温升高时,其黏度下降,流动性更好,冷却能力反而提高。但油温过高易着火,因此一般把油温控制在 60~80℃。

近年来出现了一些新型淬火冷却介质,如专用淬火油、高速淬火油、光亮淬火油、真空淬火油、过饱和硝盐水溶液、高分子聚合物水溶液等,它们的冷却特性优于普通水和油,已在生产中获得了广泛应用,如由聚二醇、水和添加剂组成的聚合物水溶液(PAG)。

【想一想】

在冬季用全损耗系统用油进行淬火时,常将一块废钢件放入热处理炉中随工件一起加热。正式淬火前,先将此废钢件投入油中,待油温升高后再进行工件的淬火冷却。请思考其中的道理。

二、常用的淬火方法

选择适当的淬火方法,既可以获得所要求的淬火组织和性能,又可减小淬火应力,防止工件变形和开裂。

1. 单液淬火

单液淬火是将加热至奥氏体状态的工件放入一种淬火冷却介质中一直冷却到室温的淬火方法,如通常采用的非合金钢件淬水、合金钢件淬油。这种方法的优点是操作简单,易实现机械化与自动化,但此法水冷变形大、油冷难淬硬。这种方法适用于形状简单的非合金钢和合金钢工件,其工艺曲线如图 6-27 中的曲线 1 所示。

2. 双液淬火

双液淬火是将加热奥氏体化后的工件先浸入冷却能力强的淬火冷却介质中,以避开等温转变图的"鼻尖",然后在发生马氏体转变前立即转入另一种冷却能力较弱的淬火冷却介质中冷却,使之在较缓慢的冷却速度下发生马氏体转变,如图 6-27 中的曲线 2 所示。常用的双液淬火有水淬-油冷和油淬-空冷。这种方法利用了两种

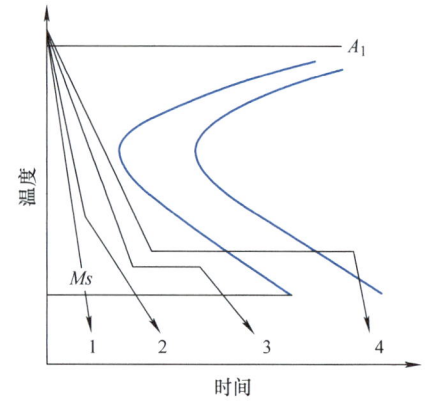

图 6-27 各种淬火方法工艺曲线

介质的优点,克服了单液淬火的不足,获得了接近理想状态的冷却条件,既能保证获得马氏体组织,又减小了淬火内应力,防止了变形和开裂,主要用于形状复杂的高碳工具钢,如丝锥、板牙等。

但是这种方法必须准确掌握钢件由第一种介质转入第二种介质的时机,如果转入过早,则温度尚处于等温转变图"鼻尖"以上温度,取出缓慢冷却时可能发生非马氏体组织转变,从而达不到淬火目的;如果转入过晚,温度已低于 Ms,则已发生了马氏体转变,就失去了双液淬火的作用。在生产中,主要靠经验保证双液淬火的效果。所以,双液淬火的缺点是操作困难,要求技术熟练。

【经验传承】

进行水-油双液淬火时，当工件水冷的"咝咝"声由大变小，并即将停止时立即转入油中冷却为最佳时机。也可根据手握夹具的感觉来判断，当手中夹具的振动感由强开始转弱时立即转入油中。进行油-空双液淬火时，应待油的沸腾减弱，且工件从油中取出时无闪光而只冒青烟，说明冷却时间正好。

  扫描二维码观看钢的淬火和钢的双液淬火视频。

3. 分级淬火

分级淬火是将加热奥氏体化的工件先浸入略高或稍低于 M_s 点的盐浴或碱浴中保持适当时间，使工件表里温度趋于均匀，并在奥氏体发生分解之前取出空冷，以获得马氏体的淬火工艺，如图 6-27 中的曲线 3 所示。这种方法的优点是大大降低了淬火应力，减少或避免了工件的变形和开裂，而且操作较容易。但由于盐浴、碱浴的冷却能力较小，故只适用于形状较复杂、尺寸较小的工件。

4. 贝氏体等温淬火

贝氏体等温淬火是将奥氏体化后的工件快速冷却到下贝氏体转变温度区间等温保持，使奥氏体转变为下贝氏体的淬火工艺，如图 6-27 中的曲线 4 所示。等温的温度和时间由钢的等温转变图确定。

等温淬火得到的下贝氏体组织的强度、硬度较高，韧性比马氏体好；由于淬火内应力很小，能有效地防止工件的变形和开裂。此法的缺点是生产周期较长且需要一定的设备，常用于薄、细而形状复杂，且尺寸要求精确、强韧性要求高的工件，如成形刀具、模具等。

5. 局部淬火

局部淬火是只对钢件需要硬化的局部进行加热淬火的热处理工艺，图 6-28 所示为 T10A 钢卡规的局部淬火。局部淬火法只对钢件局部进行加热淬火，故变形相对较小。

6. 预冷淬火

预冷淬火是先将工件在空气、热水、盐浴中预冷到稍高于 Ar_3 或 Ar_1 的温度，然后进行单液淬火。这种方法可使工件尖角、薄壁处得

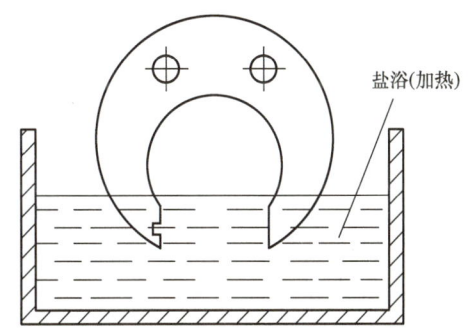

图 6-28 T10A 钢卡规的局部淬火

到预冷，减小热应力，从而降低淬火变形和开裂的倾向，常用于形状复杂、各部位厚薄相差悬殊及要求变形小的零件。预冷时间常由操作者靠技术和经验来掌握。

三、淬火的操作要领

工件放入淬火冷却介质时，一般应做到：设法保证工件淬硬、淬深，尽量减小工件畸变、避免开裂，并安全生产。具体应根据工件情况，参照图 6-29 选择适当的淬入方式。

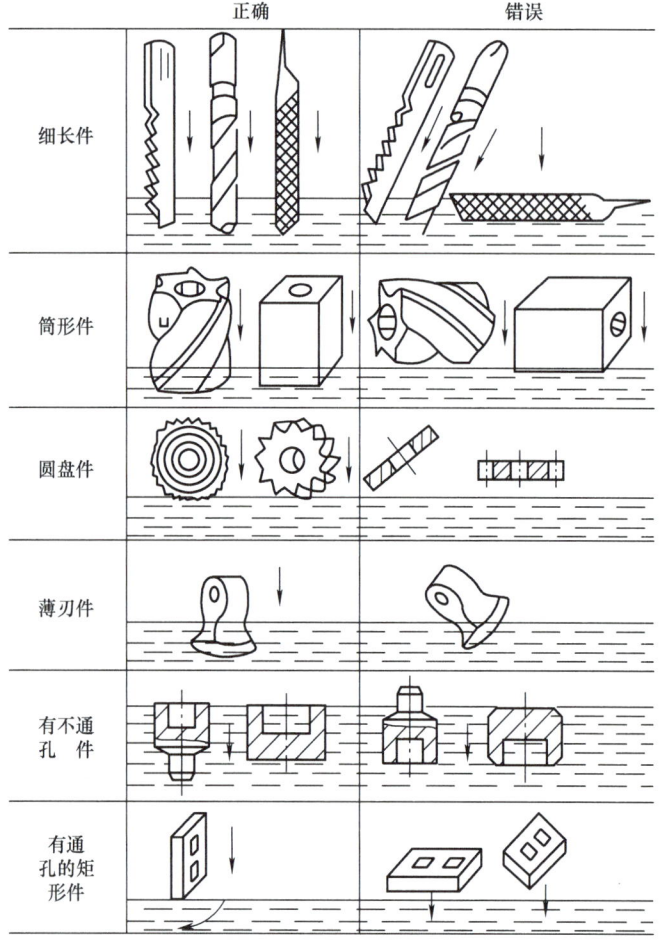

图 6-29　各种工件的正确淬火操作方法

1）轴类、细长工件应垂直浸入介质，并上下运动。

2）套筒类工件应沿轴线方向淬入介质。

3）盘类工件、薄片件应垂直于液面淬入；大型薄片件应快速垂直淬入，速度越快变形越小。

4）两端大小不一的工件，应将大端先淬入。

5）横截面厚薄不一的工件，应先淬入较厚部分（如半圆锉，应半圆面向下，倾斜45°淬入），以使冷却均匀。

6）有不通孔或凹面的工件，应使孔或凹面向上淬入；具有十字形或H形的工件不宜垂直淬入，而应斜着淬入，以利于气泡排出。

7）长方形带通孔的工件（如冲模）应垂直斜向淬入，以利于孔附近的冷却。

8）工件淬入介质后应适当运动，以加速蒸汽膜的破裂，提高工件的冷却速度。一般情况下，冷却速度慢的部分应迎水运动；细长、薄片类工件淬入介质时要快，不要晃动，在介质中应垂直运动而不宜横向摆动，否则易引起变形。

9）截面厚薄差异大的工件，也可对冷却快的部分进行包扎（在加热前用石棉、铁皮等包扎），以使整个截面冷却均匀。

四、钢的淬透性与淬硬性

1. 淬透性的概念

在淬火冷却时,若工件表面和心部的冷却速度都避开了等温转变图的"鼻尖",则表面和心部都转变为马氏体组织,工件被"淬透"。反之,若只有工件表面一定厚度的冷却速度避开了等温转变图的"鼻尖",而心部的冷却速度小于临界冷却速度v_k,则在淬火冷却后只能获得一定厚度的马氏体组织,工件未被"淬透",获得的马氏体层深度也称为淬透深度,如图 6-30 所示。

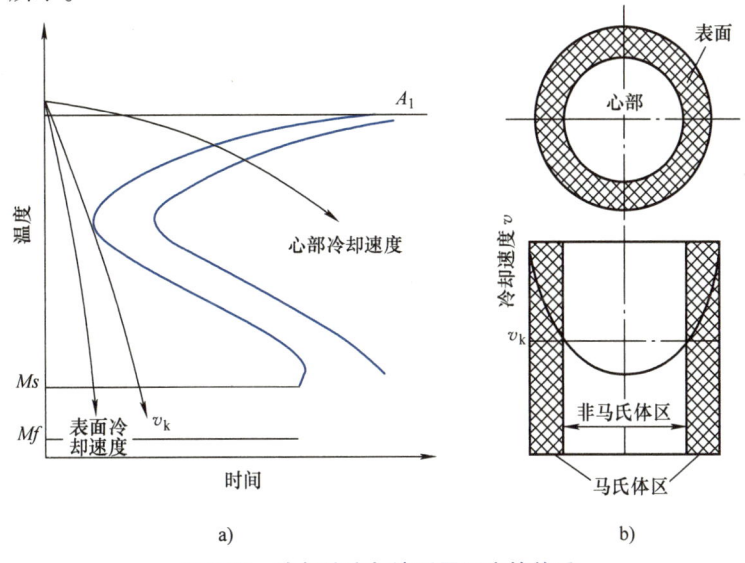

图 6-30 冷却速度与淬透层深度的关系
a)工件表面、心部的冷却速度 b)马氏体层深度

在相同的淬火条件下,不同钢材获得淬透深度的能力也不相同。淬透性是指在规定条件下淬火时,决定钢材淬透深度和硬度分布的特性。即钢淬火时获得马氏体的能力,表示钢接受淬火的能力。

为测量方便,一般采用由工件表面到半马氏体区(马氏体和珠光体类型组织各占 50%)处的距离作为其淬透层深度,并用这个深度作为判定淬透性的标准。

淬透性是钢的固有属性,钢的化学成分和奥氏体化条件是影响其淬透性的基本因素。凡能增加过冷奥氏体稳定性,即使等温转变图右移、减小钢的临界冷却速度v_k的因素,都能提高钢的淬透性;反之,则会降低淬透性。

2. 淬硬性的概念

钢的淬硬性是指钢在理想条件下淬火后所能达到的最高硬度值,即钢在淬火时的硬化能力。淬硬性与淬透性是两个完全不同的概念,影响钢淬硬性的主要因素是钢中碳的质量分数。淬透性好的钢,其淬硬性不一定高,如低碳合金钢的淬透性较高,但其淬硬性并不高;又如,高碳工具钢的淬透性较差,但其淬硬性较高。

3. 淬透性的测定方法

在生产和科研中,常采用末端淬火法或临界直径测定钢材的淬透性。

(1)末端淬火法 末端淬火法又称端淬试验,是将标准尺寸的端淬试样($\phi 25 \text{mm} \times$

100mm）加热奥氏体化后，停留 30min，然后迅速放在端淬试验台上对其一端面进行喷水冷却，然后沿轴线方向测出硬度-距水冷端距离的关系曲线，如图 6-31a 所示。由于试样末端被喷水冷却，故水冷端冷却得最快，越向上冷却得越慢，头部的冷却速度相当于空冷，这样，便可沿试样长度方向获得各种冷却条件下的组织和性能。冷却完毕后，沿试样两侧纵向各磨去 0.4mm，并自水冷端 1.5mm 处开始测定硬度，绘出硬度与至水冷端距离的关系曲线，即所谓端淬曲线或淬透性曲线，如图 6-31b 所示。淬透性曲线越平缓、下降越慢，钢的淬透性越高；反之越低。

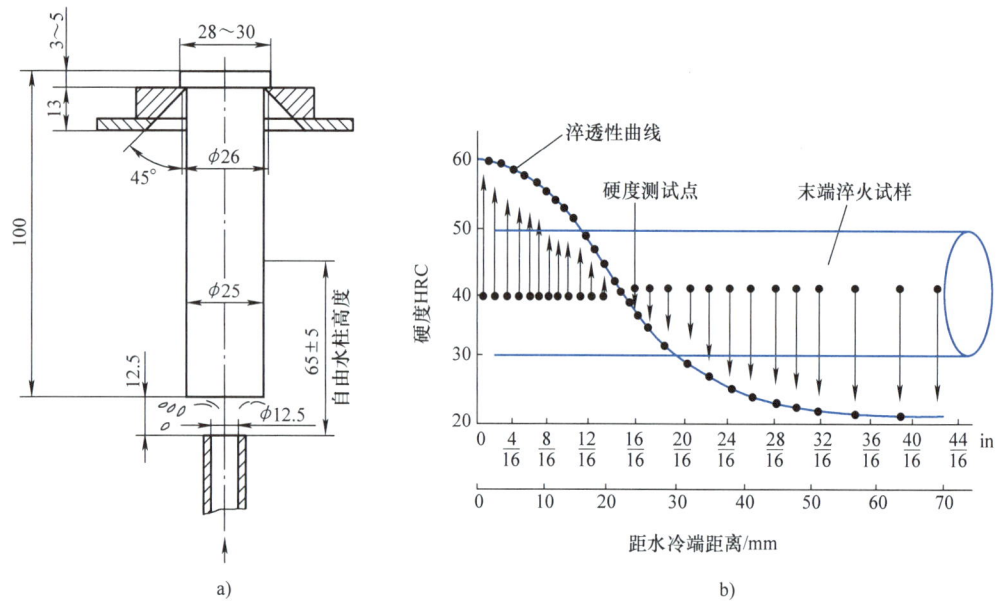

图 6-31 末端淬火试验测定钢的淬透性

a）端淬试验示意图 b）淬透性曲线

 扫描二维码观看钢的末端淬火试验视频。

（2）临界直径　所谓临界直径是指钢在某种介质中淬火后，心部能得到全部马氏体或 50%马氏体组织的最大直径。显然，冷却能力大的介质中比冷却能力小的介质所淬透的直径要大。在同一介质中，钢的临界直径越大，其淬透性越高。表 6-5 所列是几种常用钢的临界直径。

表 6-5 几种常用钢的临界直径

牌　号	临界直径/mm		牌　号	临界直径/mm	
	淬　水	淬　油		淬　水	淬　油
45	13~16.5	5~9.5	35CrMo	36~42	20~28
60	11~17	6~12	60Si2Mn	55~62	32~46
T10	10~15	<8	50CrV	55~62	32~40
20Cr	12~19	6~12	20CrMnTi	22~35	15~24
40Cr	30~38	19~28	30CrMnSi	40~50	32~40

4. 淬透性的应用

淬透性是钢的主要热处理性能，直接影响其热处理后的力学性能。淬透性高的钢，整个截面都被淬透，其力学性能沿截面分布是均匀的；淬透性低的钢，由于未能淬透，其力学性能沿截面分布是不均匀的，越靠近心部，力学性能越差，尤其是韧性相差更明显。因此，在零件选材和制订热处理工艺时，必须考虑钢的淬透性。

1) 对于截面尺寸较大、形状较复杂的重要零件，以及受力较大而要求截面力学性能均匀的零件，应选用高淬透性的钢制造。例如，受拉伸、压缩及冲击载荷的零件，其应力分布是均匀的，因此要求整个截面淬透。

2) 对于受弯曲、扭转载荷的零件，如多数轴类零件，由于应力主要分布于表层，因此淬硬层深度一般为工件半径的 1/3~1/2，不必苛求高淬透性。例如，45 钢在水中淬火的临界直径不到 20mm，但可制造 $\phi 40 \sim \phi 50 mm$ 的车床主轴。

3) 对于焊接结构件，不应选用淬透性较高的钢材。因为淬透性高的钢在焊后空冷时，在焊缝和热影响区（HAZ）容易出现马氏体组织，将诱发焊接冷裂纹。

4) 热处理尺寸效应。工件尺寸越大，其热容量越大，在相同的淬火冷却介质中冷却后的淬透层越浅，力学性能越低。这种随工件尺寸增大而使热处理强化效果减弱的现象称为"尺寸效应"。因此，不能将手册中查到的小尺寸试样的性能数据照搬于实际生产中的大尺寸零件。但是，合金元素质量分数高、淬透性大的钢，尺寸效应则不明显。此外，由于碳钢的淬透性低，在设计大尺寸零件时，有时用正火比淬火—回火更经济，而效果相似。

模块六　钢的回火

【模块导入】

请同学们思考下列问题。
1. 钢淬火后的组织和性能有什么特点？
2. 什么是马氏体？马氏体转变有什么特点？
3. 淬火后的工件能直接使用吗？

【学习内容】

一、回火的目的

淬火后的工件处于不稳定的组织状态（$M+A_R$），性能表现为硬而脆，工件内存在淬火内应力，不能直接使用，否则会有变形或断裂的危险。因此，淬火后的工件必须进行回火，有些工件还要求即时回火。

回火是将淬火后的工件重新加热到 A_1 以下的某一温度，保温后再冷却到室温的一种热处理工艺。为了不致产生新的应力，回火冷却一般采取空冷。

回火目的有三个：一是降低或消除内应力，以防止工件变形和开裂；二是使淬火后的组织由不稳定向稳定状态转变，以稳定工件尺寸；三是调整工件的性能，以满足其使用要求。

二、钢在回火时组织和力学性能的变化

1. 淬火钢回火时的组织转变

虽然回火的加热温度不高，冷却也不剧烈（一般为空冷），但发生的组织转变却非常复杂。总的趋势是：随回火温度升高，马氏体中的过饱和碳逐渐析出，过饱和度不断降低；残留奥氏体不断转变；α相（铁素体）发生多边形化，由原马氏体形态转变为多边形；碳化物聚集并长大。同时，淬火内应力逐渐下降直至消除，如图6-32所示。

钢的回火组织仅取决于回火温度的高低，与冷却方式无关。根据回火温度不同，可以获得回火马氏体、回火托氏体、回火索氏体组织，见表6-6。

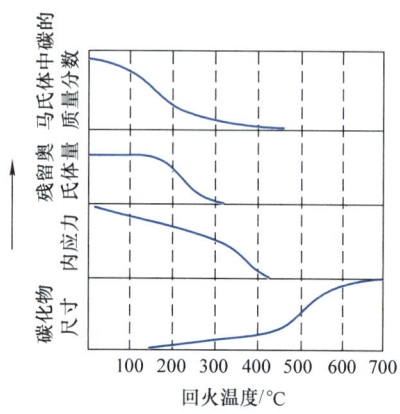

图6-32 淬火钢回火时的组织变化

表6-6 淬火钢在不同温度回火后的组织

回火温度/℃	回火组织	符号	组织特点	性能特点
<250	回火马氏体	M′	过饱和α固溶体和有共格关系的ε碳化物所组成的混合组织	硬度、耐磨性较高，但略低于马氏体，50~62HRC
250~500	回火托氏体	T′	保持马氏体形态的铁素体基体上分布着细粒状Fe_3C	弹性极限最高，韧性好，40~50HRC
500~650	回火索氏体	S′	多边形铁素体基体上分布着颗粒状Fe_3C	综合力学性能较高，200~300HBW

2. 淬火钢回火后力学性能的变化

淬火钢在不同温度下回火的组织不同，因而其力学性能也将有明显的变化。总的规律是，随回火温度升高，钢的强度、硬度下降，塑性、韧性上升。图6-33所示为共析钢的力学性能与回火温度的关系。

（1）硬度　硬度是淬火钢在回火时变化最为明显的力学性能指标，也是确定回火温度的依据。在200℃以下回火时，由于马氏体中大量ε碳化物呈弥散状析出，故钢的硬度下降得不明显。在200~300℃回火时，由于钢中的残留奥氏体转变为回火马氏体，因此会减慢硬度下降的速度。在300℃以上回火时，由于渗碳体析出并长大以及马氏体中碳的质量分数已降至0.1%以下，故钢的硬度直线下降。

（2）强度、塑性及韧性　随回火温度的升

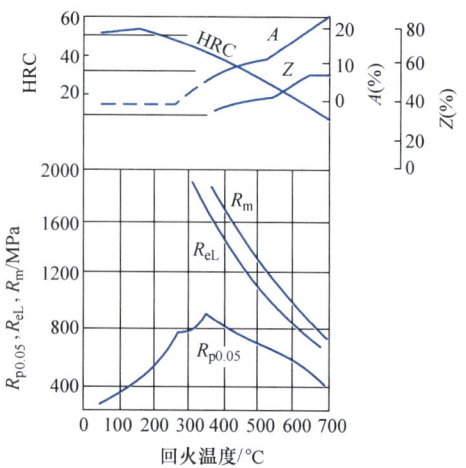

图6-33 共析钢的力学性能与回火温度的关系

高，钢的强度下降，而塑性、韧性上升。由于共析钢中碳的质量分数较高，低温回火后脆性太大，试样在拉伸试验中会发生早期脆断，所以测不出塑性值，如图6-33上部虚线所示。

从图6-33还可以看出，共析钢的弹性极限 $R_{p0.05}$[⊖] 在350℃左右出现峰值。故弹簧类零件多采用350~500℃中温回火以获得高的弹性极限。

三、钢的回火脆性

在某些温度范围内回火时，钢的韧性下降的现象称为回火脆性。回火脆性分为不可逆回火脆性和可逆回火脆性两种。

1. 不可逆回火脆性

淬火钢在250~350℃范围内回火时出现的脆性称为不可逆回火脆性，又称第一类回火脆性，几乎所有的钢都存在这类脆性。目前尚无有效办法完全消除不可逆回火脆性，所以一般都尽量避免在250~350℃这一温度范围内回火。

2. 可逆回火脆性

淬火钢在500~650℃范围内回火时出现的脆性称为可逆回火脆性，又称第二类回火脆性。这种脆性多发生在含Cr、Ni、Si、Mn等合金元素的结构钢中。可逆回火脆性与加热、冷却条件有关，并且是可逆的。回火冷却时，以缓慢的冷却速度通过500~650℃脆化温度区时出现脆性；快速冷却通过时则不出现脆性，如图6-34所示。因此，很多合金结构钢在高温回火时采用水冷或油冷。

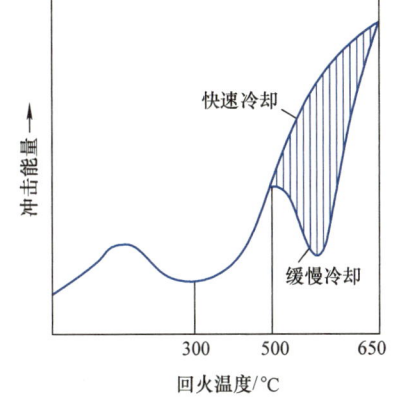

图6-34 可逆回火脆性示意图

四、钢的回火方法

根据回火温度不同，可将回火分为三种。

1. 低温回火

低温回火的温度为150~250℃，回火后的组织为回火马氏体。低温回火主要是为了降低钢的淬火内应力和脆性，而保持淬火后的高硬度（一般为58~64HRC）和耐磨性，常用于处理各种工具、模具、滚动轴承、渗碳淬火件和表面淬火件。

2. 中温回火

中温回火的温度为350~500℃，回火后的组织为回火托氏体。这种组织具有较高的弹性极限和屈服强度，并具有一定的韧性，硬度一般为35~45HRC。中温回火主要用于弹簧和要求具有较高弹性的零件，也可用于某些热作模具。

【想一想】

请看低温回火与中温回火的温度范围，二者之间有100℃的间隔，也就是说，一般不在250~350℃范围内回火，这是为什么？

⊖ GB/T 228.1—2010中取消了弹性极限这一性能指标，与其意义接近的是规定塑性延伸强度 R_p。

——编者注

3. 高温回火

高温回火的温度为 500~600℃，回火后的组织为回火索氏体。这种组织具有良好的综合力学性能，即在保持较高强度的同时，具有良好的塑性和韧性。

习惯上将淬火与高温回火相结合的热处理称为调质处理，简称调质。调质广泛用于各种受力复杂的重要结构零件，如轴、齿轮、连杆、螺栓等，也可作为表面淬火、渗氮等的预备热处理。调质后硬度一般为 210~300HBW。

【资料卡】

回火温度的选择是决定回火后组织与性能的关键因素。生产中可采用下列经验公式确定淬火钢的回火温度。

> 中碳钢回火温度＝(80-要求硬度值 HRC)×10
> 高碳钢回火温度＝(85-要求硬度值 HRC)×10
> 合金钢回火温度＝(90-要求硬度值 HRC)×10

如要求 45 钢回火后硬度为 40~42HRC，则适宜的回火温度为 [80-(40~42)]℃×10＝380~400℃。

技能训练　錾子的淬火和回火

对 T7、T8 钢制錾子进行淬火+余热自回火操作。若没有 T7、T8 钢，也可找一把磨损严重的大螺钉旋具，在砂轮机上磨好刃部，然后进行淬火+余热自回火操作。

设备仪器及材料

盐浴炉、高频感应加热设备（也可用箱式电阻炉或简易煤炉），淬火水槽，淬火钳等。

任务实施

一、初识錾子

錾子是通过凿、刻、旋、削方法加工材料的工具，具有短金属杆，一端有刃，一般可分为平錾、尖錾、油槽錾，如图 6-35 所示。

錾子常用碳素工具钢 T7 或 T8 钢锻造而成，锻造成的錾子要经过淬火、回火处理后才能使用。

二、钢的回火色

磨光的工件表面经回火加热后发生氧化，温度不同，生成的氧化膜厚度不同，从而呈现的颜色也不同，这就是所谓的"回火色"。

非合金钢的回火温度与回火色对照如图 6-36 所示。回火色还与回火时间有关，通常都以 5min 回火为准，因此要在 2~3min 内快速辨认回火色。

钢的热处理 单元六

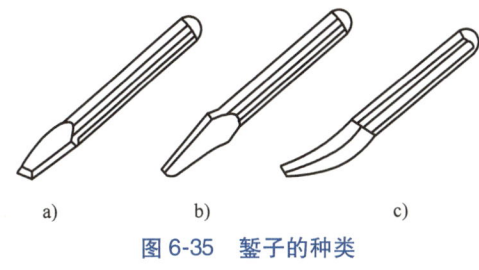

图 6-35 錾子的种类
a) 平錾 b) 尖錾 c) 油槽錾

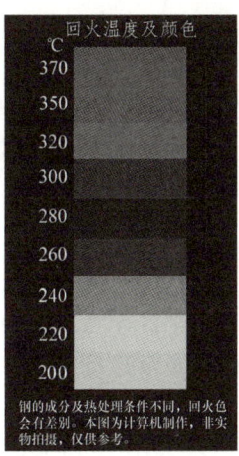

图 6-36 非合金钢的回火
温度与回火色对照

扫描二维码观看非合金钢的回火色彩插。

三、錾子的淬火和回火操作

（1）淬火　用盐浴炉或高频感应加热设备将已磨好的錾子的切削部分约 40mm 长的一段均匀加热到 770~790℃（呈淡樱红色，此时要目测炉温）后，迅速从炉中取出，并垂直地把錾子放入水中冷却，浸入深度为 10~15mm，然后将錾子沿着水面缓缓地移动，由此造成水面波动，加速冷却，提高淬火硬度，并使淬硬与不淬硬部分不致有明显界限，防止在此处断裂，如图 6-37 所示。待冷却到錾子露出水面部分呈暗棕色时，将其由水中取出。

（2）余热自回火　由水中取出錾子后迅速擦去刃口处的氧化皮。由于刃口上部未淬水部分的温度高于刃口温度，故热量向刃口传导，观察刃口部分随温度升高而颜色发生变化的情况。錾子刚出水时刃口呈白色，随后由白色变为黄色，再由黄色变为蓝色。当刃口变成黄色（约 200℃）时，把錾子全

图 6-37 錾子的淬火操作

部浸入水中冷却，这种回火称为"黄火"。如果在刃口变成蓝色（约 300℃）时再把錾子全部浸入水中冷却，这种回火称为"蓝火"。黄火的硬度比蓝火的硬度要高，不易损坏，但黄火的韧性比蓝火差些，所以一般采用两者之间的温度，即"黄蓝火"，这样既能达到较高的硬度又能保持一定的韧性。

扫描二维码观看錾子的淬火余热自回火视频。

模块七 钢的表面热处理

【模块导入】

编者所在学院学生食堂和面机因大齿轮损坏而无法使用,经对损坏的大齿轮进行测绘,委托学院实习厂用 45 钢加工一个新齿轮。要求该齿轮表面硬度为 50~52HRC,心部硬度为 22~25HRC。如采用整体淬火-低温回火,虽然能满足表面要求,但不能满足心部要求;如采用整体淬火-高温回火,则又不能满足表面要求。面对这种"外硬内韧"的性能要求,应该怎么办呢?

【学习内容】

生产中有很多承受交变载荷、冲击载荷并在摩擦条件下工作的零件,如齿轮、凸轮、花键轴等,其表面比心部承受更高的应力,且表面由于受到磨损、腐蚀等而失效较快,须进行表面强化,使零件表面具有较高的硬度、耐磨性、疲劳极限、耐蚀性;而心部仍保持足够的塑性、韧性,防止脆断。对于这些零件,如单从材料的选择入手或进行整体热处理,都不能满足这种"表里不一"的性能要求。解决这一问题的方法是表面热处理或化学热处理,本模块先介绍表面热处理。

表面热处理是指不改变工件的化学成分,仅为改变工件表面的组织和性能而进行的热处理工艺。表面淬火是最常用的表面热处理方式,它是通过快速加热,仅对工件表层进行的淬火。

根据加热方式的不同,表面淬火可分为感应淬火、火焰淬火、接触电阻加热淬火、电解液加热淬火、激光淬火和电子束淬火等。

一、感应淬火

1. 感应淬火的原理

感应淬火是指利用感应电流通过工件所产生的热量,使工件表层、局部或整体加热并快速冷却的淬火工艺,其原理如图 6-38 所示。在用纯铜制成的感应线圈中通以一定频率的交流电时,即在其内部和周围产生交变磁场。若把工件置于磁场中,则会在工件内部产生频率相同、方向相反的感应电流,感应电流在工件内部自成回路,故称"涡流"。由于交流电的趋肤效应,靠近工件表面的电流大,而中心处电流几乎为零。由于工件自身的电阻,工件表面温度快速升高到相变点以上,而心部温度仍在相变点以下。感应加

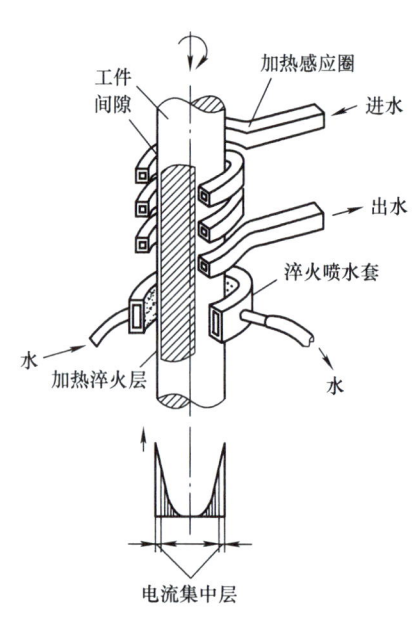

图 6-38 感应淬火原理示意图

热后，随即采用水、乳化液或聚乙烯醇水溶液进行喷射淬火，使工件表面形成马氏体组织，而心部组织保持不变，达到表面淬火的目的。

通过感应线圈的电流频率越高，感应电流的趋肤效应越强烈，故电流透入深度越小，加热层深度越小，淬火后工件淬硬层就越薄。

【资料卡】

生活中有很多利用感应加热的实例，电磁炉就是典型的一例。其工作过程是：由整流电路先将220V、50Hz的交流电变成直流电，再经过控制电路将直流电转换成频率为20k～40kHz的高频交流电，交变电流通过陶瓷面板下方的螺旋状磁感应圈，产生高频交变磁场，磁场内的磁力线穿过铁锅、不锈钢锅等底部时，在其内部产生交变的感应电流（即涡流），令金属锅底迅速发热，达到加热食物的目的。

2. 感应淬火的种类和应用

应根据工件对表面淬火深度的要求选择不同的电流频率和感应加热设备。生产中常用的感应淬火有高频、中频、工频感应淬火，见表6-7。

表6-7 常用感应淬火方法

名　　称	频率/Hz	淬硬深度/mm	适 用 零 件
高频感应淬火	100k～1000k （常用200k～300k）	0.5～2	中小型零件（如小模数齿轮），直径较小的圆柱形零件
中频感应淬火	500～10000 （常用2500、8000）	2～10	中大型零件（如直径较大的轴），中等模数的齿轮
工频感应淬火	50	10～15	大直径钢材的穿透加热和要求淬硬层深的大直径零件（如直径大于300mm的轧辊、火车车轮等）

最适宜感应淬火的钢种是中碳钢和中碳合金钢，如45、40Cr、40MnV等。因为碳的质量分数过高，会增加淬硬层的脆性，降低心部的塑性和韧性，并增加淬火开裂倾向；若碳的质量分数过低，则会降低零件表面淬硬层的硬度和耐磨性。在某些情况下，感应淬火也应用于高碳工具钢、低合金工具钢及铸铁工件等。

感应淬火对工件的原始组织有一定要求。一般钢件应预先进行正火或调质处理，铸铁件的组织应是珠光体基体和细小且均匀分布的石墨。

感应淬火后须进行低温回火，以降低内应力。回火方法有炉中加热回火、感应加热回火和利用工件内部的余热使表面进行自热回火（自回火）。

感应淬火零件的加工路线一般为：锻造毛坯→正火或退火→机械粗加工→调质或正火→机械精加工→感应淬火→180～200℃回火→磨削。

扫描二维码观看钢的感应淬火视频。

3. 感应淬火的特点

与普通淬火相比，感应淬火有以下特点。

（1）加热速度快、时间短　一般只要几秒到几十秒的时间就可使工件达到淬火温度，因此相变温度较高，感应淬火温度要比普通淬火高几十摄氏度。

（2）工件表面性能高　由于加热速度快、时间短，故奥氏体晶粒细小而均匀，淬火后可在表面获得细晶状马氏体或隐晶马氏体，使工件表层硬度较普通淬火的硬度高2~3HRC，可达50~55HRC，且脆性较低；同时因马氏体转变时工件体积膨胀，表层存在残留压应力，能部分抵消在动载荷作用下产生的拉应力，从而提高了疲劳强度。

（3）工艺性能好　感应淬火时工件表面不易氧化和脱碳，而且工件变形也小，淬硬层容易控制；生产率高，适用于大批量生产，容易实现机械化和自动化操作，可置于生产流水线中进行程序自动控制。

但感应加热设备较贵，维修、调整比较困难，用于形状复杂零件淬火的感应器不易制造。

感应加热不仅可用于工件的表面淬火，还可用于金属熔炼、焊接、顶锻等工艺，图6-39所示是一些感应加热的应用实例。

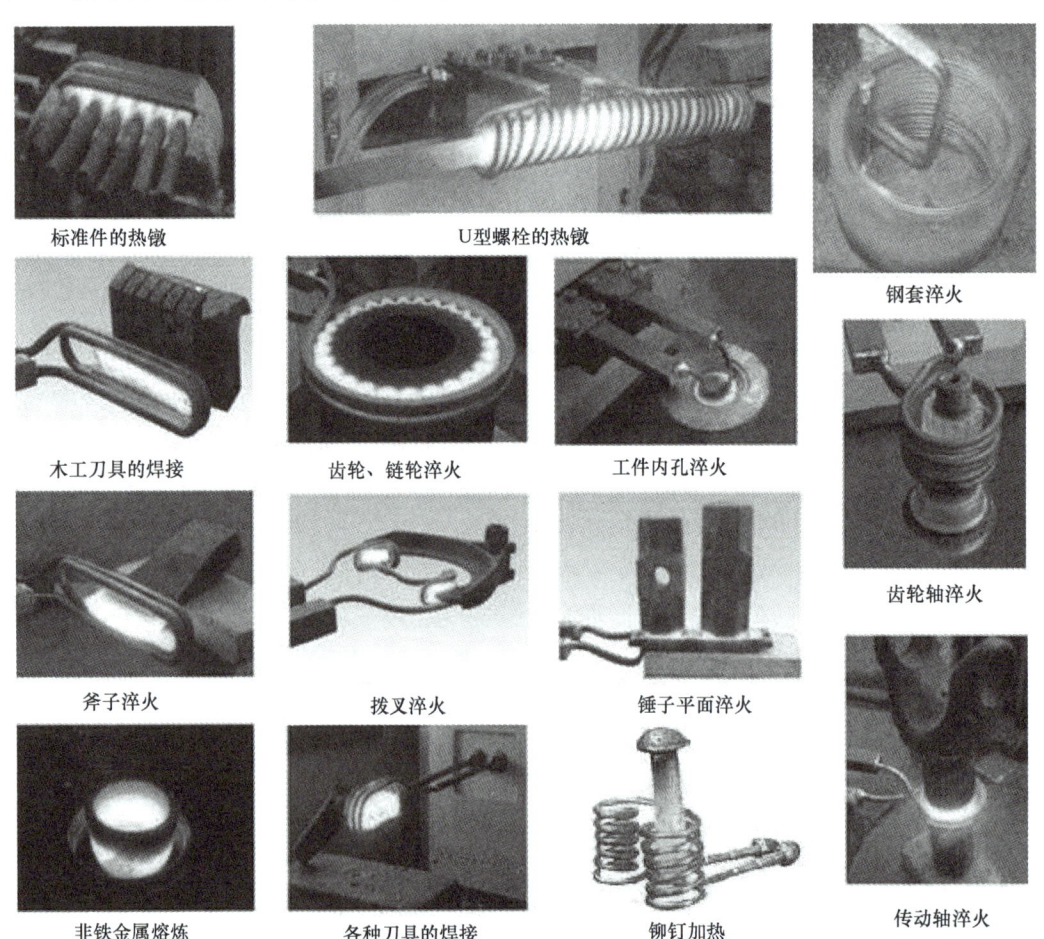

图6-39　感应加热的应用实例

二、火焰淬火

利用氧乙炔（或其他可燃气）火焰使工件表层加热并快速冷却的淬火称为火焰淬火，如图6-40所示。

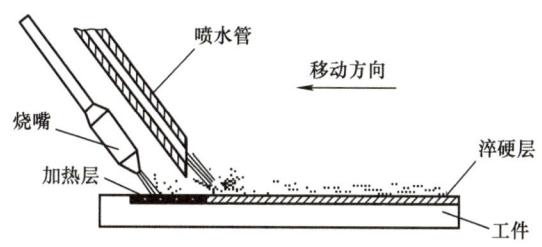

图 6-40　火焰淬火示意图

根据工件淬火表面的形状、大小及对表面淬火的要求，火焰淬火的基本操作方法可归纳为固定加热、移动加热、旋转加热和旋转移动加热四种，如图6-41所示。火焰淬火的淬硬层深度为2~8mm，工件淬火后一般应进行180~200℃低温回火，大型工件可采用火焰回火或自回火。淬火表面在磨削之后应进行第二次回火，以减小内应力。

火焰淬火设备简单、操作方便、灵活性强。单件小批生产或须在户外淬火或运输拆卸不便的巨型零件、淬火面积很大的大型零件、具有立体曲面的淬火零件等，尤其适合采用火焰淬火，因而其在重型机械、冶金、矿山、机车、船舶等工业部门得到了广泛的应用，如大型齿轮、轴、轧辊、导轨等的表面淬火。

火焰淬火容易过热，温度及淬硬层深度的测量和控制较难，因而对操作人员的技术水平要求也较高。

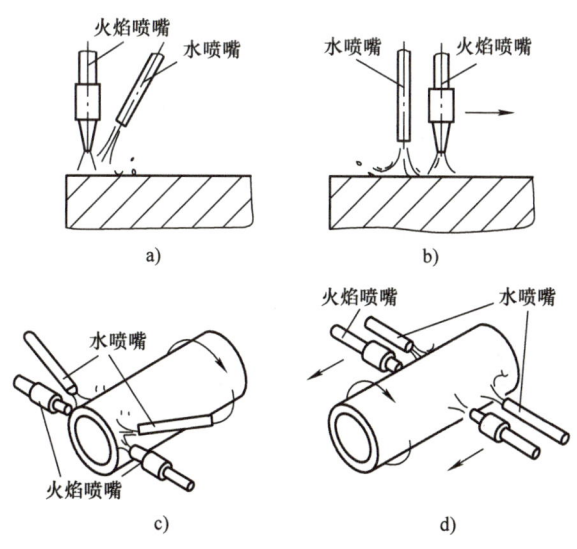

图 6-41　火焰淬火的基本操作方法
a）固定加热　b）移动加热　c）旋转加热　d）旋转移动加热

模块八　钢的化学热处理

【模块导入】

渗碳工艺起源于战国后期所创造的渗碳钢。1968年在河北满城发掘的西汉中山靖王刘胜墓（卒于公元前113年）中，除出土了珍贵文物"金缕玉衣"外，还出土了490件铁制兵器，其中5105号钢剑表面有明显的渗碳层并经淬火，其硬度为900~1170HV，而中心低碳部分的硬度为220~300HV。此剑表面硬度较高，锋利耐磨，而中心则有很好的韧性，不易折断。

【学习内容】

化学热处理是将工件置于适当的活性介质中加热、保温，使一种或几种元素渗入其表层，以改变其表面的化学成分、组织和性能的热处理工艺。和其他热处理方法相比，其特点是不仅有组织的变化，而且工件表层的化学成分也发生了变化。

按渗入的元素不同，化学热处理可分为渗碳、渗氮、碳氮共渗、渗硼、渗金属等。渗入元素介质可以是固体、液体和气体。

一、渗碳

1. 渗碳的目的和应用范围

为提高工件表层的碳含量并获得一定的碳浓度梯度，将工件在渗碳介质中加热和保温，使碳原子渗入钢表层的化学热处理工艺称为渗碳。

渗碳后工件表面碳的质量分数最好在0.8%~1.1%的范围内，渗碳层深度一般为0.5~2.5mm，巧妙地形成了一种"天然复合材料"，表层相当于高碳钢，而心部是低碳钢。图6-42所示是20钢渗碳后缓慢冷却后的显微组织，由表向内依次是过共析组织→共析组织→亚共析组织的过渡层→心部原始组织。

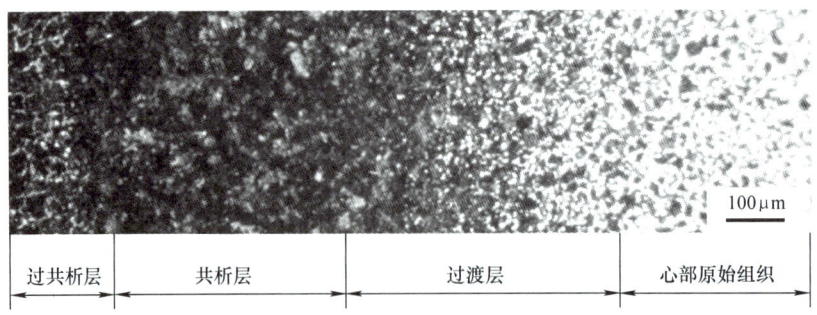

图6-42　20钢渗碳后缓慢冷却后的显微组织

渗碳的目的是提高工件表面的硬度、耐磨性和疲劳极限。适合渗碳的钢一般是碳的质量分数为0.10%~0.25%的低碳钢或低碳合金钢，如20、20Cr、20CrMnTi、20CrMnMo、

18Cr2Ni4W 等。

渗碳主要用于承受较大冲击载荷和表面磨损的零件，如发动机变速器齿轮、活塞销、摩擦片等，经渗碳和淬火、低温回火后，可在零件的表层和心部分别获得高碳和低碳组织，表面具有高的硬度、耐磨性和疲劳极限，而心部具有较高的强度和韧性。

2. 渗碳方法

根据渗碳剂的不同，渗碳方法可分为固体渗碳、液体渗碳和气体渗碳。气体渗碳法的生产率高，渗碳过程容易控制，渗碳层质量好，且易实现机械化与自动化，故应用最广。所以，本书仅介绍气体渗碳法。

滴注法气体渗碳是把工件置于密封的井式气体渗碳炉中，通入渗碳剂，并加热到渗碳温度 900~950℃（常用 930℃），使工件在高温的气氛中渗碳。炉内的渗碳气氛主要由滴入炉内的煤油、丙酮、甲苯及甲醇等有机液体在高温下分解而成，主要由 CO、H_2 和 CH_4 及少量 CO_2、H_2O 等组成，如图 6-43 所示。渗碳时间根据渗碳层深度确定，当温度为 930℃ 时，渗入深度为 0.20~0.25mm/h。实际生产常用检验试棒来确定渗碳时间。

3. 渗碳件的热处理

渗碳只是使工件表层获得了高的碳含量，要使表面达到高的硬度、耐磨性和疲劳极限，渗碳以后必须进行淬火和低温回火。渗碳件的淬火方法主要有直接淬火和一次淬火。

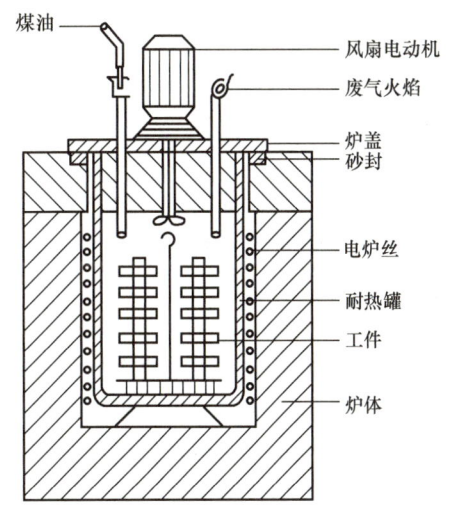

图 6-43 气体渗碳法示意图

渗碳淬火后应进行低温（150~200℃）回火，以消除淬火应力和提高韧性。

钢渗碳淬火+低温回火后表面硬度可达 58~64HRC，耐磨性较好；心部韧性较好，硬度较低，为 30~45HRC。此外，由于表层体积膨胀得大，心部体积膨胀得小，结果是在表层中造成了压应力，从而使零件的疲劳强度有所提高。

渗碳件的加工路线一般为：锻造→正火→粗加工→渗碳→淬火→低温回火→精加工（磨削）→检验。

 扫描二维码观看低碳钢的气体渗碳视频。

【想一想】

我国赫哲族在近代仍用传统方法制作鱼钩。其步骤是：先将铁丝弯制加工成钩，和木炭、火硝一同装入陶罐加热，趁热打碎陶罐，使钩落入水中；再在铁锅中用油和小米翻炒。这样做成的鱼钩具有很好的强度和韧性，可以钓起百斤重的大鱼。请说一说这样做的道理。

二、渗氮

1. 渗氮的目的和应用范围

渗氮也称氮化，是在一定温度下，于一定的介质中使活性氮原子渗入工件表层的化学热处理工艺。渗氮层深度一般为 0.4~0.6mm，硬度可达 1000~1100HV，可极大地提高钢件表面的硬度和耐磨性，并提高疲劳极限和耐蚀性。

常用的氮化钢一般含有 Cr、Mo、Al 等元素，因为这些元素可以形成各种氮化物，如国内外普遍采用的 38CrMoAl。

渗氮件的加工路线一般为：锻造→正火→粗加工→调质→精加工→去应力退火→粗磨→渗氮→精磨或研磨。

渗氮后零件的表面硬度比渗碳的零件还高，耐磨性很好，同时渗层一般承受压应力，疲劳强度高；氮化层还具有一定的耐蚀性；氮化后零件变形很小，通常不再进行切削加工和热处理，最多进行精磨或研磨。渗氮适用于要求精度高、耐磨性好或要求耐热、耐蚀的耐磨件，如发动机气缸、排气阀、精密机床丝杠、镗床主轴、汽轮机阀门、阀杆等。

渗氮的缺点是工艺周期较长（几十小时甚至上百小时），渗层较薄，脆性大，不能承受太大的接触应力。

2. 渗氮方法

目前应用的渗氮方法主要有气体渗氮和离子渗氮，下面仅介绍气体渗氮法。

气体渗氮是在预先已排除了空气的井式炉内进行的。它是把已脱脂净化的工件放在密封的炉内加热，并通入氨气。氨气在 380℃ 以上就能分解出活性氮原子，活性氮原子被钢的表面吸收，形成固溶体和氮化物（AlN），随着渗氮时间的增长，氮原子逐渐往里扩散，而获得一定深度的渗氮层。

渗氮温度一般为 510~520℃，采用二段渗氮工艺时，强渗阶段的渗氮温度为 560℃。渗氮时间取决于所需的渗氮层深度，一般渗氮层深度为 0.4~0.6mm 时，渗氮时间为 40~70h，故气体渗氮的生产周期较长。

渗氮与渗碳的区别见表 6-8。

表 6-8 渗氮与渗碳的区别

工艺	温度/℃	时间/h	渗层厚度/mm	渗层硬度	渗后处理	变形量	适用材料
渗碳	920~950,高	3~9,较短	0.5~2.5,较厚	58~62HRC,较软	淬火+低温回火	大	低碳及低碳合金钢
渗氮	500~600,低	20~70,较长	0.4~0.6,较薄	950~1000HV,较硬	不需要	小	中碳合金钢

三、碳氮共渗

碳氮共渗是在奥氏体状态下，同时将碳、氮渗入工件表层，并以渗碳为主的化学热处理工艺，常用方法为气体碳氮共渗。

碳氮共渗工艺分为高温和中温两种，目前广泛应用的是中温气体碳氮共渗。中温气体碳氮共渗的温度为 820~860℃，向密封的炉内通入煤油、氨气，保温时间主要取决于要求的渗层深度。一般零件的渗层深度为 0.3~0.8mm 时，保温时间为 4~6h。碳氮共渗后表层碳的质量分数为 0.7%~1.0%，氮的质量分数为 0.15%~0.5%。

气体碳氮共渗兼有渗碳和渗氮的优点，与渗碳相比，它具有温度低、时间短、变形小、速度快、生产率高，渗层硬度、耐磨性、疲劳强度较高，又有一定的耐蚀性等优点。与渗氮相比，共渗层的深度比渗氮层深，表面脆性小，抗压强度较好。

由于气体碳氮共渗的渗层深度一般不超过 0.8mm，所以不能用于承受很高压强和要求厚渗层的零件。目前在生产中，气体碳氮共渗常用来处理汽车和机床上的结构零件，如齿轮、蜗杆、轴类零件等。

四、氮碳共渗（软氮化）

在工件表层同时渗入氮和碳，并以渗氮为主的化学热处理工艺称为氮碳共渗。与一般气体氮化相比，其渗层硬度较低，脆性较小，故称为软氮化。

氮碳共渗方法有气体氮碳共渗和液体氮碳共渗两种，生产上多采用气体氮碳共渗。

气体氮碳共渗的温度为（560±10）℃，保温时间一般为 3~4h，因为在该温度与时间下的共渗层硬度最高。共渗后一般采用油冷或水冷，以获得氮在 α-Fe 中的过饱和固溶体，在工件表面形成残留压应力，明显提高疲劳强度。

氮碳共渗层的表面硬度虽比渗氮件稍低，但仍具有较高的硬度、耐磨性和高的疲劳强度，耐蚀性也有明显提高。氮碳共渗的加热温度低、处理时间短、钢件变形小，又不受钢种限制，所以主要用于处理各种工具、模具以及一些轴类零件。

【资料卡】

"十一五"以来，我国热处理行业技术发展迅猛，总的方向是加热节能、工艺精确、冷却可控、排放环保。许多行业和企业基本实现了以真空炉、可控气氛炉、密封式箱式多用炉、网带炉、晶体管感应电源和自动淬火机床为主的热处理设备更新；处于国际领先水平的化学热处理催渗技术得到很好的应用；计算机控制技术在气体渗碳等热处理工艺中得到广泛应用；激光相变强化等新型热处理工艺方兴未艾。热处理设备的更新、热处理工艺的改善，既实现了节能减排，又提升了热处理质量水平。

模块九　热处理的质量控制

【模块导入】

"零件又裂了，你们热处理是怎么干的？你们要负责，要赔偿！"这是热处理人员经常受到的指责。热处理后的质量问题有些是由于热处理工艺不合理或操作不当造成的，但还有一些是由于零件结构设计、选材、材料缺陷、其他冷热加工缺陷等造成的。所以，热处理人员应掌握出现各种热处理质量问题的原因，保证产品质量，并能打赢"质量官司"，以证"清白"。

【学习内容】

热处理时钢件要经历加热和冷却两个相反的热过程，尤其是有些淬火操作的冷却速度很大，非常容易出现一些质量问题，甚至一些其他冷、热加工过程造成的隐性缺陷，也会在热处理中暴露出来。因此，热处理的质量控制具有十分重要的实际意义。

影响热处理质量的因素很多，如材料的化学成分、工件的结构和尺寸、热处理工艺规范以及各种冷、热加工工序在加工路线中的位置等，其中最主要的是热处理工艺因素和工件的结构因素。

一、加热缺陷

1. 欠热、过热和过烧

欠热又称加热不足，是指由于加热温度偏低或保温时间过短，导致奥氏体化不充分、第二相溶解不充分、缺陷组织（偏析、铁素体或魏氏组织、网状碳化物）不能消除的组织缺陷。

过热是指由于加热温度偏高或保温时间过长，使奥氏体晶粒粗大的现象。过热会使钢的力学性能降低，同时工件热处理后变形加大，甚至可能导致热处理开裂而使工件报废。

过烧指的是由于加热温度太高，奥氏体晶界或部分晶界氧化甚至熔化的现象。

造成欠热、过热、过烧的主要原因是热处理工艺不合理或操作失误，也可能是测温控温仪表不准确或失灵造成的。防止欠热、过热或过烧的主要措施是严格控制加热温度和加热时间，定期校正测温仪表。

出现欠热、过热的工件可以通过重新正火或退火来补救，而过烧是无法挽救的缺陷，只能报废。

2. 氧化、脱碳

氧化是指在空气中加热或当加热气氛中含有氧化性气体（如 O_2、CO_2、H_2O 等）时，工件表面形成氧化物的过程。加热温度越高、保温时间越长，氧化现象越严重。

脱碳是指加热时介质与工件中的碳发生反应，使表层碳含量降低的现象。脱碳一般比氧化更容易发生，尤其是碳含量高的钢。图 6-44 所示是某弹簧钢脱碳层的显微组织，箭头所指为完全脱碳层，组织为白色粗大铁素体。脱碳会使钢件表面碳含量下降，导致工件强度下降，特别是工件的疲劳强度下降，耐磨性降低。

为避免发生氧化脱碳，基本原则是避免工件表面与加热介质发生化学作用。防止措施有两类：一类是控制加热介质的成分和性质，如采用真空加热、可控气氛加热、盐浴加热、流态床加热等少氧化、无氧化的加热方法；另一类是对工件进行保护，如在空气介质中加热时，可将工件埋入铸铁屑、木炭中，刷防氧化涂料，或者用不锈钢箔包装密封等。

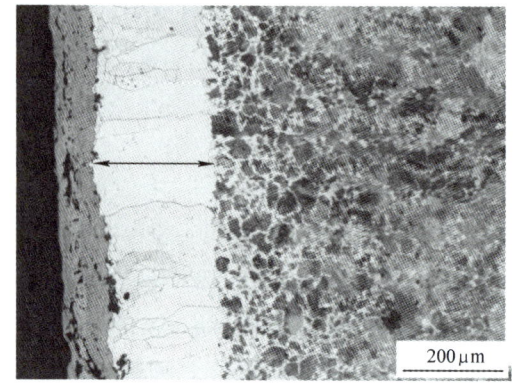

图 6-44 某弹簧钢脱碳层的显微组织

二、淬火缺陷

1. 硬度不足和软点

硬度不足是指淬火后工件较大区域内的硬度未达到技术要求。硬度不足一般是由于淬火加热温度低、表面脱碳、冷却速度不够（发生非马氏体转变）、钢材淬透性低、淬火钢中残留奥氏体过多等原因造成的。

工件淬火后，工件上硬度偏低的局部小区域称为软点。软点一般是由于工件表面有氧化皮及污垢、淬火冷却介质中有杂质、工件在淬火冷却介质中冷却不均匀或原始组织不均匀造成的。

当工件淬火后出现硬度不足和大量软点时，应分析其原因，先经退火或正火后，再重新进行正确的淬火。

2. 变形和开裂

变形和开裂是淬火生产中经常出现的工艺缺陷，也是最棘手的问题。引起变形和开裂的主要原因是淬火应力，包括热应力和组织应力两种。热应力是指钢件在加热和冷却过程中，由于表面和心部的温差引起的工件体积胀缩不均匀所产生的内应力；组织应力是指由于工件快速冷却时表层与心部马氏体转变不同时，以及相变前后相的比体积不同所产生的内应力。

当钢件内的淬火应力超过材料的屈服强度时就会导致变形，超过抗拉强度时便会导致开裂。所以，防止或减小变形与开裂的方法就是控制淬火应力，比较有效的方法有以下几种。

（1）正确选择材料　对于形状复杂、截面尺寸相差悬殊、硬度要求高的工件，最好选用淬透性较高的合金钢，使之能在缓慢冷却的淬火冷却介质中冷却，以减小淬火应力。

（2）合理设计零件形状　设计零件时，尽量做到截面均匀、形状对称，详见本模块"三、热处理零件的结构工艺性"。

（3）合理锻造和进行预备热处理　钢材中往往存在一些冶金缺陷，如疏松、夹杂、偏析、带状组织、碳化物分布不均等，它们极易使工件淬火时发生开裂和无规则变形，故应对钢材进行锻造以改善其组织。锻造毛坯还应通过适当的预备热处理（如正火、退火、调质处理等）来获得满意的组织，以适应机械加工和最终热处理的要求。对于某些形状复杂、精度要求较高的工件，在粗加工与精加工之间或淬火之前，还要进行去应力退火。

（4）合理制订热处理技术要求　在满足性能要求的前提下，应尽量降低硬度要求，或者采用局部和表面淬硬等方法。

（5）采用合适的热处理工艺　正确制订加热温度、加热速度、冷却方式等热处理工艺参数。在保证淬硬的前提下，一般应尽量选择低一些的淬火温度；必要时采取多次预热；冷却时尽量采用冷却速度缓慢的淬火冷却介质；优先采用双液淬火、等温淬火、预冷淬火、分级淬火等。

（6）淬火后及时回火　以消除残余应力，尤其是对形状复杂的高碳合金钢工件更应特别注意。

（7）正确进行热处理操作　对热处理操作中的每一道辅助工序，如堵孔、绑扎、吊挂、装炉以及工件浸入淬火冷却介质的方式和运动方向等都应予以足够的重视，以保证工件获得尽可能均匀的加热和冷却效果，并避免在加热时因自重而引起的变形。

（8）使用压床淬火　一些薄壁圈类零件、薄板零件、形状复杂的凸轮盘和锥齿轮等，在自由状态冷却时很难保证尺寸精度的要求，可采用压床淬火，即将零件置于一些专用的压床模具中，在一定的压力下进行冷却（喷油或喷水），这样可保证零件的变形符合要求。

三、热处理零件的结构工艺性

在进行零件结构设计时，既要考虑适合机构的需要，又要考虑热处理工艺的要求。否则，会因零件结构形状不合理而增大淬火时变形与开裂的倾向，严重时会使零件报废，造成不必要的损失。因此，充分考虑热处理零件的结构工艺性，对于提高热处理工艺的生产率、保证热处理质量和降低生产成本具有重大的意义。

热处理零件的结构工艺性应遵循的原则见表6-9。

表6-9　热处理零件的结构工艺性应遵循的原则

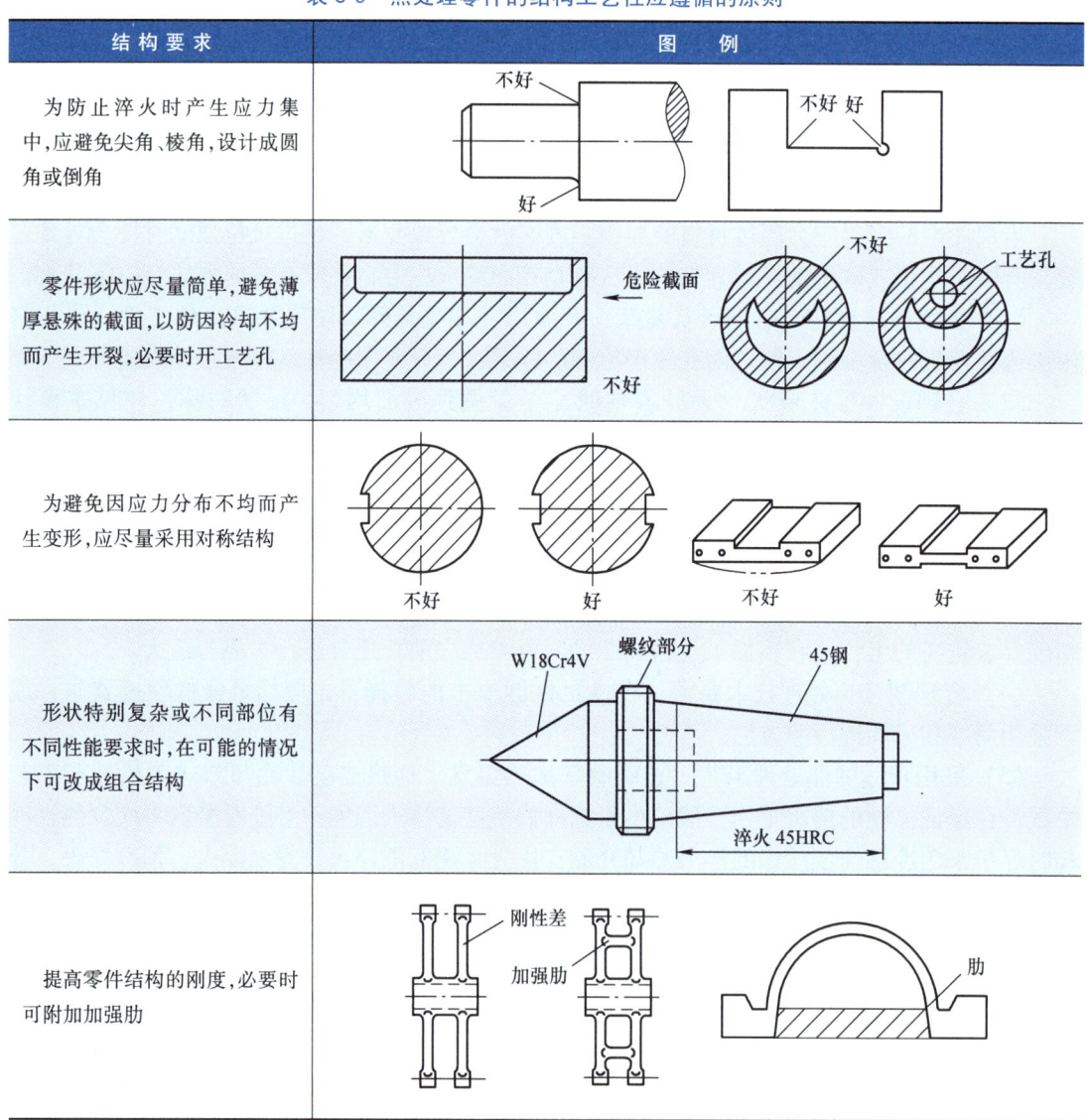

技能训练　钢的热处理

对 20、45、T8 和 T12 钢试样进行退火、正火、淬火、回火的操作，用布氏或洛氏硬度计测定试样的硬度，并分析碳的质量分数、冷却速度、回火温度对热处理后硬度的影响。

设备仪器及试样

设备：箱式实验电炉 6 台，砂轮机 1 台，洛氏硬度计 2 台，布氏硬度计 1 台，淬火水槽和油槽，热处理用夹钳及铁丝等。

试样：20、45、T8、T12 钢试样若干，试样尺寸为 $\phi 20\text{mm} \times 30\text{mm}$。

任务实施

一、任务分工

可分为三个小组，按下列训练目的，每组完成一项任务。

1) 第一组：测定碳的质量分数对淬火钢性能的影响。

分别将 T12 和 T8、45、20 钢的试样在 780℃、840℃ 和 920℃ 的实验电炉中加热，保温 15~20min 后淬入水中，用洛氏硬度计分别测试试样的硬度。

2) 第二组：测定冷却速度对钢热处理性能的影响。

将 45 钢试样加热至 840℃ 保温 15~20min 后，分别进行水冷、油冷、空冷和随炉缓冷（退火试样可由该组同学在第二天取出），用硬度计测试试样热处理后的硬度。

3) 第三组：测定回火温度对淬火钢回火后硬度的影响。

将已淬火的 45、T8 钢试样分别在 200℃、400℃ 和 600℃ 炉温的实验电炉中回火，保温 30min 后出炉空冷，然后用洛氏硬度计分别测试试样的硬度。

二、热处理操作

1) 领取试样，用火花鉴别方法确认试样的碳含量。
2) 通过电炉温控器设定电炉温度，并在电炉达到温度后将试样装入炉中。
3) 待试样保温结束后，取出试样进行相应冷却。在淬火冷却介质中冷却试样时应不断搅动，以保证其冷却充分、均匀。
4) 热处理后的试样应磨去氧化皮后测试硬度值。

三、热处理操作安全须知

1) 操作前，首先要熟悉热处理工艺规程和所要使用的设备。
2) 操作时，必须穿戴好必要的防护用品，如工作服、手套、防护眼镜等。
3) 用电阻炉加热时，工件进炉、出炉应先切断电源，以防触电。不能用手摸出炉后的工件，以防烫伤。
4) 从电阻炉中取放试样时，应按事先排好的顺序进行，以免操作中试样相互碰撞或烫伤人。

5) 使用硬度计时，必须符合试验方法规定的测量硬度范围，以免压头因使用不当而损坏。

四、试验结果

将试验结果填入表 6-10~表 6-12。

表 6-10 碳的质量分数对钢淬火硬度的影响

材 料	加热温度/℃	淬火冷却介质	淬火硬度 HRC			
			1	2	3	平均
20						
45						
T8						
T12						

表 6-11 冷却速度对钢热处理后性能的影响

材 料	加热温度/℃	冷却介质	热处理后硬度 HRC 或 HBW			
			1	2	3	平均
		水				
		油				
		空				
		炉				

表 6-12 回火温度对淬火钢回火后硬度的影响

材 料	淬火硬度 HRC	回火温度/℃	回火后硬度 HRC			
			1	2	3	平均
		200				
		400				
		600				

五、试验结果分析

1) 根据试验结果分析碳的质量分数、冷却速度对钢热处理后硬度的影响。

2) 在图 6-45 中做出 45、T8 钢回火温度与硬度的关系曲线，分析回火温度对硬度的影响。

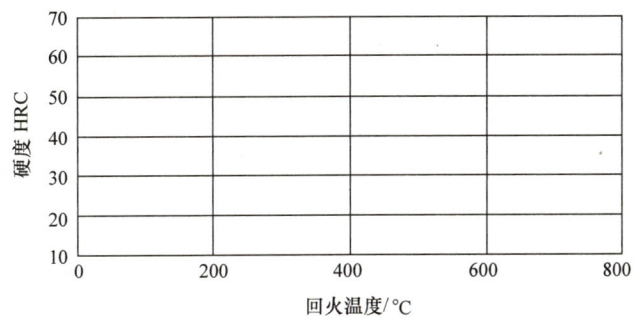

图 6-45　钢的回火温度与硬度的关系曲线

【单元小结】

1. 掌握热处理的实质、目的、分类和应用。
2. 掌握热处理加热的目的、临界温度、加热方法、奥氏体晶粒度的控制方法。
3. 钢的等温转变图是热处理的理论基础，必须牢固掌握。应理清其中各线、区的含义，理解"鼻尖"温度与位置对钢热处理的影响；牢固掌握共析钢等温冷却时的转变产物及其性能，见表 6-13。

表 6-13　共析钢等温冷却时的转变产物及其性能

转变类型	转变温度	转变产物	符　号	组织形态	硬　度
珠光体转变	650℃~A_1	珠光体	P	较粗片状	<25HRC
	600~650℃	索氏体	S	较细片状	25~30HRC
	550~600℃	托氏体	T	极细片状	30~40HRC
贝氏体转变	350~550℃	上贝氏体	$B_上$	黑色羽毛状	40~45HRC
	M_s~350℃	下贝氏体	$B_下$	黑色针叶状	45~55HRC
马氏体转变	<M_s,实为连续冷却转变	板条马氏体	M	板条束	<40HRC
		片(针)状马氏体	M	双凸透镜状	60~65HRC

4. 马氏体转变是热处理冷却转变的重点，应牢固掌握马氏体的定义、形态、性能及转变特点。
5. 钢的连续冷却更加贴近热处理生产实际。共析钢的连续冷却转变图只有"半个C"，说明其不发生贝氏体转变，但应注意，亚共析钢在连续冷却时会发生贝氏体转变。共析钢连续冷却时的转变产物及其性能见表 6-14。

表 6-14　共析钢连续冷却时的转变产物及其性能

冷却方式	转变产物	符　号	硬　度
炉冷	珠光体	P	170~220HBW
空冷	索氏体	S	25~35HRC
油淬	托氏体+马氏体	T+M	45~55HRC
水淬(或>v_k)	马氏体+少量残留奥氏体	M+A_R	55~65HRC

6. 钢的淬火-回火是热处理的重点。应掌握淬火加热温度、保温时间和冷却方式的确定方法；了解常用的淬火方法及其操作要领；掌握回火的目的、回火过程中组织和性能的变化；掌握三种常用回火方法及其应用。

7. 分清淬透性和淬硬性的区别，掌握淬透性的含义、测量方法及其在热处理中的应用。

8. 掌握热处理常见缺陷产生的原因和预防方法，了解零件的热处理结构工艺性。

9. 常用热处理工艺的特点及应用见表6-15。

表6-15 常用热处理工艺的特点及应用

名 称	定 义	目 的		应 用
退火	将钢加热到Ac_3(或Ac_1)以上适当的温度，保温一定时间，然后缓慢冷却	1. 降低硬度，改善可加工性 2. 消除内应力，稳定尺寸 3. 消除偏析，均匀成分		完全退火适用于亚共析钢；球化退火适用于高碳钢
正火	将钢加热到Ac_3(或Ac_{cm})以上30~50℃，保温一定时间，再空冷	1. 提高硬度，改善可加工性 2. 消除缺陷组织，如粗大组织、网状组织、带状组织等 3. 对不重要零件或大件，可作为最终热处理使用		用于低、中碳钢，对于低碳钢常用于代替退火，高碳钢主要用于消除缺陷组织
淬火	将钢加热到Ac_3(或Ac_1)以上30~50℃，保温一定时间，然后在冷却剂(水、油、盐水)中急冷	得到马氏体或下贝氏体组织，然后配合以不同温度的回火，以大幅提高钢的硬度、强度和疲劳强度等		基本无限制
回火	淬火后的钢再加热到A_1以下某一温度，保温，空冷	1. 消除应力 2. 稳定组织 3. 调整性能	低温回火 150~250℃	刃具、量具、模具、滚动轴承、渗碳淬火件和表面淬火件
			中温回火 350~500℃	弹性零件及热锻模具等
			高温回火 500~650℃	广泛应用于承受疲劳载荷的中碳钢重要件，如连杆、主轴、齿轮等
表面淬火	用火焰或高频电流将零件表面迅速加热到临界淬火温度以上，然后急冷，再低温回火	使零件表面获得高硬度，而心部保持良好的综合力学性能		适用于中碳钢或中碳合金钢零件，预备热处理常用调质
渗碳	在渗碳剂中加热到900~950℃，停留一定时间，使碳原子渗入钢件表面，再淬火后低温回火	提高零件的表面硬度、耐磨性和疲劳强度，心部保持良好的塑性和韧性		适用于低碳钢或低碳合金钢零件，预备热处理常用正火

【综合训练】

一、名词解释

过冷奥氏体，残留奥氏体，索氏体，贝氏体，马氏体，退火，正火，淬火，回火，调质，渗碳，淬透性，淬硬性，临界冷却速度，表面淬火，临界直径。

二、填空题

1. 钢的奥氏体标准晶粒度分_____，其中_____称为粗晶粒钢，_____称为细晶粒钢。
2. 下贝氏体是由_____和碳化物组成的机械混合物，在光学显微镜下_____。
3. 过冷奥氏体等温转变图通常呈_____形状，所以又称_____。
4. 常用的淬火方法有_____、_____、_____、_____和_____等。
5. 中温回火主要用于处理_____，回火后得到_____。
6. 为了改善碳素工具钢的可加工性，常用的热处理方法是_____。
7. 20、45、T12 钢正常淬火后，硬度由大到小按顺序排列为_____。
8. 随回火温度升高，淬火钢回火后的强度、硬度_____。
9. T12 钢的正常淬火温度是_____℃，淬火后的组织是_____。
10. 珠光体、索氏体和托氏体的力学性能从大到小排列为_____。
11. 感应淬火时，电流频率越高，加热层深度越_____，淬火后工件淬硬层也就越_____。
12. 调质是_____和_____的复合热处理工艺。
13. 表面淬火最适宜的钢种是_____，其预备热处理一般为_____。
14. 根据渗碳剂的不同，渗碳方法可分为_____、_____、_____三种。
15. 渗碳层的表面碳的质量分数最好在_____范围内，渗碳后采取_____的热处理方法。

三、判断题

1. 实际加热时的相变临界点总是低于相图上的临界点。（　　）
2. A_1 线以下仍未转变的奥氏体称为残留奥氏体。（　　）
3. 珠光体、索氏体、托氏体都是片层状的铁素体和渗碳体的混合物，所以它们的力学性能相同。（　　）
4. 完全退火不适用于低碳钢和高碳钢。（　　）
5. 钢的淬火加热温度都应在单相奥氏体区。（　　）
6. 钢的最高淬火硬度只取决于钢中奥氏体的碳含量。（　　）
7. 钢回火的加热温度在 Ac_1 以下，因此其在回火过程中无组织变化。（　　）
8. 感应淬火时，电流频率越低，淬硬层越浅；电流频率越高，淬硬层越深。（　　）
9. 钢渗氮后，无须淬火即有很高的表面硬度及耐磨性。（　　）
10. 渗碳零件一般需要选择低碳成分的钢。（　　）

四、选择题

1. 热处理加热的目的是获得（　　）。
A. 铁素体　　　　B. 奥氏体　　　　C. 马氏体　　　　D. 珠光体
2. 45 钢的正常淬火组织应为（　　），T12 钢的正常淬火组织应为（　　）。
A. 马氏体　　　　　　　　　　　　B. 马氏体+铁素体
C. 马氏体+渗碳体　　　　　　　　D. 马氏体+托氏体
3. 钢在规定条件下淬火后，获得淬硬层深度的能力称为（　　）。
A. 淬硬性　　　　B. 淬透性　　　　C. 耐磨性

4. 淬火后的钢一般需要进行及时（　　）。

A. 正火　　　　　B. 退火　　　　　C. 回火

5. 化学热处理与其他热处理的主要区别是（　　）。

A. 组织变化　　　B. 加热温度　　　C. 改变表面化学成分

6. 球化退火一般适用于（　　）。

A. 高碳钢　　　　B. 低碳钢　　　　C. 中碳钢

7. 钢在加热时出现过烧现象是指（　　）。

A. 表面氧化

B. 奥氏体晶界发生氧化或熔化

C. 奥氏体晶粒粗大

8. 零件渗碳后一般需经（　　）处理，才能达到表面硬而耐磨的目的。

A. 淬火+低温回火

B. 表面淬火+中温回火

C. 调质

9. 下列钢中不适合表面淬火的是（　　）。

A. 45　　　　B. 08F　　　　C. 65　　　　D. 45Mn

10. 回火工艺参数中，（　　）是决定回火后硬度的主要因素。

A. 回火温度　　　　　　　　B. 回火时间

C. 回火后的冷却速度　　　　D. 回火零件的尺寸

11. 渗氮零件与渗碳零件相比，（　　）。

A. 渗层硬度更高　　B. 渗层更厚　　C. 有更好的冲击性能

12. 用（　　）才能消除高碳钢中存在的较严重的网状碳化物。

A. 球化退火　　　B. 完全退火　　　C. 正火

13. 决定钢淬硬性高低的主要因素是钢的（　　）。

A. 合金元素含量　B. 碳的质量分数　C. 淬火冷却速度

14. （　　）具有较高的强度、硬度和较好的塑性、韧性。

A. 上贝氏体　　B. 下贝氏体　　C. 马氏体　　D. 珠光体

15. 对于过热的工件，可以用（　　）或退火的返修办法来消除。

A. 淬火　　　　　B. 回火　　　　　C. 正火

16. 火焰淬火和感应淬火相比（　　）。

A. 效率更高

B. 淬硬层深度更易掌握

C. 设备简单，操作灵活

五、简答题

1. 什么是钢的热处理？热处理的目的是什么？它有哪些基本类型？

2. 热处理的实质是什么？什么样的材料能进行热处理？

3. 热处理加热的目的是什么？为什么要控制适当的加热温度和保温时间？

4. 简述过冷奥氏体在 $A_1 \sim Ms$ 不同温度下等温时，转变产物的名称和性能。

5. 马氏体有几种形态？马氏体转变有哪些特点？马氏体的硬度主要取决于什么？

6. 退火和正火有什么区别？在实际生产中如何选择？

7. 说明下列零件的淬火及回火温度，并说明回火后获得的组织和硬度。

（1）45 钢小轴（要求有较好的综合力学性能）；

（2）65 钢弹簧；

（3）T12 钢锉刀。

8. 如何选择淬火加热温度？

9. 为什么钢淬火后一般要进行回火？回火的目的是什么？

10. 钳工用的锉刀，材料为 T12，要求硬度为 62~64HRC，试问应采用什么热处理方法？写出工艺参数和热处理后的组织。

11. 理想的淬火冷却介质应具有什么样的冷却特性？

12. 常用的淬火冷却介质有哪些？它们各有什么特点？

13. 钢的淬透性与淬硬性有何区别？

14. 钢的淬透层深度通常是如何规定的？用什么方法测定结构钢的淬透性？

15. 随着回火温度的升高，淬火钢的力学性能将发生怎样的变化？

16. 某 45 钢制齿轮要求整体具有良好的综合力学性能，齿面要求耐磨，其加工工艺路线为：

锻造→预备热处理→切削→最终热处理→磨齿→检验→装配

（1）说明各道热处理工艺的目的。

（2）确定各道热处理工艺的类型及热处理后的组织。

17. 某齿轮采用 20 钢制造，心部要求有较好的塑性和韧性，齿面要求耐磨，试问应采用什么热处理方法？写出工艺参数和热处理后的组织。

18. 由 T12 钢制成的丝锥，硬度要求为 60~64HRC，生产中混入了 45 钢料，如果按 T12 钢进行淬火+低温回火处理，问其中 45 钢制成的丝锥的性能能否达到要求？为什么？

19. 同学们在钳工实习时肯定磨过锤子，这些锤子如果不进行热处理，硬度会较低，使用性能不佳。查阅一下实习笔记或向教师咨询，弄清锤子所用材料的化学成分，制订出其热处理工艺参数，对其进行淬火，并比较一下锤子热处理前后的硬度。

单元七 UNIT 7
金属的塑性变形与再结晶

【学习目标】

知识目标
1. 了解金属塑性变形的方式和机理，掌握金属塑性变形后组织和性能的变化
2. 掌握冷变形后金属在加热时组织和性能的变化
3. 熟悉金属冷、热变形加工的区别

能力目标
1. 能制订金属回复退火、再结晶退火的加热温度
2. 能判断金属材料的冷、热加工状态
3. 能利用塑性变形与再结晶的知识解释生活及生产中的有关技术问题

模块一　金属的塑性变形

【模块导入】

塑性是金属材料的重要特性。金属发生塑性变形之后，不仅宏观形状和尺寸发生了变化，而且其内部的组织和性能也发生了显著变化。因此，塑性变形不仅是金属的成形过程，而且是重要的改性方法。同学们可以回忆一下，强度、塑性这两个力学性能指标是如何定义的？（详见单元一）

【学习内容】

通过冶炼、铸造获得金属材料铸锭后，可通过塑性加工获得具有一定形状、尺寸和力学性能的型材、板材、管材或线材，以及零件毛坯或零件，例如，锻造、轧制、挤压、拉拔等成形工艺，如图7-1所示。那么，从微观上看，金属的塑性变形是怎样产生的呢？

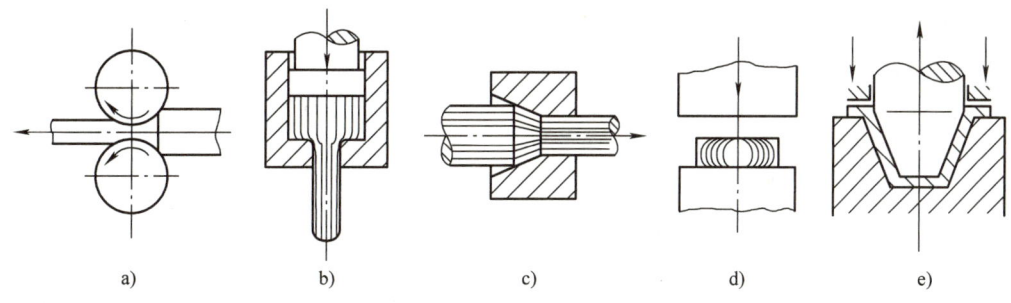

图 7-1 压力加工方法示意图
a）轧制　b）挤压　c）拉拔　d）锻造　e）冲压

一、单晶体的塑性变形

工程中应用的金属材料通常是多晶体，其变形是和其中各个晶粒变形相关的。因此，单晶体的变形是金属变形的基础。

单晶体塑性变形的基本方式主要有滑移和孪生两种，其中又以滑移最为常见。

1. 滑移

滑移是在切应力的作用下，晶体中的一部分沿着一定的晶面和晶向相对另一部分产生移动的现象。发生滑移的晶面和晶向分别称为滑移面和滑移方向，如图 7-2 所示。

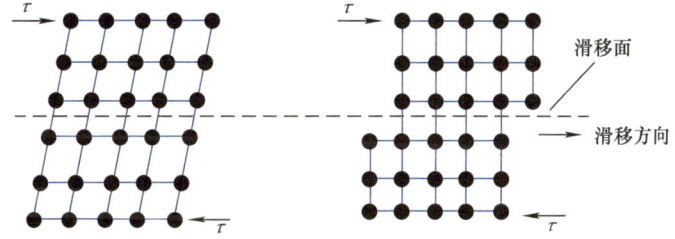

图 7-2 单晶体滑移示意图

滑移时，晶体两部分的相对位移量是原子间距的整数倍，许多晶面滑移的总和就产生了宏观的塑性变形。滑移的结果在晶体表面形成台阶，称为滑移线，若干条滑移线组成一个滑移带。在显微镜下可观察到滑移后的金属晶体表面出现了一些与外力方向成一定角度的细线，这些细线就是滑移带，如图 7-3 所示。每条滑移线所对应的台阶高度称为该滑移面的滑移量（一般约为原子间距的 10^3 倍），两条滑移线之间的部分称为滑移层，其厚度约为原子间距的 10^2 倍，各滑移带之间的距离约为原子间距的 10^4 倍。可见晶体的滑移不是均匀分布的，如图 7-4 所示。

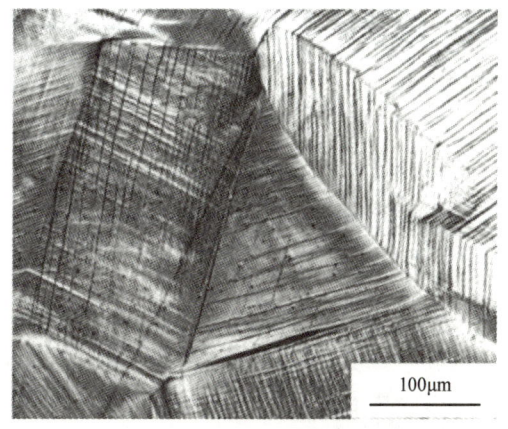

图 7-3 工业纯铜中的滑移带

2. 滑移系

产生滑移时,一个滑移面与其上的一个滑移方向组成一个滑移系。滑移系越多,金属发生滑移的可能性越大,塑性就越好,表 7-1 所列是金属三种常见晶格的滑移系。虽然面心立方晶格与体心立方晶格同样有 12 个滑移系,但由于面心立方晶格每个滑移面上有 3 个滑移方向可以选择,因此其塑性好于体心立方晶格。金、银、铜、铝等面心立方晶格金属都有较好的塑性,可以锻造或轧制成箔,就是这个道理。

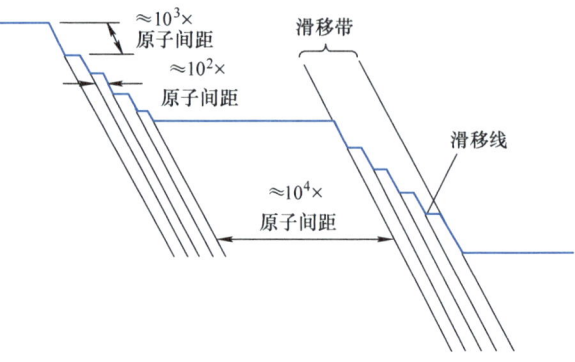

图 7-4 滑移带与滑移线示意图

表 7-1 金属三种常见晶格的滑移系

晶　格	体心立方晶格	面心立方晶格	密排六方晶格
滑移面	6 个	4 个	1 个
每个滑移面上的滑移方向	2 个	3 个	3 个
滑移系	6×2 = 12	4×3 = 12	1×3 = 3

3. 位错与滑移

现代试验证明,滑移并非晶体两部分沿滑移面做整体的刚性滑动,而是通过滑移面上位错的运动来实现的。

当晶体通过位错运动产生滑移时,只有位错中心的少数原子发生移动,而且它们移动的距离远小于一个原子间距,因而所需临界切应力小,这种现象称为位错的易动性。当一个位错移动到晶体表面时,便产生一个原子间距的滑移量,如图 7-5 所示。同一滑移面上若有大量位错移出,则在晶体表面形成一条滑移线。

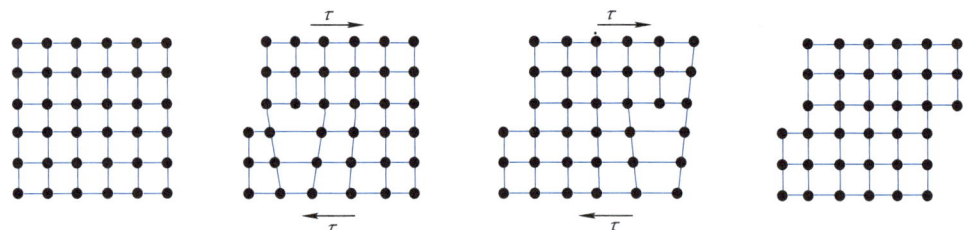

图 7-5 晶体通过位错移动实现滑移的示意图

因此,滑移的产生条件是:晶体中存在一定数量的位错,而且位错能够在外力作用下产生移动。同理,阻碍位错的移动就可以阻碍滑移的进行,从而阻碍金属的塑性变形,提高塑性变形的抗力,使强度提高。金属材料的各种强化方式(固溶强化、加工硬化、晶粒细化、弥散强化、淬火强化)都是以此为理论基础的。

扫描二维码观看晶体的滑移视频。

【材料时空】

位错理论的提出

1926 年，苏联物理学家雅科夫·弗兰克尔发现，按理想完整晶体模型计算的滑移所需的临界切应力比实测值大 2~3 个数量级。1934 年，泰勒、波朗依、奥罗万几乎同时提出了晶体缺陷中的位错模型，认为滑移是通过位错的运动来实现的，解决了上述理论计算与实际测试结果相矛盾的问题。1939 年，柏格斯提出用柏氏矢量表征位错。1947 年，柯垂耳提出溶质原子与位错的交互作用。1950 年，弗兰克和瑞德同时提出位错增殖机制。1956 年，科学家用透射电镜（TEM）直接观察到了晶体中的位错，证明了位错理论的正确性。位错理论的提出，揭示了晶体滑移的本质，对金属材料的塑性变形、强度、断裂等研究领域产生了巨大的推动作用，是金属材料科学发展过程中的里程碑。

二、多晶体的塑性变形

工程中应用的金属材料通常是多晶体，多晶体中每个晶粒变形的基本方式与单晶体相同。由于多晶体材料中各个晶粒位向不同，且存在许多晶界，因此其变形要复杂得多。

1. 非同步性

多晶体中各相邻晶粒位向不同，一些处于有利位向的晶粒先产生滑移，而一些处于不利位向的晶粒后产生滑移，导致塑性变形的非同步性。因此，多晶体变形时晶粒分批、逐步进行滑移，使变形分散在材料各处，如图 7-6 所示。

2. 晶界的影响

在多晶体中，晶界原子排列不规则，当位错运动到晶界附近时，受到晶界的阻碍而堆积起来，称为位错塞积，如图 7-7 所示。若要使变形继续进行，必须增加外力，可见晶界提高了金属的塑性变形抗力。双晶粒试样的拉伸试验表明，试样往往呈竹节状，晶界处较粗，这说明晶界的变形抗力大，变形较小，如图 7-8 所示。

图 7-6 多晶体塑性变形的非同步性

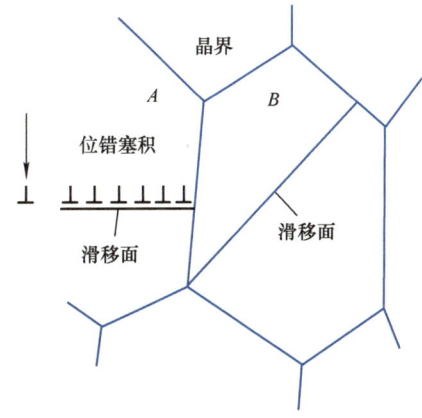

图 7-7 晶界前位错塞积示意图

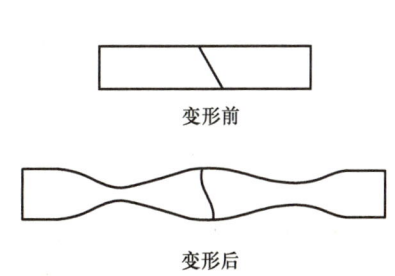

图 7-8 双晶粒试样拉伸时的变形示意图

三、晶粒大小对金属力学性能的影响

由于晶界对位错的移动有阻碍作用，故金属材料的屈服强度、塑性及韧性与晶粒大小有密切关系。

金属的晶粒越细，其强度和硬度越高。原因是金属的晶粒越细，晶界总面积越大，位错障碍越多，需要协调的具有不同位向的晶粒越多，金属塑性变形的抗力越高。多晶体的屈服强度 R_{eL} 与晶粒平均直径 d 的关系可用著名的霍尔-佩奇（Hall-Petch）公式表示

$$R_{eL} = R_0 + K\frac{1}{\sqrt{d}}$$

式中　R_{eL}——金属材料的屈服强度值；

　　　R_0——晶粒内部对变形的抗力，大体相当于单晶体的屈服强度值；

　　　K——反映晶界对变形的影响系数，与晶界结构有关；

　　　d——金属的晶粒直径。

金属的晶粒越细，其塑性越好。这是由于晶粒越细，单位体积内晶粒的数目越多，同时参与变形的晶粒数目也越多，变形越均匀，从而推迟了裂纹的形成和扩展，使得在断裂前发生较大的塑性变形。

金属的晶粒越细，晶界越多，裂纹扩展时穿越的途径越曲折，越不利于裂纹的传播，金属在断裂前吸收的能量越多，因而其韧性也越好。

因此，在工业生产中，通常总是设法获得细小而均匀的晶粒组织，以使材料具有较高的综合力学性能。

模块二　冷塑性变形对金属组织和性能的影响

【模块导入】

取一段 $2.5mm^2$ 的导线，剥去一端的塑料绝缘皮，露出里面的铜线。然后用锤子将铜线的一部分砸扁，感觉一下，被砸扁处铜线的硬度发生了什么变化？

【学习内容】

一、塑性变形对金属性能的影响

1. 加工硬化

金属在冷塑性变形过程中，随着变形程度的增加，强度和硬度提高而塑性和韧性下降的现象称为加工硬化，也称为冷变形强化。图 7-9 所示为工业纯铁的强度和塑性随变形程度增加而变化的情况。

2. 加工硬化的工程意义

加工硬化在生产中具有重要的意义。

首先，它是强化金属，提高金属材料强度、硬度和耐磨性的重要手段之一，特别是对一些不能用热处理强化的金属，如纯金属、奥氏体型不锈钢、某些铜合金、变形铝合金、奥氏体锰钢等，加工硬化更是唯一有效的强化方法。例如，18-8 型奥氏体型不锈钢变形前强度不高（R_{eL} = 196MPa），但经 40% 轧制变形后，其屈服强度提高了 3~4 倍（R_{eL} = 784~980MPa），抗拉强度也提高了一倍。另外，冶金厂出厂的"硬"或"半硬"等状态的某些金属材料，就是经过冷轧或冷拉等方法产生加工硬化的产品。

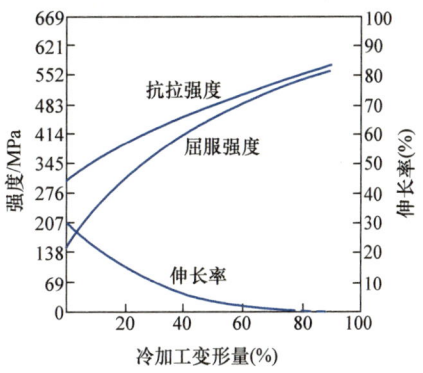

图 7-9 工业纯铁的加工硬化

其次，加工硬化是利用塑性变形方法使工件成形的保证。由于加工硬化的存在，可使先变形部位的金属发生硬化而停止变形，而未变形部位的金属随之开始变形，使塑性变形均匀地分布于整个工件中，从而获得壁厚均匀的制品，而不至于使变形集中在某些局部而导致最终断裂。因此，没有加工硬化，金属就不会发生均匀的塑性变形。

此外，加工硬化还可以在一定程度上提高构件在使用过程中的安全性。构件在使用过程中，往往不可避免地在某些部位（如孔、键槽、螺纹、截面过渡处）出现应力集中和过载现象。在这种情况下，金属的加工硬化使局部过载部位在产生少量塑性变形之后提高了屈服强度并与所承受的应力达到平衡，变形就不会继续发展，从而在一定程度上提高了构件的安全性。

加工硬化也有不利的一面。由于加工硬化后金属的塑性和韧性降低，给进一步变形带来了困难，甚至会导致开裂。为了使金属材料能继续变形，必须进行中间热处理来消除加工硬化现象，这就增加了生产成本，降低了生产率。

塑性变形还可影响金属的某些物理性能、化学性能。如使金属的电阻增大、化学活性增加、电极电位提高、耐蚀性降低等。

【试一试】

当缺少专业工具时，可以通过反复弯折来弄断较细的铁丝。如铁丝较粗，则可先用坚硬的物体（如石头等）将铁丝的一处砸扁，然后再弯折，就比较容易折断了。同学们可体验一下铁丝弯折处的温度有什么变化。

二、冷塑性变形对金属组织的影响

1. 形成纤维组织

经塑性变形后，金属材料的显微组织发生了明显的改变。除了每个晶粒内部都出现大量的滑移带外，其形状也发生了明显的改变，通常是晶粒沿变形方向被压扁或拉长，原来的等轴晶粒将逐渐变成细条状，且变形量越大，晶粒伸长的程度越显著。当变形量很大时，晶界变得模糊不清，晶粒已难以分辨，而呈现出一片纤维状的条纹，称为纤维组织，如图 7-10

所示。当金属中有夹杂物存在时，塑性杂质沿变形方向也被拉长为细条状，脆性杂质破碎，沿变形方向呈链状分布。

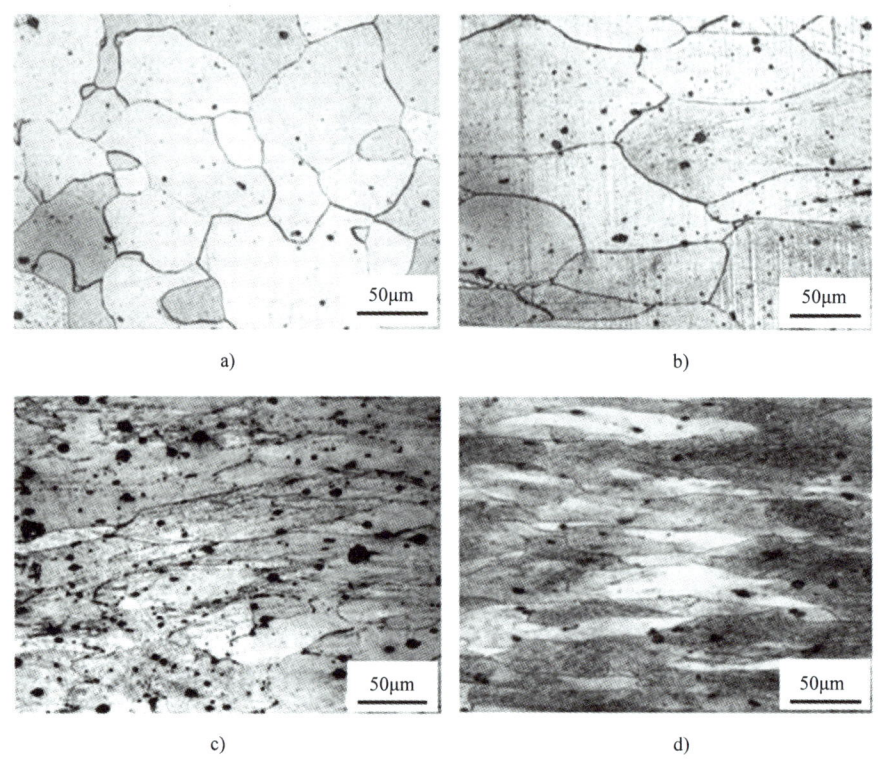

图 7-10　工业纯铁不同变形度时的显微组织（200×）

a）未变形　b）变形度为20%　c）变形度为40%　d）变形度为80%

由于纤维组织的存在，使变形金属的横向（垂直于伸长方向）力学性能低于纵向（沿纤维的方向）力学性能，这样就使变形金属的力学性能有明显的各向异性。

2. 产生形变织构

多晶体的金属由许多排列不规则的晶粒组成。在塑性变形过程中，当达到一定的变形度（70%以上）以后，由于在各晶粒内晶格取向发生了转动，使各晶粒的位向趋近于一致，形成了特殊的择优取向，这种有序化的结构称为形变织构。形变织构一般分两种：一种是各晶粒的一定晶向平行于拉拔方向，称为丝织构，如图 7-11a 所示；另一种是各晶粒的一定晶面和晶向平行于轧制方向，称为板织构，如图 7-11b 所示。

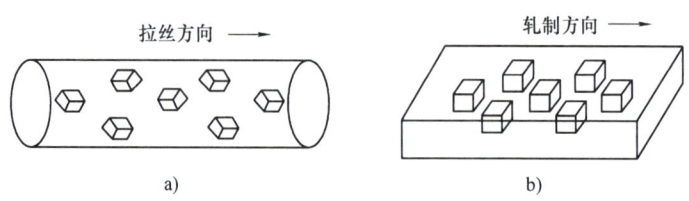

图 7-11　形变织构示意图

a）丝织构　b）板织构

织构的存在会使材料产生严重的各向异性。由于各方向上的塑性、强度不同，会导致非均匀变形，使筒形零件的边缘出现严重不齐的现象，称为"制耳"，如图7-12所示。有制耳零件的质量是不合格的。

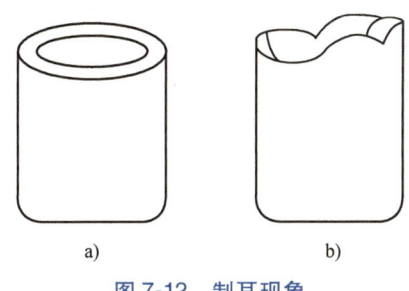

图7-12 制耳现象
a) 无织构　b) 有织构

织构也有可利用的一面。变压器所用的硅钢片就利用织构带来的各向异性，使变压器铁心增加磁导率、降低磁滞损耗，从而提高变压器的效率。

三、残余应力

由于金属在发生塑性变形时，内部变形不均匀，导致在金属内部产生了残余应力。残余应力根据其作用范围分为宏观残余应力、微观残余应力和晶格畸变应力三类。金属塑性变形后的残余应力可以通过去应力退火来消除。

1. 宏观残余应力

宏观残余应力又称第一类内应力，是由于工件不同部分的宏观变形不均匀引起的，故其应力平衡范围包括整个工件。通常宏观残余应力只占整个残余应力的一小部分（约占总残余应力的0.1%），几乎各种机械制造工艺都会由于不均匀的变形而引起残余应力。

当宏观残余应力与工作应力相互叠加时，会使零件的使用性能下降。但在生产中也常有意控制残余应力的分布，使其与工作应力方向相反，以提高工件的力学性能。如齿轮、弹簧等零件表面通过喷丸处理可产生较大的残余压应力，从而提高其疲劳强度。

2. 微观残余应力

微观残余应力又称第二类内应力，是由于晶粒或亚晶粒之间的变形不均匀产生的，通常占总残余应力的1%~2%，其作用范围与晶粒尺寸相当，即在晶粒或亚晶粒之间保持平衡。微观残余应力占总残余应力的比例虽不大，但有时可达到很大的数值，甚至可能造成显微裂纹并导致工件破裂。同时，它又使晶体处于高能量状态，导致金属易与周围介质发生化学反应而降低了其耐蚀性。因此，微观残余应力是金属产生应力腐蚀的重要原因。

3. 晶格畸变应力

晶格畸变应力又称第三类内应力，是由于金属在塑性变形后位错及空位等晶体缺陷增多，使晶体中一部分原子偏离其平衡位置而造成晶格畸变所引起的。它平衡于晶格畸变处的多个原子之间，其作用范围是几十至几百纳米，通常占总残余应力的90%以上。

晶格畸变应力维持着晶格畸变，除使变形金属材料的强度得到提高外，还提高了变形晶体的能量，使之处于热力学不稳定状态，有重新恢复到能量最低的稳定状态的趋势，导致塑性变形金属在加热时发生回复及再结晶过程。

模块三　冷塑性变形金属在加热时的变化

【模块导入】

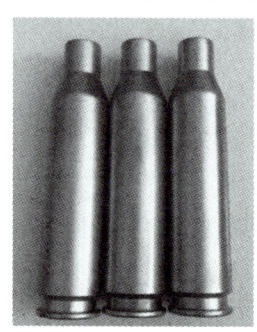

20世纪初，英军在印度储存的黄铜弹壳每当雨季就频繁产生大量裂纹，当时称之为季裂。经研究表明，经冲压成形后弹壳内存在残余应力，潮湿大气中所含的微量氨和雨季的水汽在弹壳表面冷凝成氨水溶液层，黄铜弹壳在氨水溶液和残余应力的共同作用下产生应力腐蚀破坏。那么，应该怎样消除黄铜弹壳的季裂现象呢？

【学习内容】

金属经塑性变形后，其组织结构和性能发生了很大的变化，组织处于不稳定状态，具有自发恢复到稳定状态的趋势。但是在室温下，金属原子动能太小，扩散速度太慢，这种趋势无法实现。如果将金属加热，使其温度升高，这时原子的动能增大，扩散能力增强，就会产生一系列组织与性能的变化。这种变化分为三个阶段，即回复、再结晶和晶粒长大，如图7-13所示。

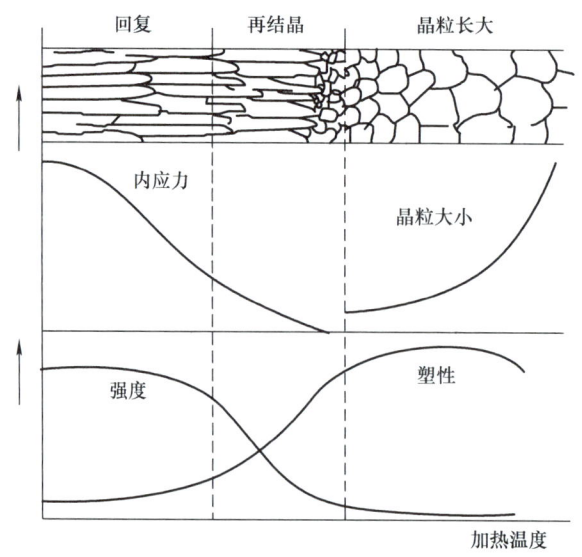

图7-13　冷塑性变形后的金属在加热过程中组织和性能的变化示意图

一、回复

冷塑性变形后的金属在较低温度进行加热时,原子扩散能力不大,只是晶粒内部位错、空位、间隙原子等缺陷通过移动、复合消失而大大减少,内应力大为下降;但晶粒仍保持变形后的形态,变形金属的显微组织不发生明显的变化,材料的强度和硬度略有降低,塑性有所增高,这种现象称为回复,如图7-13所示。

在实际生产中,常利用回复过程对冷塑性变形金属进行去应力退火,以降低残余应力,防止工件变形、开裂,提高耐蚀性,保留加工硬化效果。如用冷拉钢丝卷制弹簧,在成形后进行250~300℃的低温处理,以消除内应力使其定型;经拉延制成的黄铜弹壳在260~280℃进行回复退火,以消除残余应力,避免变形和应力腐蚀开裂。

二、再结晶

1. 再结晶过程

冷塑性变形后的金属在回复后继续升温时,金属原子的扩散能力增大,在原变形组织中重新产生了新的、无畸变的等轴晶粒,同时加工硬化与残余应力完全消除,金属又重新复原到了冷变形之前的状态,这个过程称为再结晶,如图7-13所示。

再结晶也是一个晶核形成和长大的过程,但不是相变过程。再结晶前后晶粒的晶格类型和成分完全相同,也可以说只有显微组织变化而没有晶格结构变化,故称为再结晶,以有别于各种发生相变的结晶(重结晶)。

2. 再结晶温度

金属开始再结晶的最低温度称为再结晶温度,通常用经大变形量(70%以上)的冷塑性变形的金属经1h加热后能完全再结晶的最低温度来表示。大量试验证明,各种纯金属的再结晶温度($T_{再}$)与其熔点有如下近似关系

$$T_{再} = (0.35 \sim 0.40) T_0$$

式中 $T_{再}$——以热力学温度表示的再结晶温度;

T_0——以热力学温度表示的金属熔点。

影响金属再结晶温度的因素有金属的预先变形度、化学成分、保温时间和晶粒大小等。

1)金属的冷塑性变形程度越大,其畸变能就越高,再结晶的驱动力也越大,因此再结晶的温度也越低。但当变形增大到一定程度后,金属的开始再结晶温度便趋近于某一恒定值。

2)金属中的微量杂质和合金元素会阻碍原子扩散和晶界迁移,故可显著提高再结晶温度。

3)在一定的变形程度下,保温时间越长,再结晶温度越低。因为保温时间越长,原子的扩散越能充分进行。

3. 再结晶的应用

由于塑性变形后的金属发生再结晶后,可消除加工硬化现象,恢复金属的塑性和韧性,因此生产中常用再结晶退火工艺来恢复金属的塑性变形能力,以便继续进行变形加工。例如,生产铁铬铝电阻丝时,在冷拔到一定的变形度后,要进行氢气保护再结晶退火,以继续冷拔获得更细的丝材。在实际生产中,为缩短生产周期,通常再结晶退火温度比再结晶温度高100~200℃。

【试一试】

找一段废弃的钢丝绳,拆解出钢丝。用钳子夹持钢丝在酒精灯上加热,目测加热温度,控制在 700℃ 以下。也可将钢丝放入箱式电阻炉中加热,加热温度设置为 650℃,保温 30min。待钢丝冷却后,弯折钢丝,感觉其硬度的变化,并思考其中的原因。

三、晶粒长大

再结晶完成后的晶粒是细小的,如再延长加热时间或提高加热温度,则晶粒会明显长大,成为粗晶组织,导致金属的强度、硬度、塑性、韧性等力学性能都显著降低。一般情况下,晶粒长大是应当避免的现象。

冷变形金属再结晶后晶粒的大小除与加热温度、保温时间有关外,还与金属的预先变形程度有关。图 7-14 所示为金属再结晶后的晶粒大小与其预先变形度的关系。由图可见,当变形程度很小时,金属不发生再结晶,因而晶粒大小不变。当变形度达到 2%~10% 时,再结晶后会出现异常的大晶粒。因为在此情况下,金属中只有部分晶粒变形,变形极不均匀,再结晶时形成的晶核数目很少,再结晶后的晶粒大小相差悬殊,容易互相吞并而长大。这个变形度称为临界变形度,不同的金属,其临界变形度数值有所不同。生产中应尽量避免这一范围的加工变形,以免形成粗大晶粒而降低性能。

随着变形程度的不断增加,各晶粒变形越趋于均匀,再结晶时形核率越大,因而再结晶后的晶粒逐渐变细。当变形量很大(≥90%)时,某些金属再结晶后又会出现晶粒异常长大的现象,一般认为这与形成织构有关。图 7-15 所示是铝板弹孔经再结晶退火后的组织。靠近弹孔边缘变形很大,晶粒很细小;随着与弹孔远离,晶粒逐渐变粗,在距弹孔边缘一定距离处,在临界变形度范围内,晶粒粗大;离弹孔最远处变形很小,退火后组织无变化,还是原始尺寸大小。

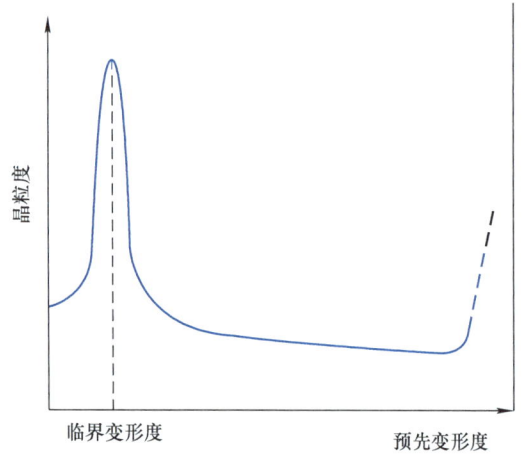

图 7-14 金属再结晶后的晶粒大小与其预先变形度的关系

图 7-15 铝板弹孔经再结晶退火后的组织(5×)

模块四　金属的热变形加工

【模块导入】

打铁——一种原始的手工锻造工艺，属于典型的金属热变形加工，盛行于20世纪80年代前的农村，产品主要是与传统生产方式相配套的农具和部分生活用品，如锄、镐、镰、菜刀、马蹄铁等。铁匠铺曾是编者最早认识工业生产的地方。打铁虽然原始，但很实用；虽然简单，但不易学。在快速机械化的今天，打铁这一门古老的手艺正在经受巨大的冲击，正在慢慢地退出人们的生活，叮叮当当的打铁声渐行渐远，将成为一种记忆被留存下来。

【学习内容】

一、冷变形加工与热变形加工

1. 冷变形加工和热变形加工的区别

由于在常温下进行塑性变形会引起金属的加工硬化，变形抗力大，故对于那些变形量较大，特别是截面尺寸较大的工件，在常温下的变形十分困难；另外，对于某些较硬的或低塑性的金属（如 W、Mo、Cr、Mg、Zn 等）来说，甚至不可能进行常温下的塑性变形，而必须在加热条件下进行变形加工。所以，生产上有冷变形加工与热变形加工之分。

从金属学的观点来看，冷变形加工与热变形加工不是根据变形时是否加热来区分的，而应以金属的再结晶温度为界限。在再结晶温度以下进行塑性变形称为冷变形加工，在再结晶温度以上进行塑性变形称为热变形加工。例如，铅的再结晶温度在3℃以下，在室温下对铅进行塑性变形加工已属于热变形加工；而钨的再结晶温度约为1200℃，即使在1000℃进行变形加工也属于冷变形加工。

2. 冷变形加工

由于冷变形加工于再结晶温度以下进行，如钢在常温下进行的冷冲压、冷轧、冷拔等，在塑性变形时金属不会伴随回复和再结晶过程，所以其组织和性能的变化是单向的，会产生冷变形纤维组织和加工硬化现象。

冷变形加工工件没有氧化皮，可获得较高的公差等级和较小的表面粗糙度值，其强度和硬度较高。但由于冷变形金属存在残余应力和塑性差等缺点，因此常常需要再结晶退火才能继续变形。因此，冷变形加工适用于截面尺寸较小、加工精度和表面质量要求较高的金属制品。

3. 热变形加工

在热变形加工过程中，金属材料处于再结晶温度以上，如钢材的热锻和热轧等，金属一方面由于塑性变形产生加工硬化，另一方面由于回复、再结晶又使加工硬化消除，组织和性能的变化是双向的，因而热变形加工不会带来加工硬化效果。

由于金属在热变形加工时较易发生表面氧化现象，产品的表面质量和尺寸精确度不如冷加工，所以热加工主要用于截面尺寸较大、变形量较大的金属制品及半成品，以及硬脆性较大的金属材料的变形。

二、热变形加工对金属组织和性能的影响

1. 消除铸态金属的某些缺陷

在热变形加工中，金属经塑性变形及再结晶，可使粗大的柱状晶粒或树枝晶变为细小均匀的等轴晶粒；在温度和压力的作用下，原子扩散速度加快，可消除部分偏析；可将铸锭组织中的气孔、疏松、微裂纹焊合；可改善夹杂物、碳化物的形态、大小与分布。因此，正确的热加工可使组织致密、成分均匀、晶粒细化，力学性能提高。表7-2 所列为中碳钢（w_C = 0.3%）铸态和锻态时的力学性能比较。

表 7-2 中碳钢（w_C = 0.3%）铸态和锻态时的力学性能比较

状　　态	R_m/MPa	R_{eL}/MPa	A(%)	Z(%)	KV/J
铸造	500	280	15	27	28
锻造	530	310	20	45	56

基于以上原因，只要热变形加工的工艺条件适当，热变形加工工件的力学性能就高于铸件。所以，受力复杂、载荷较大的重要工件一般都是选用锻件而不选用铸件。但是，热变形加工工艺参数不当，也会降低热变形加工工件的性能。例如，加热温度过高可能使热变形后的工件晶粒粗大、强度和塑性下降；若热变形加工停止的温度过低，则可能带来加工硬化、残余应力加大，甚至出现裂纹等问题。

【想一想】

"千锤百炼出好钢"中的"千锤"，你是怎样理解的？

2. 热变形纤维组织（流线）

通过热变形加工，可使铸态金属中的枝晶偏析和非金属夹杂的分布发生改变，使它们沿着变形的方向细碎拉长，并逐渐形成纤维状。这些夹杂物的纤维状分布特点在再结晶时不发生改变，在钢材的纵向截面上经抛光和酸浸后，用肉眼或放大20倍就可以看到一条条沿变形方向的细线，这种宏观组织称为热变形纤维组织，通常称为流线，如图 7-16 所示。

热变形纤维组织会使金属材料的力学性能

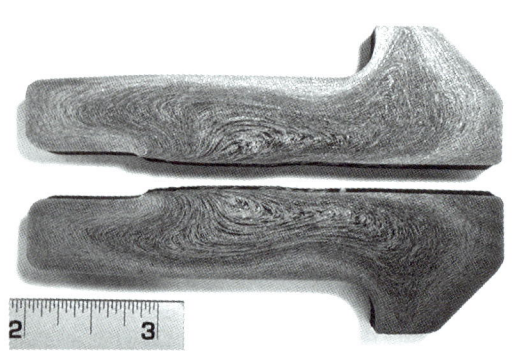

图 7-16　钢锻件中的流线

呈各向异性，沿着流线方向有较高的抗拉强度，沿着与流线垂直的方向有较高的抗剪强度。在设计和制造机器零件时，必须考虑锻造流线的合理分布，使零件工作时的正应力与流线方向一致，并尽量使锻造流线与零件的轮廓相符而不被切断。例如，锻造曲轴的合理流线分布，可保证曲轴工作时所受的最大拉应力与流线一致，而外加剪切应力或冲击力与流线垂直，使曲轴不易断裂。而切削加工制成的曲轴，其流线被切断，分布不合理，易沿轴肩发生断裂，如图 7-17 所示。

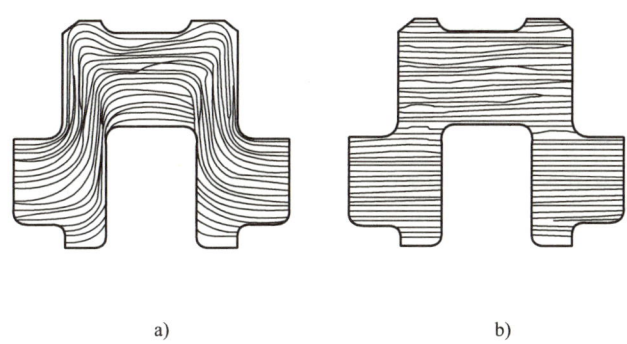

图 7-17 不同方法加工的曲轴流线分布示意图
a）锻造成形 b）切削加工

3. 带状组织

亚共析钢经热加工后，常发现钢中的铁素体与珠光体呈条带状沿热变形方向大致平行交替排列分布，这种组织称为带状组织，如图 7-18 所示。

带状组织与铸态金属中的枝晶偏析或夹杂物沿加工方向拉长有关。钢材在热加工后的冷却过程中，铁素体优先在由枝晶偏析和非金属夹杂物延伸而成的条带中析出形成铁素体带，铁素体带之间的富碳奥氏体随后则转变为珠光体带，从而形成了带状组织。

带状组织使钢材的力学性能呈现各向异性，特别是横向的塑形和韧性明显下降，造成冷弯不合格、冲压废品率高、热处理时容易变形等不良后果。生产中常用均匀化退火或多重正火方法消除带状组织。

图 7-18 亚共析钢中的带状组织

高碳钢中的碳化物往往也呈带状分布而形成带状组织，需采用改锻的办法予以消除。

【单元小结】

1. 塑性变形的主要方式是滑移，其次是孪生。滑移系越多，金属发生滑移的可能性越大，塑性就越好。

2. 滑移不是晶体的刚性滑动，而是通过滑移面上位错的运动来实现的。滑移的位错机制是金属学的重要理论，对金属的塑性变形和强化有重要的指导意义。

3. 多晶体塑性变形时具有非同步性，各晶粒必须协同动作。晶界对滑移有阻碍作用，细化晶粒可全面提高金属的力学性能，是金属材料重要的强化手段。

4. 加工硬化是金属材料的一种重要特性，对金属材料的使用和加工均有重大影响，应重点掌握。

5. 冷塑性变形后的金属在加热过程中组织和性能将发生变化，这种变化分为三个阶段，即回复、再结晶和晶粒长大，重点应掌握再结晶的相关知识。

6. 金属冷变形加工、热变形加工是以再结晶温度为界限划分的。在热变形加工时，金属组织和性能将发生硬化和软化的双方向变化。

7. 金属热变形加工能使组织致密、成分均匀、晶粒细化，力学性能提高，故重要零件均采用锻压等方法成形。

8. 在设计和制造机器零件时，必须考虑锻造流线的合理分布，使零件工作时的正应力与流线方向平行，切应力与流线方向垂直，并尽量使锻造流线与零件的轮廓相符，而不被切断。

9. 带状组织使钢的组织和性能不均匀，产生冷弯不合格、冲压废品率高、热处理时易变形等不良后果，应加以注意。

【综合训练】

一、名词解释

滑移，滑移系，晶粒细化，加工硬化，形变织构，回复，再结晶，再结晶温度，热变形加工，冷变形加工。

二、填空题

1. 常温下，金属单晶体的塑性变形方式为_____和_____两种。

2. 与单晶体比较，影响多晶体塑性变形的两个主要因素是_____和_____。

3. 在金属学中，冷变形加工和热变形加工的界限是以_____划分的。因此 Cu（熔点为1084℃）在室温下的变形加工称为_____加工，Sn（熔点为232℃）在室温下的变形加工称为_____加工。

4. 能同时提高材料强度和韧性的最有效方法是_____。

5. 再结晶后晶粒度的大小取决于_____、_____和_____。

6. 金属材料的强化方法有_____、_____、_____、_____和_____。

7. 滑移并非晶体两部分的刚性滑动，而是通过_____来实现的。

8. 再结晶温度是指_____，其数值与熔点间的大致关系为_____。

9. 面心立方结构的金属有_____个滑移系，密排六方结构的金属只有_____个滑移系。

10. 消除带状组织的热处理方法是_____。

三、判断题

1. 因为体心立方晶格与面心立方晶格具有相同数量的滑移系，所以两种晶体的塑性变形能力完全相同。（　　）

2. 滑移变形不会引起金属晶体结构的变化。（　　）

3. 再结晶是形核和晶核长大过程，所以再结晶过程也是相变过程。（　　）

4. 为了保持冷变形金属的强度和硬度，应采用再结晶退火。（　　）

5. 金属铸件不能通过再结晶退火来细化晶粒。（   ）
6. 在一定范围内增加冷变形金属的变形量，会使再结晶温度下降。（   ）
7. 凡是重要的结构零件，其毛坯一般都应进行锻造成形。（   ）
8. 在冷拔钢丝时，如果总变形量很大，则中间需安排几次退火工序。（   ）
9. 冷变形加工会产生加工硬化现象，而热变形加工不产生加工硬化现象。（   ）
10. 锡在室温下变形加工是冷加工，钨在 1000℃ 变形加工是热加工。（   ）

四、选择题

1. 随冷塑性变形量增加，金属的（   ）。
   A. 强度下降，塑性提高　　　　　　B. 强度和塑性都下降
   C. 强度和塑性都提高　　　　　　　D. 强度提高，塑性下降
2. 冷变形金属再结晶后，（   ）。
   A. 形成等轴晶，强度升高　　　　　B. 形成柱状晶，塑性下降
   C. 形成柱状晶，强度升高　　　　　D. 形成等轴晶，塑性升高
3. 能使单晶体产生塑性变形的应力为（   ）。
   A. 正应力　　　　B. 切应力　　　　C. 复合应力
4. 晶界对滑移有（   ）作用。
   A. 阻碍　　　　　B. 促进　　　　　C. 无影响
5. 下列工艺操作正确的是（   ）。
   A. 用冷拉强化的弹簧丝绳向电炉中吊装大型零件，并随工件一同加热
   B. 用冷拉强化的弹簧钢丝做沙发弹簧
   C. 铅的铸锭在室温多次轧制成为薄板，中间应进行再结晶退火
6. 金属再结晶温度大约为其熔点的（   ）。
   A. 1 倍　　　　　B. 50%　　　　　C. 40%　　　　　D. 10%
7. 金属的临界变形度为（   ）。
   A. 50%　　　　　B. 2%~10%　　　C. 70%　　　　　D. 90%
8. 喷丸处理及表面辊压能显著提高材料的疲劳强度，原因是合理利用了（   ）。
   A. 再结晶　　　　B. 回复　　　　　C. 残余应力
9. 金属流线方向应与最大拉应力方向（   ）。
   A. 平行　　　　　B. 垂直　　　　　C. 成 45°
10. 金属板材深冲压时形成制耳是由于（   ）造成的。
    A. 纤维组织　　　B. 流线　　　　　C. 织构　　　　　D. 残余应力

五、简答题

1. 叙述滑移变形的概念和特点。
2. 什么是滑移系？面心立方晶体、体心立方晶体和密排六方晶体各有多少个潜在的滑移系？
3. 为什么通过位错的移动实现滑移时需要的切应力小？
4. 试述晶界在多晶体变形中的作用。
5. 为什么具有细小晶粒材料的力学性能好？
6. 什么是加工硬化？举例说明加工硬化在实际工程中的利弊。

7. 变形残余应力分几种？各对材料产生什么影响？

8. 用冷拔纯铜管进行冷弯，加工成输油管，为避免冷弯时开裂，应采用什么措施？为什么？

9. 在回复、再结晶过程中，材料的组织和性能会发生哪些变化？在实际中有什么意义？

10. 用冷拉钢丝绳向电炉内吊装一大型工件，并随工件一起加热。在加热完毕后向炉外吊运时钢丝绳发生断裂，这是为什么？

11. 锡片被子弹穿透后，靠近弹孔边缘晶粒很细小，随着与弹孔远离，晶粒逐渐变粗，在距弹孔边缘一定距离处晶粒粗大，超过这一距离后，晶粒又很细小，试解释这个现象。

12. 金属材料热变形加工后，组织和性能会发生什么变化？

单元八 UNIT 8

低合金钢和合金钢[一]

【学习目标】

知识目标
1. 了解合金元素在钢中的作用
2. 掌握低合金钢与合金钢的分类、化学成分特点、性能特点和应用范围

能力目标
1. 能根据牌号识别钢的种类,并说明其中主要合金元素的作用
2. 能够根据工件服役条件及性能要求,合理选择钢材和热处理工艺
3. 建立典型工件-钢材-热处理方法之间关系的认识

模块一 低合金钢与合金钢概述

【模块导入】

请同学们思考以下问题。
1. 回忆一下 Q235、45、T10 分别代表什么钢?其中字母和数字的含义是什么?
2. 举例说明哪些工件不能选用非合金钢制造(从载荷、尺寸、工作环境和温度等方面考虑)?为什么?
3. 以"WTO 稀土"为关键词在互联网上搜索一下,阅读自己感兴趣的资料。

[一] GB/T 13304—2008《钢分类》中按照化学成分将钢分为三类:非合金钢、低合金钢和合金钢。而国际标准、欧洲标准及一些国外标准按化学成分将钢分为两类:非合金钢和合金钢。

——编者注

【学习内容】

一、低合金钢和合金钢的定义

随着科学技术和工业的发展，对材料提出了更高的要求，如更高的强度，更高的耐高温性、耐低温性、耐蚀性、耐磨性以及其他特殊的物理、化学性能。

非合金钢虽然具有较好的力学性能和工艺性能，并且产量大、价格低，在机械工程上应用十分广泛，但其也有明显的不足，如强度级别低、淬透性较低、耐回火性差、无特殊性能等。

为了改善钢的性能，在非合金钢的基础上，有意添加某些合金元素所冶炼而成的钢称为低合金钢或合金钢。

与非合金钢相比，低合金钢和合金钢用量（按重量计）虽少，但种类繁多，工程意义重大。

二、钢中常用的合金元素

在低合金钢与合金钢中，常用的合金元素有硅（Si）、锰（Mn）、铬（Cr）、镍（Ni）、钼（Mo）、钨（W）、钒（V）、钛（Ti）、铌（Nb）、锆（Zr）、钴（Co）、铝（Al）、铜（Cu）、硼（B）、稀土（RE）等。磷（P）、硫（S）、氮（N）等在某些情况下也起合金元素的作用。

合金元素在钢中主要以两种形式存在：一种是溶解于非合金钢原有的相中，如铁素体、奥氏体或马氏体中；另一种是与碳形成化合物，生成一些非合金钢中所没有的新相。

钢的合金化是对其改性的基本途径之一。合金化思想的基本原则是：一要考虑合金元素对钢性能的影响；二要考虑合金元素的资源情况。

【资料卡】

稀土元素（Rare Earth）简称稀土（RE），包括原子序数为57~71的镧系（15种元素）和与镧系元素化学性质相似的钪、钇，共17种元素。稀土在钢中有净化钢液、使夹杂物变性和微合金化的作用。钢中加入微量稀土就可大幅度提高其强度、韧性、耐磨性和抗氧化能力，故稀土元素被誉为工业"维生素"。

三、低合金钢和合金钢的分类

低合金钢和合金钢的种类繁多，为了便于生产、使用和研究，可以按照合金元素含量、用途、金相组织等对其进行分类。

1. 按合金元素分类

习惯上按合金元素的含量（质量分数）将钢分为低合金钢（合金元素总量<5%）、中合金钢（合金元素总量为5%~10%）和高合金钢（合金元素总量>10%）三类。

按主要合金元素的种类，低合金钢和合金钢可分为锰钢、铬钢、硼钢、铬镍钢、硅锰钢等。

2. 按用途分类

低合金钢和合金钢按用途可分为合金结构钢、合金工具钢和特殊性能钢三大类。

合金结构钢又分为工程结构用钢和机械结构用钢。工程结构用钢包括建筑工程用钢、桥梁工程用钢、船舶及海洋工程用钢和车辆工程用钢等。机械结构用钢包括调质钢、弹簧钢、滚动轴承钢、渗碳钢和渗氮钢等。这类钢一般属于低、中合金钢。

合金工具钢分为刃具钢、量具钢、模具钢，主要用于制造各种刃具、模具和量具。这类钢除模具钢中包含中碳合金钢外，一般多属于高碳合金钢。

特殊性能钢分为不锈钢、耐热钢、耐磨钢等。这类钢主要用于各种特殊要求的场合，如化学工业用的不锈耐酸钢、核电站用的耐热钢等。

3. 按金相组织分类

按钢退火态的金相组织可分为亚共析钢、共析钢、过共析钢三种。

按钢正火态的金相组织可分为珠光体钢、贝氏体钢、马氏体钢、奥氏体钢和铁素体钢等。

模块二　合金元素在钢中的作用

【模块导入】

请同学们思考以下问题。

1. 在铁碳合金中，奥氏体是仅存在于727℃以上的高温相，为什么有些合金钢的室温组织却是单相奥氏体？
2. 为什么非合金钢只能用水或盐水进行淬火冷却？这样做对工件有什么不利影响？
3. 机用丝锥和钻头能否选用碳素工具钢制造？为什么？

【学习内容】

合金元素提高了钢的力学性能，改善了钢的工艺性能，并赋予钢某些特殊的物理、化学性能，其根本原因是合金元素与钢的基本组元铁和碳发生了相互作用，改变了钢的组织结构，并影响钢热处理时加热、冷却过程中的相变过程。这就是合金元素在钢中的作用。

一、合金元素与铁、碳的作用

铁、碳是钢中的两种基本元素，二者形成非合金钢中的三个基本相，即铁素体、奥氏体和渗碳体。所以，合金元素与铁、碳之间的作用是钢内部组织结构变化的基础。

1. 合金元素与铁的作用

几乎所有的合金元素（除 Pb 外）都可溶入铁中，形成合金铁素体或合金奥氏体。其中原子直径较小的合金元素（如氮、硼）与铁形成间隙固溶体，原子直径较大的合金元素（如锰、镍、钴等）与铁形成置换固溶体。

合金元素溶入铁中时，形成合金铁素体或合金奥氏体，能产生固溶强化效果，使钢的强度、硬度提高，但塑性、韧性有所下降。图 8-1 和图 8-2 所示是几种合金元素对铁素体硬度和韧性的影响。

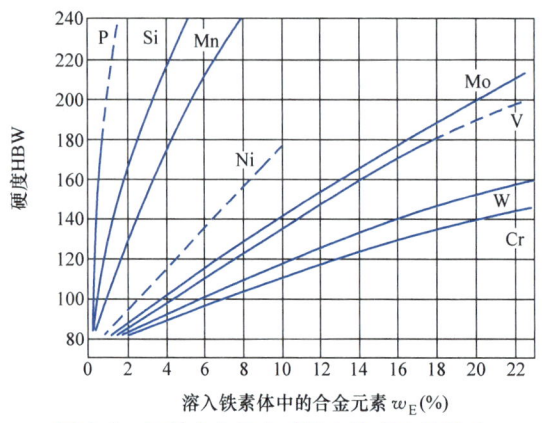

图 8-1 几种合金元素对铁素体硬度的影响

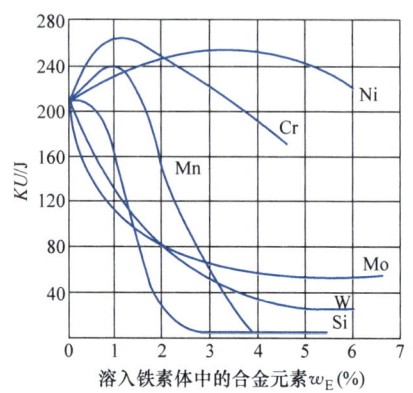

图 8-2 几种合金元素对铁素体韧性的影响

由图 8-1 可知，与铁有不同晶格类型的合金元素，如硅、锰等，能显著提高钢的强度和硬度，因此，这两种资源丰富的元素常被用于强化。由图 8-2 可知，当铬、锰、镍三种元素的质量分数适当时（$w_{Cr} \leq 2\%$，$w_{Mn} \leq 1.5\%$，$w_{Ni} \leq 5\%$），既能提高钢的强度又能提高钢的韧性。虽然铬、镍是全球稀缺元素，但由于它们在钢中具有重要作用，故仍被广泛使用。

2. 合金元素与碳的作用

在一般的合金化理论中，按与碳亲和力的大小，可将合金元素分为碳化物形成元素与非碳化物形成元素两大类。

凡是在化学元素周期表中排在铁（第 26 号）右侧的合金元素，与碳的结合力均小于铁，都是非碳化物形成元素，它们是 Ni、Co、Cu、Si、Al、N、B 等。由于不能形成碳化物，除了在极少数高合金钢中可形成金属化合物外，这些元素几乎都溶解在铁素体、奥氏体或马氏体中。

凡是在化学元素周期表中排在铁左侧的合金元素，与碳的结合力均大于铁，都是碳化物形成元素，它们与碳结合形成合金渗碳体或碳化物，而且离铁越远，越易形成比 Fe_3C 更稳定的碳化物。它们与碳结合的能力由强到弱为 Ti、Zr、Nb、V、W、Mo、Cr、Mn、Fe。

碳化物是钢中的重要相之一，其特点是熔点高、硬度高，且很稳定，不易分解，热处理加热时很难溶于奥氏体中。因此，碳化物的形态、数量、大小及分布对钢的力学性能及热处理工艺性能有很大影响，尤其是对于工、模具钢意义重大。对碳化物的一般要求是：呈球状、细小、均匀地分布在钢的基体上，即"圆、小、匀"。

二、合金元素对铁碳相图的影响

合金元素对非合金钢中的相平衡关系有很大影响，加入合金元素后，将使铁碳相图发生变化。

1. 对奥氏体相区的影响

合金元素会使奥氏体的单相区扩大或缩小，如图 8-3 所示。

1）Ni、Mn、Co、C、N、Cu 等元素扩大奥氏体相区，即使 A_3 点下降，图 8-3a 所示为锰对奥氏体区域位置的影响。其中与 γ-Fe 无限互溶的元素镍或锰的含量较多时，可使钢在室温下获得单相奥氏体组织，成为奥氏体钢，如 $w_{Ni} > 8\%$ 的 18-8 型不锈钢和 $w_{Mn} > 13\%$ 的

ZGMn13耐磨钢均属奥氏体型钢。

2) Cr、W、Mo、V、Ti、Si、Al等元素使A_1和A_3温度升高，使S点、E点向左上方移动，从而使奥氏体区域缩小，图8-3b所示为铬对奥氏体区域位置的影响。当加入的元素超过一定量后，奥氏体可能完全消失，使钢在包括室温在内的广大温度范围内获得单相铁素体，成为铁素体钢，如$w_{Cr}=17\%\sim28\%$的Cr17、Cr25、Cr28不锈钢就是铁素体型不锈钢。

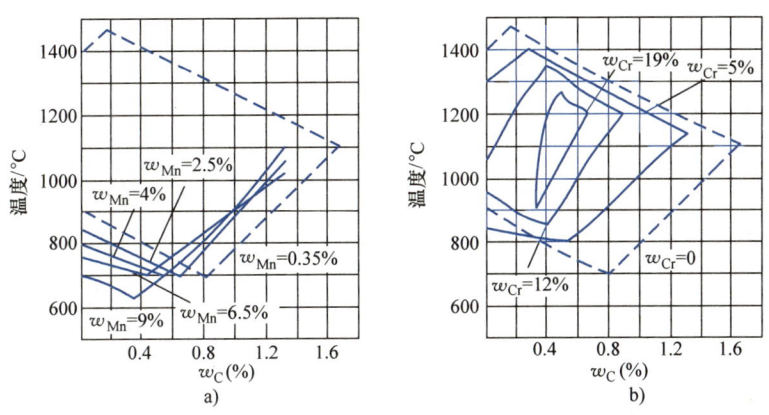

图8-3 合金元素对铁碳相图中奥氏体相区的影响
a) Mn——扩大奥氏体相区元素 b) Cr——缩小奥氏体相区元素

利用合金元素扩大和缩小奥氏体相区的作用，可获得单相奥氏体或铁素体组织，它具有特殊性能，在不锈钢和耐热钢中应用广泛。

2. 合金元素对S、E点的影响

扩大奥氏体相区的元素使铁碳相图中的共析转变温度（A_1）下降，缩小奥氏体相区的元素则使其上升，如图8-4所示。由于共析温度的降低或升高直接影响着热处理加热温度，所以锰钢、镍钢的淬火温度低于非合金钢，在热处理加热时容易出现过热现象；而含有缩小奥氏体相区元素的钢，其淬火温度就相应地提高了。

几乎所有元素均使S点和E点左移，如图8-5所示为合金元素对S点的影响。S点向左移动，意味着共析成分降低，与同样碳含量的亚共析钢相比，合金钢组织中的珠光体数量增加，而使钢得到强化。同理，E点的左移会使发生共晶转变的碳含量降低，在其较低时，使

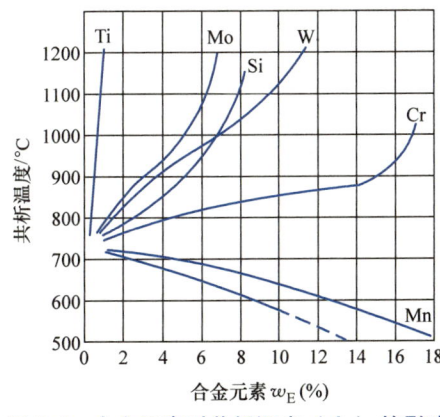

图8-4 合金元素对共析温度（A_1）的影响

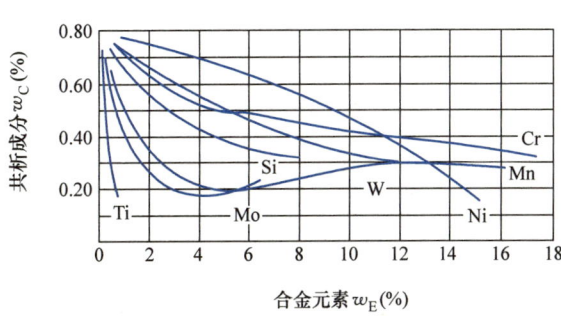

图8-5 合金元素对共析成分（S点）的影响

钢具有莱氏体组织。如在高速工具钢中，虽然碳的质量分数只有 0.7%~0.8%，但是由于 E 点的左移，在铸态下会得到莱氏体组织，成为莱氏体钢。

三、合金元素对热处理的影响

合金元素的作用大多要通过热处理才能发挥出来，除低合金钢外，合金钢在使用前一般都经过热处理。

1. 合金元素对加热转变的影响

合金元素对热处理加热转变的影响实际上是对奥氏体化过程的影响，主要体现在以下两个方面。

1）大多数合金元素（除镍、钴以外）都延缓钢的奥氏体化过程。含有碳化物形成元素的钢，由于碳化物不易分解，使奥氏体化过程大大减缓。因此，合金钢在热处理时应采取较高的加热温度和较长的保温时间，以得到比较均匀的奥氏体，从而充分发挥合金元素的作用。但是，对于需要具有较多未溶碳化物的合金工具钢，则不应采用过高的加热温度和过长的保温时间。

2）碳化物形成元素能阻止奥氏体晶粒的长大，细化晶粒。尤其是中、强碳化物形成元素，如钛、钒、钼、钨、铌、锆等，它们在钢中形成的碳化物非常稳定，如 TiC、VC、MoC 等，其在加热时很难溶解，能强烈地阻碍奥氏体晶粒的长大。此外，一些晶粒细化剂，如 AlN 等，在钢中可形成弥散质点分布于奥氏体晶界上，阻止奥氏体晶粒长大，从而可细化晶粒。所以，与相应的非合金钢相比，在同样的加热条件下，合金钢的组织较细，力学性能更好。

2. 合金元素对冷却转变的影响

1）合金元素对热处理冷却过程的影响就是对过冷奥氏体等温转变图的影响。除钴以外，大多数合金元素都能提高过冷奥氏体的稳定性，使等温转变图位置右移，淬火临界冷却速度减小，从而提高钢的淬透性。所以，合金钢可以采用冷却能力较低的淬火冷却介质淬火，如采用油淬或空冷，以减小零件的淬火变形和开裂倾向。

对于非碳化物形成元素和弱碳化物形成元素，如镍、锰、硅等，仅会使等温转变图右移，如图 8-6a 所示。而对于中强和强碳化物形成元素，如铬、钨、钼、钒等，其溶于奥氏体后，不仅使等温转变图右移，提高钢的淬透性，而且把珠光体转变与贝氏体转变明显地分为两个独立的区域，改变了等温转变图的形状，使其出现两个"鼻尖"，如图 8-6b 所示。

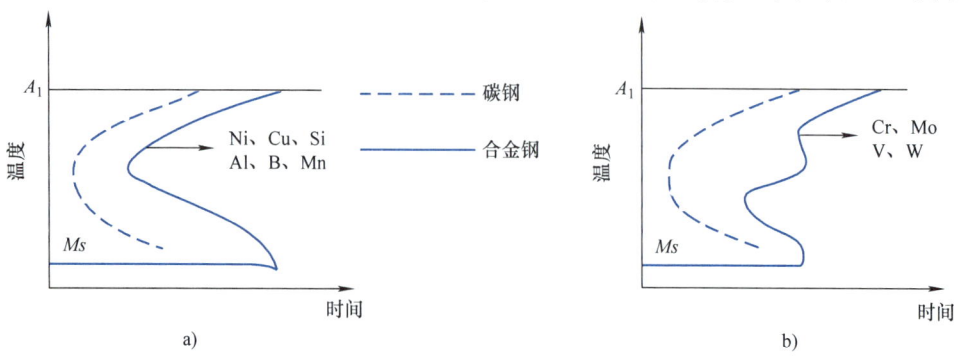

图 8-6 合金元素对等温转变图的影响

a）一个"鼻尖"的等温转变图　b）两个"鼻尖"的等温转变图

钢中常用的提高淬透性的合金元素有铬、锰、钼、钨、镍、硅、硼等。两种或多种合金元素的同时加入（多元、少量的合金化原则），比单个元素对淬透性的影响要强得多，如铬-镍、铬-锰、硅-锰等组合。硼是显著影响淬透性的元素，合金钢中即使只含有1/100000的硼，也能显著提高钢的淬透性。但硼的这种影响仅对低、中非合金钢有效，对高非合金钢完全无效。

必须指出，加入的合金元素只有在热处理加热时完全溶于奥氏体时，才能提高淬透性。如果未完全溶解，则碳化物会成为珠光体的核心，反而会降低钢的淬透性。

2）多数合金元素溶入奥氏体后，使马氏体转变温度 Ms 和 Mf 点下降，如图8-7所示。Ms 和 Mf 点的下降，使淬火后钢中残留奥氏体（A_R）量增多，合金元素对残留奥氏体量的影响如图8-8所示。某些高合金钢中残留奥氏体的含量甚至高达30%~40%，这将对钢的性能产生很大影响。残留奥氏体量过高时，钢的硬度降低，疲劳抗力下降。为了降低残留奥氏体量，可进行冷处理（冷至 Mf 点以下），以使其转变为马氏体；或者进行多次回火，这时残留奥氏体会因析出合金碳化物而使 Ms、Mf 点上升，并在冷却过程中转变为马氏体或贝氏体，这种现象称为二次淬火。

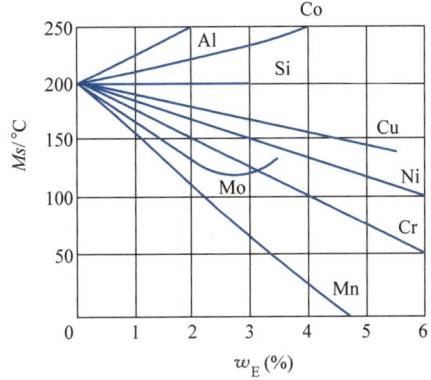

图8-7 合金元素对 w_C=1.0%的非合金钢 Ms 点的影响

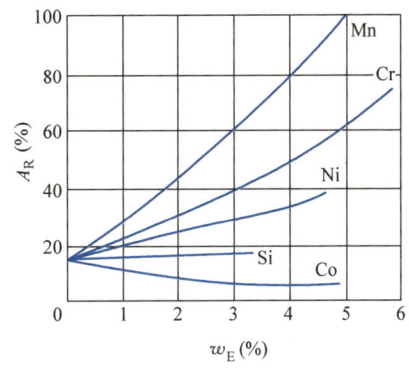

图8-8 合金元素对 w_C=1.0%的非合金钢1150℃淬火后残留奥氏体含量的影响

3. 合金元素对回火转变的影响

淬火钢在回火过程中抵抗硬度下降的能力称为耐回火性。合金元素在回火过程中推迟了马氏体的分解和残留奥氏体的转变，提高了铁素体的再结晶温度，使碳化物难以聚集长大而保持较大的弥散度，从而提高了钢对回火软化的抗力，即提高了钢的耐回火性。

对钢的耐回火性影响比较显著的合金元素有 V、W、Ti、Cr、Mo、Co、Si 等；影响不明显的元素有 Al、Mn、Ni 等元素。

由于合金钢的耐回火性比非合金钢高，故在相同的回火温度下，合金钢的强度、硬度高于非合金钢，如图8-9所示。若要求得到同样的回火硬度，则合金钢的回火温度应比同样碳含量的非合金钢高，回火的时间也长，内应力消除得好，钢的塑性和韧性指标就高。

4. 二次硬化

一些 Mo、W、V 含量较高的高合金钢在回火时，硬度不是随回火温度升高而单调地降低，而是到某一温度（约400℃）后反而开始增大，并在另一更高温度（一般为550℃左右)达到峰值,这一现象称为二次硬化。图 8-10 所示是钼在钢中造成二次硬化的示意图。

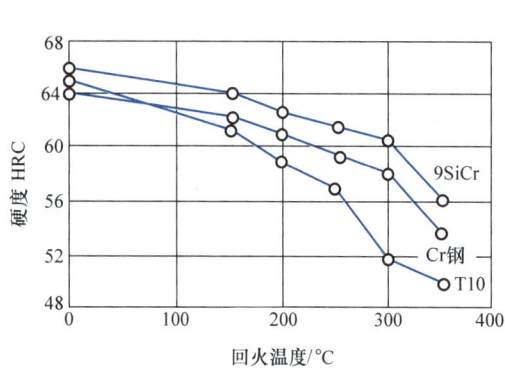

图 8-9　非合金钢与合金钢的回火硬度曲线

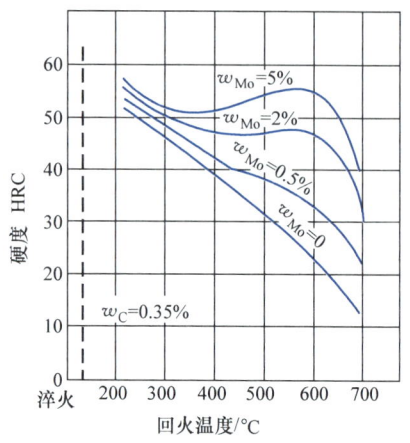

图 8-10　合金元素钼造成的二次硬化现象

二次硬化现象与回火析出物的性质有关。当回火温度低于 450℃时,钢中析出渗碳体;在 450℃以上渗碳体溶解,钢中开始沉淀出弥散稳定的难熔碳化物 Mo_2C、W_2C、VC 等,使硬度重新升高,称为沉淀硬化。此外,回火时冷却过程中残留奥氏体转变为马氏体的二次淬火也可导致二次硬化。

二次硬化现象对需要较高热硬性的合金工具钢和高速工具钢很有价值。

综上所述,低合金钢与合金钢的性能比非合金钢优良,主要是由于合金元素提高了钢的淬透性和耐回火性,细化了奥氏体晶粒,产生了固溶强化或沉淀强化,使珠光体组织数量增多等所致。

模块三　低合金钢

【模块导入】

2008 年北京奥运会主体育场"鸟巢"结构设计奇特新颖,用于搭建其外部巨大钢结构主支承件的是 Q460E 钢,厚度达到了 110mm,为国内在建筑结构上首次使用 Q460 钢。那么 Q460 是什么钢呢?这种钢的化学成分有哪些特点?它具备哪些性能,使其能托起"鸟巢"的钢铁脊梁?

【学习内容】

低合金钢是指含有少量合金元素(具体见 GB/T 13304.1—2008),具有较好力学性能和工艺性能,用于各种工程结构的钢种。低合金钢作为近几十年发展快、性能好、产量大、应用范围广的钢种，受到了世界各国的重视，各发达工业国家的低合金钢产量约占钢产量的 10%。

低合金钢主要用于制造建筑或工程结构件，如桥梁、车辆、船舶及海洋结构、建筑钢结构件、铁路钢轨、压力容器、输气输油管道等，如图 8-11 所示。

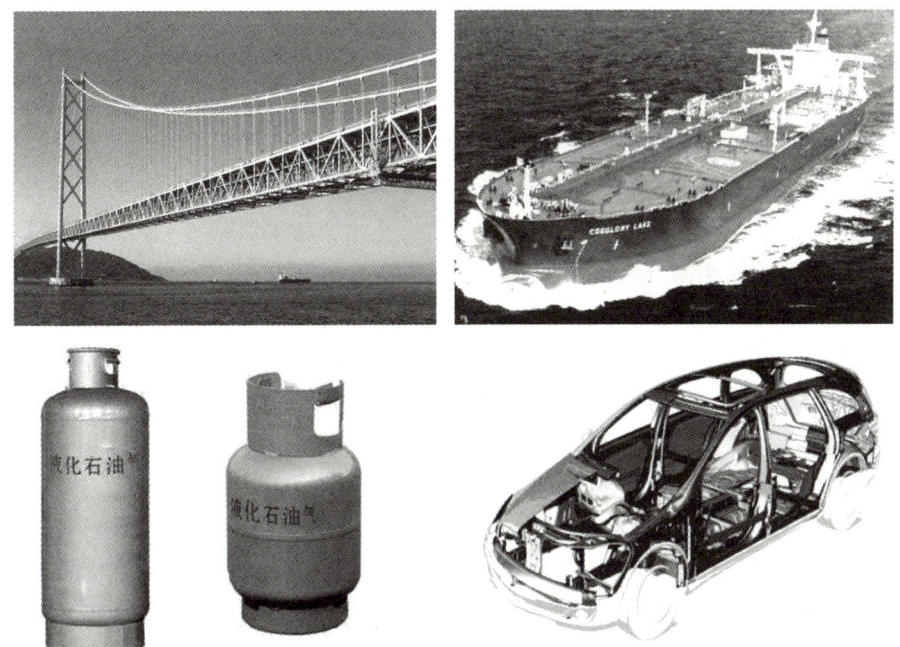

图 8-11 工程结构用钢应用实例

一、低合金钢的分类

根据国家标准 GB/T 13304.2—2008《钢分类 第 2 部分：按主要质量等级和主要使用性能或使用特性的分类》，低合金钢分类如下。

（1）按主要质量等级 分为普通质量低合金钢、优质低合金钢、特殊质量低合金钢三类。

（2）按主要性能和使用特性 分为一般用途的低合金结构钢、桥梁用钢、船舶及海洋工程结构用钢、汽车用钢、锅炉用钢、管线用钢、容器用钢、低合金耐候钢、低合金钢筋钢、低合金冲压钢、铁道用低合金钢、矿用低合金钢和低温用钢等。

此外，在正火钢中，还有具有良好抗层状撕裂性能的 Z 向（沿厚度方向）钢，主要用于海上采油平台、核反应堆及潜艇等大型厚板结构。

除铁道用低合金钢外，低合金钢基本上为低碳钢。限于篇幅，本模块仅介绍一般用途的低合金高强度结构钢。

二、低合金高强度结构钢

低合金高强度结构钢是在碳素结构钢的基础上加入少量合金元素而形成的工程结构用钢，国外常称为 HSLA 钢（High Strength Low Alloys）。

1. **化学成分特点**

低合金高强度结构钢的化学成分以低碳和低硫为主要特征。由于对塑性、韧性、焊接性和冷成形性能的要求，其碳的质量分数不超过 0.20%。

在低合金高强度结构钢中，常用的合金元素有 Mn、Si、Nb、V、Ti、Zr、Cu、P 等，其总量一般在 3%以下。

这种钢中的主加元素为锰（Mn），其主要作用是通过溶入铁素体中，起固溶强化作用；还通过细化晶粒改善塑性、韧性。锰是一种固溶强化效果显著又比较便宜的元素，为保证钢的塑性和韧性，其加入量不超过 1.4%。铌、钛或钒等为辅加元素，少量的铌、钛或钒在钢中形成细碳化物或碳氮化物，一方面在热轧时阻止奥氏体晶粒长大，另一方面在冷却过程中使碳氮化物析出，进一步提高钢的强度和韧性。此外，加入少量铜（≤0.5%）和磷（0.1%左右）等，可提高钢的耐大气腐蚀性。

加入少量稀土元素，可以脱硫、去气，使钢材净化，改善韧性和工艺性能。

2. **性能特点**

一般情况下，低合金高强度结构钢制造的工程构件尺寸大，不做相对运动，长期承受静载荷作用，且可能长期处于低温或暴露于一定的环境介质中。所以，其性能特点如下：

1）强度高，一般屈服强度在 300MPa 以上，所以 1t 低合金高强度结构钢可代替 1.2~2.0t 碳素结构钢使用，从而可减轻构件的质量，提高构件使用的可靠性并节约钢材。

2）塑性、韧性好，具有良好的焊接性和冷成形性，并且韧脆转变温度低，耐大气腐蚀性高。

3）一般在热轧、空冷状态下使用，采用冷弯及焊接工艺成形，不需要进行专门的热处理。使用状态下的显微组织一般为铁素体+珠光体（索氏体），高强度级别钢种为低碳贝氏体组织或淬火成低碳马氏体组织。

3. **牌号表示方法**

低合金高强度结构钢的牌号表示方法与碳素结构钢相似，也是以屈服强度级别为标准编号，用"Q+最小上屈服强度数值+交货状态代号+质量等级代号"表示，其中交货状态为热轧时代号可省略，交货状态为正火或正火轧制时用 N 表示，交货状态为热机械轧制时用 M 表示。质量等级代号用 B、C、D、E、F 表示，字母排序越靠后，质量等级越高。

例如，Q355ND⊖表示 R_{eH}≥355MPa、交货状态为正火或正火轧制、质量等级为 D 级的低合金结构钢。

当需方要求钢板具有厚度方向的性能时，则在上述规定的牌号后加上代表厚度方向（Z 向）性能级别的符号。例如，Q355NDZ25 中的 Z25 表示钢板沿厚度方向的断面收缩率为 25%。

⊖ GB/T 1591—2018 取消了 Q345 牌号，以上屈服强度数值作为牌号中的强度级别，相应指标提高 10~15MPa，以 Q355 钢级替代 Q345 钢级，这主要是为了响应"一带一路"国家战略，与国际接轨，与欧盟 S355 牌号对应。

——编者注

4. 常用钢种及应用

在 GB/T 1591—2018 中，低合金高强度结构钢分为 Q355、Q390、Q420、Q460、Q500、Q550、Q620、Q690 共 8 个主要牌号。

在较低级别的钢中，Q355 最具有代表性，是目前我国用量最多、产量最大的一种低合金结构钢，其使用状态的组织为细晶粒的铁素体+珠光体，强度比碳素结构钢 Q235 高约 50%，耐大气腐蚀性能高 20%~30%，低温性能亦可，塑性和焊接性良好，可用于-40℃ 以上寒冷地区的各种结构，如船舶、车辆、桥梁、容器等大型钢结构。目前，在其基础上已经发展出了多种派生牌号和专用钢种，如 Q355R、Q355Q 等。南京长江大桥采用 Q355（原 16Mn）比用碳素结构钢节约钢材 15% 以上，又如我国的载重汽车大梁采用 Q355 后，使载重比由 1.05 提高到了 1.25。

Q390 钢是中等级别强度钢中使用最多的钢种。钢中加入了 Nb、V、Ti 等元素，使晶粒细化，提高了强度，且韧度、焊接性及低温韧度也较好，被广泛用于制造桥梁、建筑构件和中等压力的容器。如中央电视台新大楼大量采用了 Q390 钢。

强度级别超过 450MPa 后，铁素体和珠光体组织难以满足要求，于是发展了低碳贝氏体钢。Q460 钢含 Mo、B 元素，正火组织为贝氏体，通过控制碳的质量分数、微合金化和控制轧制，保证了钢的强度、低温韧性和焊接性，用于各种大型工程结构及要求强度高、载荷大的轻型结构。如 2008 年北京奥运会主体育场外部的巨大钢架主支撑件采用 Q460E 钢。

热轧交货状态的低合金高强度结构钢的力学性能和用途见表 8-1。

表 8-1 热轧交货状态的低合金高强度结构钢的力学性能和用途（摘自 GB/T 1591—2018）

牌号	等级	屈服强度 R_{eH}/MPa，(厚度或直径：16~150mm)	抗拉强度 R_m/MPa，(厚度或直径：16~150mm)	断后伸长率 A(%)，≥ (纵向)	冲击吸收能量 温度/℃	KV_2/J (纵向)	应用举例
Q355	B	295~355	450~630	17~22	20	34	桥梁、船舶、车辆、压力容器、起重及矿山机械、建筑结构等
	C				0		
	D				-20		
Q390	B	320~390	470~650	19~21	20	34	大型桥梁、起重设备、大型船舶、中高压压力容器、电站设备等
	C				0		
	D				-20		
Q420	B	350~420	500~680	19~20	20	34	大型桥梁、中高压容器、大型船舶、电站设备、大型焊接结构、管道等
	C				0		
Q460	C	350~460	530~720	17~18	-20	34	中温高压容器、大型焊接结构件及要求强度高、载荷大的轻型结构等

模块四　机械结构用钢

【模块导入】

机械零件是组成机械和机器的不可拆分的单个制件,是机械的基本制造单元,如轴、齿轮、螺栓、轴承、弹簧等。机械零件的种类很多,性能要求不一。因此,选择合适的材料并进行合理的热处理,是保证零件质量的前提。正如国家科技奖获得者、著名材料学家师昌绪所说:"设计是灵魂,材料是基础,工艺是关键,测试是保证。"

【学习内容】

机械结构用钢是指用于制造各种机械零件所用的钢种,常用来制造各种齿轮、轴（杆）类零件、弹簧、轴承及高强度结构件等,故又称机械零件用钢。

按钢的生产工艺和用途,机械结构用钢可分为调质钢、弹簧钢、滚动轴承钢、渗碳钢、氮化钢、易切削钢等。

一、机械结构用钢的牌号表示方法

机械结构用钢中调质钢、弹簧钢、渗碳钢、氮化钢的牌号用"两位数字+元素符号+数字+…"的方法表示。牌号的前两位数字表示平均碳的质量分数的万分之几,合金元素以化学元素符号表示,合金元素后面的数字则表示该元素的质量分数,一般用百分之几表示。凡合金元素的平均质量分数小于1.5%时,牌号中一般只标明元素符号而不标明其含量;如果平均质量分数≥1.5%、≥2.5%、≥3.5%……则相应地在元素符号后面标以2、3、4……如为高级优质钢,则在其牌号后加"A"。虽然钢中V、Ti、Al、B、RE等合金元素的含量很低,但它们在钢中起相当重要的作用,故仍应在牌号中标出。例如:20CrMnTi表示平均碳的质量分数为0.20%,主要合金元素Cr、Mn的质量分数均低于1.5%,并含有微量Ti元素的合金结构钢;60Si2Mn表示平均碳的质量分数为0.6%,主要合金元素Mn的质量分数低于1.5%,Si的质量分数为1.5%~2.5%的弹簧钢。

滚动轴承钢在牌号前标以"G",表示"滚"字汉语拼音的第一个大写字母,其后为"Cr+数字",数字表示铬平均质量分数的千分之几,如GCr15。这里应注意,牌号中铬元素后面的数字表示铬的质量分数为1.5%,其他元素仍按质量分数的百分之几表示,如GCr15SiMn表示铬的质量分数为1.5%,Si、Mn的质量分数均小于1.5%的滚动轴承钢。

易切削钢在钢号前加"Y",代表"易切削钢","Y"后面的阿拉伯数字表示平均碳的质量分数（以万分之几计）。例如,Y40Mn表示碳的质量分数约为0.4%,锰的质量分数小于1.5%的易切削钢。

二、渗碳钢

汽车、拖拉机上的变速齿轮,内燃机上的变速齿轮、活塞销等零件是在受冲击和磨损条件下工作的，要求表面硬、耐磨，而零件心部则要求有较高的韧性以承受冲击。为满足上述要求，常选用渗碳钢制造此类零件。

1. 渗碳钢的化学成分

为了满足"外硬内韧"的要求，渗碳钢一般都采用低碳成分，碳的质量分数一般为0.10%~0.25%，个别钢种可达0.28%，以使零件心部有足够的塑性和韧性。

值得指出的是，近年来的研究表明，渗碳钢心部过低的碳含量易于使表面硬化层剥落，适当提高心部碳含量可使其强度增加，从而避免剥落现象。所以近年来有提高渗碳钢碳含量的趋势，但通常也不能太高，否则会降低其韧性。

渗碳钢中的主加合金元素是 Cr、Ni、Mn、B 等，主要作用是提高渗碳钢的淬透性，以使较大尺寸的零件在淬火时心部能获得大量的板条马氏体组织，提高零件的强度和韧性。另一方面，利用碳化物形成元素 Cr 在渗碳后于表层形成碳化物，以提高硬度和耐磨性。此外，Ni 元素对渗碳层和心部的韧性非常有利，并可降低韧-脆转变温度。

由于渗碳温度一般为 920~950℃，对于用 Mn、Si 脱氧的钢，奥氏体晶粒会急剧长大。加入少量强碳化物形成元素 Ti、V、W、Mo 等，形成稳定的合金碳化物，可以阻止奥氏体晶粒在高温渗碳时长大，能细化晶粒；同时还可增加渗碳层硬度，进一步提高耐磨性。

2. 渗碳钢的热处理

碳素渗碳钢（如 20、25 等）在机械加工前的预备热处理采用正火；合金渗碳钢零件在机械加工前的预备热处理通常分两步进行，首先将钢件在 Ac_3 线以上加热进行正火，然后根据合金钢的淬透性不同分别进行退火（对珠光体型钢）和高温回火（对马氏体型钢）。正火的目的是细化晶粒，减少组织中的带状组织并调整好硬度，以便于机械加工。对于珠光体型钢，通常用在 800℃左右的一次退火代替正火，可得到相同的效果，这样既能细化晶粒，又能改善可加工性；对于马氏体型钢，则必须在正火之后，再在 Ac_1 以下温度进行高温回火，以获得回火索氏体组织，这样可使马氏体型钢的硬度由 380~550HBW 降低到 207~240HBW，以顺利地进行切削加工。

一般渗碳零件的渗碳温度为 930℃左右，但渗碳只改变表层的碳含量，而随后的淬火、回火才赋予零件最终的力学性能。渗碳后的淬火处理常用直接淬火、一次淬火和二次淬火等方法，而后进行低温回火。非合金渗碳钢和低合金渗碳钢经常采用直接淬火或一次淬火，而后低温回火；高合金渗碳钢则采用二次淬火和低温回火处理。

热处理后渗碳零件表面组织为回火马氏体+碳化物+少量残留奥氏体，硬度达 58~62HRC，满足耐磨的要求；而心部的组织是低碳马氏体，保持较高的韧性，满足承受冲击载荷的要求。对于大尺寸的零件，如钢的淬透性不足，零件的心部淬不透，则仍保持原来的珠光体+铁素体组织。

3. 常用的渗碳钢

渗碳钢有碳素渗碳钢和合金渗碳钢两大类。常用的碳素渗碳钢是优质碳素结构钢中的10、15、20，用来制造一些受力小、强度要求不高、形状简单、尺寸较小、易磨损的零件，如轴套、链条的滚子、链轮、不重要的齿轮等。但是由于非合金钢的淬透性差、强度较低，满足不了受力较大、形状复杂、尺寸较大的零件的要求。因此，合金渗碳钢在生产上获得了更广泛的应用。

合金渗碳钢按淬透性的高低可分为低淬透性、中淬透性、高淬透性三类。

（1）低淬透性渗碳钢 低淬透性合金渗碳钢中合金元素的质量分数小于3%，如15Cr、20Cr、20Mn2。这类钢中合金元素的含量少，淬透性较低，水淬临界直径小于25mm，渗碳淬火后，心部的强度、韧性较低，只适于制造受冲击载荷较小的耐磨零件，如活塞销、凸轮、滑块、小齿轮等。

（2）中淬透性渗碳钢 中淬透性合金渗碳钢中合金元素的质量分数在4%左右，如20CrMn、20CrMnTi、20Mn2TiB。典型钢种为20CrMnTi，其淬透性较高，油淬临界直径为25~60mm；过热敏感性较小，渗碳过渡层比较均匀，具有良好的力学性能和工艺性能，主要用于制造承受中等载荷，要求具有足够冲击韧性和耐磨性高的汽车、拖拉机齿轮等零件。

（3）高淬透性渗碳钢 高淬透性合金渗碳钢中合金元素的质量分数为4%~6%，如18Cr2Ni4W、20Cr2Ni4等。这种钢的淬透性很高，钢的油淬临界直径大于100mm，且具有很好的韧性和低温冲击韧性，主要用于制造大截面、高载荷的重要耐磨件，如飞机、坦克中的曲轴、大模数齿轮等。

常用的合金渗碳钢牌号、热处理工艺、力学性能及用途见表8-2。

表8-2 常用的合金渗碳钢牌号、热处理工艺、力学性能及用途（摘自 GB/T 3077—2015）

类别	牌号	热处理/℃			力学性能(不小于)			用途
		渗碳	淬火①	回火	R_m/MPa	R_{eL}/MPa	A(%)	
低淬透性	20Mn2	930	770~800 油	200	785	590	10	小齿轮、小轴、活塞销等
	20Cr	930	800 水,油	200	835	540	10	齿轮、小轴、活塞销等
	20MnV	930	880 水,油	200	785	590	10	同20Cr,也用作锅炉、高压容器管道等
中淬透性	20CrMn	930	850 油	200	930	735	10	齿轮、轴、蜗杆、活塞销、摩擦轮
	20CrMnTi	930	860 油	200	1080	850	10	汽车、拖拉机上的变速器齿轮
	20MnTiB	930	860 油	200	1130	930	10	
高淬透性	18Cr2Ni4W	930	850 空	200	1180	835	10	大型渗碳齿轮和轴类零件
	20Cr2Ni4	930	780 油	200	1180	1080	10	

① 所列数值为直接淬火温度或一次淬火温度。

三、调质钢

采用调质处理，即淬火+高温回火后使用的机械结构钢，统称为调质钢，属于整体强化态钢。调质后得到回火索氏体组织，综合力学性能好，用于受力较复杂的重要结构零件，如汽车后桥半轴、连杆、螺栓以及各种轴类零件。

目前，调质钢的强化工艺已不限于淬火+高温回火，还可采用正火、等温淬火、低温回火等工艺手段。调质钢在机械零件中是用量最大的。

1. 调质钢的化学成分

合金调质钢中碳的质量分数为 0.3%~0.5%，属中碳钢。碳的质量分数在这一范围内可保证钢的综合性能，碳的质量分数过低，则会影响钢的强度指标；碳的质量分数过高，则韧性将显得不足。对于合金调质钢，随合金元素的增加，碳的质量分数趋于下限。

调质钢中的主加合金元素为 Cr、Mn、Ni、Si、B 等，主要目的是提高淬透性。除硼（B）外，这些合金元素除了提高淬透性外，还能形成合金铁素体，提高钢的强度。例如，经调质处理的 40Cr 钢的强度比 45 钢高很多。

加入少量强碳化物形成元素 Ti、V、W、Mo 等，可形成稳定的合金碳化物，阻碍奥氏体晶粒长大，从而可细化晶粒和提高耐回火性。其中 W、Mo 还可以防止第二类回火脆性，其适宜含量为：w_{Mo} = 0.2%~0.3%，不大于 0.6%，应用较多；w_W = 0.4%~0.6%，不大于 1.2%，即所谓"一钼抵二钨"。

2. 调质钢的热处理

预备热处理的目的是消除因热加工不当而造成的粗大组织和带状组织，以改善可加工性。对于珠光体调质钢，一般采用在 Ac_3 线以上加热进行正火，可细化晶粒，改善可加工性。而马氏体调质钢正火后可能得到马氏体组织，所以必须先退火或正火后再进行高温回火，使其组织转变为粒状珠光体，回火后硬度可由 380~550HBW 降至 207~240HBW，此时可顺利地进行切削加工。

调质钢的最终热处理是淬火加高温回火（调质处理）。合金调质钢的淬透性较高，一般都用油淬，淬透性特别大时甚至可以空冷，这能减少热处理缺陷。

调质钢的最终性能取决于回火温度，一般采用 500~650℃ 回火。通过选择回火温度，可以获得所要求的性能（具体可查热处理手册中有关钢的回火曲线）。为防止第二类回火脆性，回火后应快冷（水冷或油冷），这样有利于韧性的提高。当要求零件具有特别高的强度（R_m = 1600~1800MPa）时，在 200℃ 左右回火，得到中碳马氏体组织，这也是发展超高强度钢的重要方向之一。

对于表面要求耐磨的零件（如齿轮、主轴），在调质处理后再进行感应淬火及低温回火，表面硬度可达 55~58HRC。

3. 常用的调质钢

在机械制造工业中，调质钢是按淬透性高低来分级的，一般分为低淬透性调质钢、中淬透性调质钢和高淬透性调质钢。

（1）低淬透性调质钢 45 和 40Cr 钢是用途最广泛的低淬透性调质钢。45 钢为非合金钢，用作截面尺寸较小或不要求完全淬透的零件，由于其淬透性较低，只能用水或盐水淬火。低淬透性合金钢中合金元素的质量分数小于 3%，油淬临界直径最大为 30~40mm，广泛用于制造一般尺寸的重要零件，如轴、齿轮、连杆螺栓等，典型钢种是 40Cr、40MnB、35SiMn、40MnVB、40Mn2、40MnB 等。表 8-3 所列为常用低淬透性合金调质钢的牌号、化学成分、热处理、力学性能及用途。

表 8-3 常用低淬透性合金调质钢的牌号、化学成分、热处理、力学性能及用途（GB/T 3077—2015）

牌 号		35SiMn	40MnB	40MnVB	40Cr
化学成分 （质量分数,%）	C	0.32~0.40	0.37~0.44	0.37~0.44	0.37~0.45
	Mn	1.10~1.40	1.10~1.40	1.10~1.40	0.50~0.80
	Si	1.10~1.40	0.20~0.40	0.20~0.40	0.20~0.40
	Cr	—	—	—	0.80~1.10
	其他	—	w_B:0.001~0.035	w_V:0.05~0.10 w_B:0.001~0.004	—
热处理	淬火/℃	900,水	850,油	850,油	850,油
	回火/℃	570,水、油	500,水、油	500,水、油	500,水、油
力学性能 ≥	R_m/MPa	885	1000	1000	1000
	R_{eL}/MPa	735	800	800	800
	A(%)	15	10	10	9
	KU_2/J	47	47	47	47
用途		除要求低温（-20℃以下）韧性很高的情况外，可全面代替40Cr	代替40Cr	可代替40Cr及部分代替40CrNi制作重要零件，也可代替38CrSi制作重要销钉	制作重要调质件，如轴类件、连杆螺栓、进气阀和重要齿轮等

（2）中淬透性调质钢　这类钢合金元素的质量分数在4%左右，油淬临界直径为40~60mm，含有较多的合金元素，用于制造截面较大、承受较大载荷的零件，如曲轴、连杆等，典型钢种为38CrSi、40CrNi、30CrMnSi、35CrMo、40CrMn、42CrMo。表8-4所列为常用中淬透性合金调质钢的牌号、化学成分、热处理、力学性能及用途。

表 8-4 常用中淬透性合金调质钢的牌号、化学成分、热处理、力学性能及用途（GB/T 3077—2015）

牌 号		38CrSi	30CrMnSi	40CrNi	35CrMo
化学成分 （质量分数,%）	C	0.35~0.43	0.27~0.34	0.37~0.44	0.32~0.40
	Mn	0.30~0.60	0.80~1.10	0.50~0.80	0.40~0.70
	Si	1.00~1.30	0.90~1.20	0.17~0.37	0.20~0.40
	Cr	1.30~1.60	0.80~1.10	0.45~0.75	0.80~1.10
	其他	—	—	w_{Ni}:1.00~1.40	w_{Mo}:0.15~0.25
热处理	淬火/℃	900,油	880,油	820,油	850,油
	回火/℃	600,水、油	520,水、油	500,水、油	550,水、油
力学性能 ≥	R_m/MPa	1000	1100	980	1000
	R_{eL}/MPa	850	800	785	850
	A(%)	12	10	10	12
	KU_2/J	55	63	55	63
用途		载荷大的轴类件及车辆上的重要调质件	高强度钢，制作高速载荷砂轮轴，车辆上的内、外摩擦片等	汽车、拖拉机、机床、柴油机的轴、齿轮、螺栓等	重要调质件，如曲轴、连杆及代替40CrNi制作大截面轴

(3) 高淬透性调质钢　这类钢合金元素的质量分数为 4%~10%，油淬临界直径为 60~100mm，最大可达 300mm，多半为铬镍钢。Cr、Ni 的适当配合，可大大提高淬透性，并能获得比较优良的综合力学性能，用于制造大截面、承受大载荷的重要零件，如汽轮机主轴、压力机曲轴、航空发动机曲轴等，常用钢种为 40CrNiMo、37CrNi3、25Cr2Ni4W 等。常用高淬透性合金调质钢的牌号、化学成分、热处理、力学性能及用途见表 8-5。

表 8-5　常用高淬透性合金调质钢的牌号、化学成分、热处理、力学性能及用途（GB/T 3077—2015）

牌	号	38CrMoAl	37CrNi3	40CrMnMo	25Cr2Ni4W	40CrNiMo
主要化学成分（质量分数,%）	C	0.35~0.42	0.34~0.41	0.37~0.45	0.21~0.28	0.37~0.44
	Mn	0.30~0.60	0.30~0.60	0.90~1.20	0.30~0.60	0.50~0.80
	Si	0.20~0.40	0.20~0.40	0.20~0.40	0.17~0.37	0.20~0.40
	Cr	1.35~1.65	1.20~1.60	0.90~1.20	1.35~1.65	0.60~0.90
	其他	w_{Mo}:0.15~0.25　w_{Al}:0.70~1.10	w_{Ni}:3.00~3.5	w_{Mo}:0.20~0.30	w_{Ni}:4.00~4.50　w_{W}:0.80~1.20	w_{Ni}:1.25~1.75　w_{Mo}:0.15~0.25
热处理	淬火/℃	940,水、油	820,油	850,油	850,油	850,油
	回火/℃	550,水、油	500,水、油	600,水、油	550,水	600,水、油
力学性能≥	R_m/MPa	1000	1150	1000	1100	1000
	R_{eL}/MPa	850	1000	800	950	850
	A(%)	14	10	10	11	12
	KU_2/J	63	71	63	71	78
用途		制作氮化零件，如高压阀门、缸套等	制作大截面并要求高强度、高韧性的零件	相当于 40CrNiMo 的高级调质钢	制作力学性能要求很高的大截面零件	制作高强度零件，如航空发动机曲轴，在 500℃ 以下工作的喷气发动机承载零件

四、弹簧钢

1. 弹簧钢的性能要求

弹簧钢是一种专用结构钢，主要用于制造各种弹簧和弹性元件。合金弹簧钢应具有高的弹性极限，尤其是高的屈强比（R_{eL}/R_m），以保证弹簧有足够高的弹性变形能力和较大的承载能力；具有高的疲劳强度，以防止在振动和交变应力的作用下产生疲劳断裂；具有足够的韧性，以免受冲击时脆断。

此外，弹簧钢还要有较好的淬透性，不易脱碳和过热，容易绕卷成形等。一些特殊弹簧钢还要求具有耐热性、耐蚀性等。

2. 弹簧钢的化学成分特点

弹簧钢中碳的质量分数一般为 0.45%~0.70%。碳的质量分数过高，塑性和韧性降低，疲劳极限也下降。弹簧钢中可加入的合金元素有 Si、Mn、Cr、V、W、B 等，Si、Mn 可提高淬透性，同时也提高屈强比，其中 Si 的作用更为突出。Si、Mn 的不足之处是 Si 会促使钢材表面在加热时脱碳，Mn 则使钢易于过热。因此，重要用途的弹簧钢必须加入 Cr、V、W 等，它们不仅使钢材有更高的淬透性，不易脱碳和过热，而且使其有更高的高温强度和韧性。

此外，弹簧的冶金质量对疲劳强度有很大的影响，所以弹簧钢均为优质钢或高级优质钢。

3. 常用的弹簧钢

65Mn 和 60Si2Mn 是以 Si、Mn 为主要合金元素的弹簧钢。这类钢的价格便宜，淬透性明显优于碳素弹簧钢，且由于 Si、Mn 的复合合金化，故其性能比只用 Mn 好得多。这类钢主要用于汽车、拖拉机上的板簧和螺旋弹簧。

50CrV 为含 Cr、V、W 等元素的弹簧钢。Cr、V 的复合合金化不仅大大提高了钢的淬透性，而且提高了钢的高温强度、韧性和热处理工艺性能。这类钢可制作在 300℃ 下承受重载的较大弹簧。

55SiMnVB 是在 Si-Mn 钢的基础上，加入微量 Mo、V、Nb、B 和稀土元素的优质弹簧钢。合金化的目的是降低脱碳敏感性，故减少了钢中的 Si 含量；在中截面弹簧钢中加入微量 B 元素，在大截面弹簧钢中加入了少量 Mo 元素。此外，钢中加入了少量 V 元素，作用在于细化晶粒，提高强韧性。

常用合金弹簧钢的牌号、热处理、力学性能及用途见表 8-6。

表 8-6 常用合金弹簧钢的牌号、热处理、力学性能及用途（摘自 GB/T 1222—2016）

牌 号		65Mn	60Si2Mn	55SiMnVB	50CrV
主要成分（质量分数,%）	C	0.62~0.70	0.57~0.65	0.52~0.60	0.46~0.54
	Mn	0.90~1.20	0.60~0.90	1.00~1.30	0.50~0.80
	Si	0.17~0.37	1.50~2.00	0.70~1.00	0.17~0.80
	其他	w_{Cr}:0.17~0.37	w_{Cr}≤0.30	w_B:0.005~0.035 w_V:0.08~0.16	0.80~1.10
热处理	淬火/℃	830(油)	870(油)	880(油)	850(油)
	回火/℃	540	480	460	500
力学性能	R_m/MPa	785	1275	1373	1300
	R_{eL}/MPa	981	1177	1225	1150
	A(%)	8	5	5	10
	Z(%)	30	25	30	40
用途举例		截面不大于25mm 的弹簧，如车厢板簧、弹簧发条等	截面为 25~30mm 的弹簧，如汽车板簧、机车螺旋弹簧；还可用于低应力货车转向架弹簧、铁路扣件用弹条	代替 60Si2Mn 制造重型、中型、小型汽车的板簧和其他中等截面的板簧和螺旋弹簧	截面为 30~50mm，承受高载荷的重要弹簧以及工作温度低于 300℃ 的阀门弹簧、活塞弹簧、安全弹簧等

4. 弹簧钢的生产方式和热处理

根据弹簧钢的生产方式，可将其分为热成形弹簧和冷成形弹簧两类，所以其热处理工艺也分为两类。对于热成形弹簧，一般可在淬火加热时成形，然后进行淬火+中温回火，获得回火托氏体组织，具有很高的屈服强度和弹性极限，并有一定的塑性和韧性。

例如，在汽车钢板弹簧的生产中，首先采用中频感应设备将钢板加热到适当温度，然后热压成形，并随之在油中淬火，使成形与热处理结合起来，实现了形变热处理，取得了良好的效果。

对于冷成形弹簧，通过冷拔（或冷拉）、冷卷成形。冷卷后的弹簧不必进行淬火处理，只需要进行一次消除内应力和稳定尺寸的定型处理，即加热到 250~300℃，保温一段时间，从炉内取出空冷即可使用。钢丝的直径越小，强化效果越好，强度越高，强度极限可达 1600MPa 以上，而且表面质量也越好。

如果弹簧钢丝的直径太大，如大于 ϕ15mm，板材厚度大于 8mm，则会出现淬不透现象，导致弹性极限下降，疲劳强度降低。所以，弹簧钢材的淬透性必须和弹簧选材直径尺寸相适应。

弹簧的弯曲应力、扭转应力在表面处最高，因而它的表面状态非常重要。热处理时的氧化脱碳是最忌讳的，加热时要严格控制炉气，尽量缩短加热时间。

弹簧经热处理后，一般进行喷丸处理，使表面强化并在表面产生残余压应力，以提高疲劳强度。

五、滚动轴承钢

1. 滚动轴承钢的性能要求

主要用来制造滚动轴承的滚动体（滚珠、滚柱、滚针），如图 8-12 所示，内外套圈的钢称为滚动轴承钢，属专用结构钢。

滚动轴承是一种高速转动的零件，工作时滚动体与内外圈接触面积很小，不仅有滚动摩擦，而且有滑动摩擦，承受很高、很集中的周期性交变载荷，所以常常发生接触疲劳破坏。因此，要求滚动轴承钢具有高而均匀的硬度，高的弹性极限和接触疲劳强度，足够的韧性和淬透性，以及一定的耐蚀性。

2. 滚动轴承钢的成分特点

滚动轴承钢是一种高碳低铬钢。其碳的质量分数一般为 0.95%~1.10%，以保证其具有高硬度、高耐磨性和高强度。主加元素铬为基本合金元素，可提高淬透性，使淬火、回火后整个截面上获得较均匀的组织；合金渗碳体（Fe，Cr）$_3$C 呈细密、均匀分布，可提高钢的耐磨性，特别是疲劳强度；溶入奥氏体中的铬又可提高马氏体的耐回火性；适宜的铬的

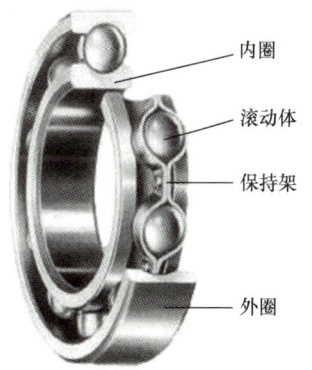

图 8-12 滚动轴承的结构

质量分数为 0.40%~1.65%。加入硅、锰、钒等可进一步提高淬透性，便于制造大型轴承。钒部分溶于奥氏体中，部分形成碳化物 VC，提高了钢的耐磨性并可防止过热。

合金轴承钢中非金属夹杂和碳化物的不均匀性对钢的性能，尤其是接触疲劳强度影响很大。因此，轴承钢一般采用电炉冶炼和真空去气处理。

3. 常用的滚动轴承钢

滚动轴承钢的典型牌号是 GCr15，其使用量占轴承钢的绝大部分。由于 GCr15 的淬透性不是很高，因此多用于制造中小型轴承。添加 Mn、Si、Mo、V 的轴承钢，如 GCr15SiMn 钢等，其淬透性较高，主要用于制造大型轴承。

为了节约 Cr，可以加入 Mo、V，得到不含铬的轴承钢，如 GSiMnMoV、GSiMnMoVRE 钢等，其性能和用途与 GCr15 相近。

常用滚动轴承钢的牌号、热处理、力学性能及用途见表 8-7。从化学成分看，滚动轴承钢也属于工具钢范畴，所以这类钢也经常用于制造各种精密量具、冲压模具、丝杠、冷轧辊和高精度的轴类等耐磨零件。

表 8-7 常用滚动轴承钢牌号、热处理、力学性能及用途（摘自 GB/T 18254—2016）

牌号	化学成分(质量分数,%)					淬火温度 /℃	回火温度 /℃	回火后的硬度 HRC	主要用途
	C	Cr	Si	Mn	Mo				
G8Cr15	0.75~0.85	1.30~1.65	0.15~0.35	0.20~0.40	—	850~860	150~160	61~64	壁厚≤12mm、外径≤250mm 的各种轴承套圈；直径≤50mm 的钢球，直径≤22mm 的圆锥滚子、球面滚子及所有尺寸的滚针
GCr15	0.95~1.05	1.40~1.65	0.15~0.35	0.20~0.45	—	830~860	160~180	62~66	壁厚15~35mm、外径≤250mm 的各种轴承套圈；20~50mm 的滚动体，如钢球、圆锥滚子、圆柱滚子、球面滚子、滚针等
GCr15SiMn	0.95~1.05	1.40~1.65	0.45~0.75	0.95~1.25	—	810~840	170~200	62~64	壁厚≥14mm，外径≤250mm 的套圈；直径为20mm~200mm 的钢球；直径≥22mm 的滚子，其他同 GCr15
GCr18Mo	0.95~1.05	1.65~1.95	0.20~0.40	0.25~0.40	0.15~0.25	850~870	160~200	62~64	铁路车辆、轧机、矿山机械等重型机械的大型轴承

4. 滚动轴承钢的热处理

滚动轴承钢的预备热处理是球化退火，钢经下料、锻造后的组织是索氏体+少量粒状二次渗碳体，硬度为 255~340HBW，采用球化退火的目的在于获得粒状珠光体组织，调整硬度至 207~229HBW，以便于切削加工及得到高质量的表面。一般加热到 790~810℃ 烧透后，再降低至 710~720℃ 保温 3~4h，使碳化物全部球化。

滚动轴承钢的最终热处理为淬火+低温回火，淬火切忌过热，淬火后立即回火，经 150~160℃ 回火 2~4h，以去除应力，提高韧性和稳定性。滚动轴承钢淬火、回火后得到极细的回火马氏体、分布均匀的细小粒状碳化物（5%~10%）以及少量残留奥氏体（5%~10%），硬度为 62~66HRC。

生产精密轴承或量具时，由于低温回火不能彻底消除内应力和残留奥氏体，在长期保存及使用过程中，会因应力释放、奥氏体转变等原因造成尺寸变化，所以淬火后应立即进行一次冷处理，并在回火及磨削后，于 120~130℃ 进行 10~20h 的尺寸稳定化处理。

图 8-13 所示为 GCr15 钢制滚动轴承外套最终热处理工艺曲线。

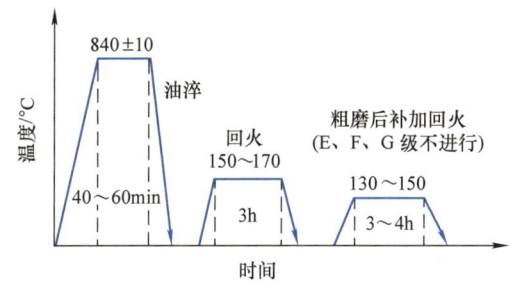

图 8-13　GCr15 钢制滚动轴承外套最终热处理工艺曲线

模块五　工具钢

【模块导入】

孔子曰："工欲善其事，必先利其器。"各位同学在钳工及机加工实习过程中，肯定用到过各种金属切削和测量工具，如钻头、丝锥、板牙、铣刀、半径样板、塞规等。你是否思考过，这些工具是用什么钢材制造的？这类钢材具备什么样的成分特点和性能特点，才能保证其使用要求呢？

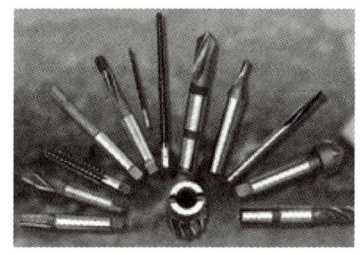

【学习内容】

用于制造刃具、模具和量具的钢称为工模具钢，简称工具钢。工具钢分为量具钢、刃具钢、耐冲击工具钢、冷作模具钢、热作模具钢、无磁工具钢和塑料模具钢等，但在实际的工程应用中，各类钢种的分类并无明显的限制。

国家标准 GB/T 221—2008《钢铁产品牌号表示方法》把工具钢分为碳素工具钢、合金工具钢和高速工具钢三类。其中碳素工具钢已在前文中介绍过，故本模块主要介绍合金工具钢和高速工具钢。

一、合金工具钢和高速工具钢的牌号表示方法

合金工具钢的牌号以"一位数字（或没有数字）+元素+数字+…"表示。其编号方法与合金结构钢大体相同，区别在于碳的质量分数的表示方法。当碳的质量分数小于 1.0% 时，牌号前用一位数字表示平均碳的质量分数的千分之几，合金元素及其含量的表示方法同结构钢；当碳的质量分数大于或等于 1.0% 时，为避免同结构钢混淆，牌号前不予标出碳的质量分数。如 9SiCr 钢，其平均碳的质量分数为 0.9%，Si、Cr 的质量分数都小于 1.5%；又如 Cr12MoV 钢，其平均碳的质量分数为 1.45%~1.70%，因大于 1.0%，所以不标出，该钢中

Cr 的质量分数约为 12%，Mo 和 V 的质量分数都小于 1.5%。

对于 Cr 含量低的钢，其 Cr 的质量分数以千分之几表示，并在数字前加 "0"，以示区别。例如，平均 Cr 的质量分数为 0.6% 的低铬工具钢的牌号为 Cr06。

高速工具钢牌号中合金元素的表示方法与其他合金钢相同，但无论碳的质量分数为多少，在牌号中都不予标出。当合金成分相同，仅碳的质量分数不同时，对碳的质量分数较高者，在牌号前冠以 "C" 字。例如，牌号 W6Mo5Cr4V2 和 CW6Mo5Cr4V2，前者碳的质量分数为 0.80%~0.90%，后者碳的质量分数为 0.95%~1.05%。

二、低合金刃具钢

1. 刃具钢的服役条件及性能要求

刃具钢在切削过程中受到弯曲、剪切、冲击、扭转、振动、摩擦等力的作用，产生大量热量，有可能使切削刃温度升高到 600℃ 甚至更高，同时刃部也发生磨损。所以，要求刃具具有较高的硬度和耐磨性，硬度一般应在 60HRC 以上，同时也要有一定的韧性和塑性，以防止使用过程中崩刃或折断。为了保证其在高速切削时仍然有高的硬度，要求刃具具有高的热硬性。所谓热硬性是指钢在高温条件下保持硬度的能力，主要与钢的耐回火性有关。

2. 低合金刃具钢的成分特点

为了克服碳素工具钢淬透性低、易变形和开裂以及热硬性差等缺点，在碳素工具钢的基础上加入少量的合金元素（质量分数一般不超过 5%），就形成了低合金刃具钢。

低合金刃具钢中碳的质量分数一般为 0.75%~1.50%，高的碳含量可保证钢的高硬度并形成足够的合金碳化物，以提高耐磨性。

合金元素的作用主要是保证钢具有足够的淬透性和热硬性。钢中常加入的合金元素有 Si、Mn、Cr、Mo、V、W 等。其中，Si、Mn、Cr、Mo 提高淬透性的作用显著，还可强化铁素体；Cr、Mo、V、W 可细化晶粒，使钢进一步强化，提高钢的强度；作为碳化物形成元素，Cr、Mo、V、W 等在钢中形成合金渗碳体和特殊碳化物，可提高钢的硬度、耐磨性和热硬性。

虽然 Si 是非碳化物形成元素，但能在 400℃ 以下提高耐回火性，使钢的硬度在 250~300℃ 时仍能保持在 60HRC 以上；Mn 能使过冷奥氏体的稳定性增加，淬火获得较多的残留奥氏体，减小刃具淬火时的变形量。

3. 常用钢种及其用途

低合金刃具钢中常用的有 9SiCr、9Mn2V、CrWMn、Cr06 等。

9SiCr 钢有较高的淬透性和耐回火性，且其碳化物均匀、细小，油淬临界直径可达 40~50mm，热硬性可达 250~300℃，耐磨性高，不易崩刃。9SiCr 过冷奥氏体中温转变区的孕育期较长，可采用分级或等温淬火，以减少变形，因而常用于制作形状复杂、要求变形小的刀具，如丝锥、板牙等。

CrWMn 钢中碳的质量分数为 0.90%~1.05%，同时加入 Cr、W、Mn，使钢具有更高的硬度（64~66HRC）和耐磨性，但热硬性不如 9SiCr。CrWMn 钢热处理后变形小，故称其为微变形钢，主要用来制造较精密的低速刀具，如长铰刀、拉刀等。

常用低合金刃具钢的成分、热处理与用途见表 8-8。

表 8-8　常用低合金刃具钢的成分、热处理与用途（GB/T 1299—2014）

牌号	化学成分(质量分数,%)						热处理				应用
	C	Si	Mn	Cr	W	V	淬火温度/℃	硬度HRC	回火温度/℃	硬度HRC	
9SiCr	0.85~0.95	1.20~1.60	0.30~0.60	0.95~1.25			820~860 油	≥62	160~180	60~62	制作板牙、丝锥、铰刀、钻头、齿轮铣刀、拉刀等，也可制作冲模、冷轧辊等
Cr06	1.30~1.45	≤0.40	≤0.40	0.50~0.70			780~810 水	≥64	150~170	64~66	制作刮刀、锉刀、剃刀、外科手术刀、刻刀等
9Mn2V	0.85~0.95	≤0.30	1.70~2.00			0.10~0.25	780~810	≥62	150~200	60~62	制作小冲模、冷压模、雕刻模、各种变形小的量规、丝锥、板牙、铰刀等
CrWMn	0.90~1.05	≤0.40	0.80~1.10	0.90~1.20	1.20~1.60		820~840	≥62	140~160	62~65	制作板牙、拉刀、量规、形状复杂的高精度冲模等

4. 低合金刃具钢的热处理

低合金刃具钢的预备热处理是球化退火，最终热处理为淬火+低温回火，其组织为回火马氏体+未溶碳化物+残留奥氏体，硬度为 60~65HRC。

图 8-14 所示为 9SiCr 钢制板牙的热处理工艺曲线。9SiCr 钢制板牙淬火加热采用盐浴炉，为防止变形与开裂，应先在 600~650℃ 盐浴炉中预热，以缩短高温停留时间，降低板牙的氧化脱碳倾向；再放入 850~870℃ 盐浴炉中加热；加热后在 160~180℃ 的硝盐浴中进行等温淬火，等温时间为 30~45min。等温停留时，部分过冷奥氏体转变为下贝氏体，从而使钢的硬度、强度和韧性得到良好的配合。由于合金元素 Si、Cr 的加入，提高了钢的耐回火性，淬火后可在 190~200℃ 进行低温回火，回火时间为 60~90min，低温回火后的金相组织为回火马氏体+部分下贝氏体+少量残留奥氏体+细小颗粒状的残留渗碳体，使其达到所要求的硬度（60~63HRC）并降低残余应力。

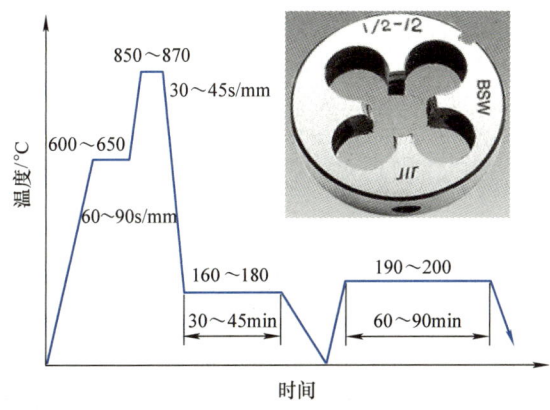

图 8-14　9SiCr 钢制板牙的热处理工艺曲线

三、高速工具钢

在高速切削过程中，刃具的刃部温度可达 600℃ 以上，此时低合金刃具钢已不适用（300℃ 以下适用）。为此，发展了碳含量较低、合金元素含量更高的高速工具钢（High Speed Steel，HSS）。

高速工具钢具有很高的淬透性，中小型刃具淬火时，甚至在空气中冷却也能硬化，并且很锋利，俗称风钢或锋钢。

在现代工具材料中，高速工具钢占刃具材料总量的 65%，而产值则占 70% 左右，所以它是一种极其重要的工具材料。

1. 高速工具钢的成分特点

高速工具钢是一种成分复杂的合金钢，含有 Cr、Mo、W、V 等碳化物形成元素，合金元素总量达 10%~25%。

（1）碳　高速工具钢中碳的质量分数较高，为 0.7%~1.65%。其作用是既保证淬火后有足够的硬度，又保证能够与合金元素形成足够数量的碳化物。其具体数值可根据钢中合金元素的含量用定比碳公式算出，最高可达 1.6%，如 W6Mo5Cr4V5SiNbAl 钢，碳的质量分数为 1.56%~1.65%。但碳含量过高将造成淬火后残留奥氏体量增多，并可造成碳化物不均匀性增加、热硬性下降。

（2）钨　钨是高速工具钢中的主要合金元素，作用是提高热硬性。在退火状态下，W 以 M_6C 型碳化物的形式存在。在淬火加热时，未溶 M_6C 阻碍奥氏体晶粒长大；另一部分 M_6C 型碳化物溶入奥氏体，提高了奥氏体的合金度，淬火冷却后存在于马氏体组织中，提高了马氏体的耐回火性。在 560℃ 回火时析出 W_2C，形成弥散分布，造成二次硬化，这种碳化物在 500~600℃ 的温度范围内非常稳定，从而使钢具有良好的热硬性。

随钨含量的增多，钢的热硬性增加，但当钨的质量分数大于 18% 时，热硬性增加不明显，碳化物不均匀性增加，塑性降低，造成加工困难。故常用钨系高速工具钢中钨的质量分数为 18% 左右。

由于世界范围内缺少钨资源，人们找到了以 Mo、Co 元素代替 W 元素而保持高热硬性的方法。

（3）钼、钴　Mo 在高速工具钢中的作用和 W 相似。由于二者原子量的差别，质量分数为 1% 的 Mo 可取代 1.5%~2.0% 的 W，如 W6Mo5Cr4V2 和 W18Cr4V 钢的性能相近，可代用。但含 Mo 高速工具钢的热塑性良好，便于热加工。

高速工具钢中加入 Co 可进一步提高其热硬性，一般 Co 的质量分数主要有 5%、8% 和 12% 三个级别，都是高热硬性高速工具钢。由于钴资源稀缺，现在一般提倡高速工具钢中不加钴和少加钴。

（4）铬　Cr 在高速工具钢中的作用是提高淬透性，并能形成碳化物强化相，Cr 在高温下可形成 $Cr_{23}C_6$，能起到钝化膜的保护作用。一般认为 Cr 的质量分数在 4% 左右为宜，高于 4% 时，会使马氏体转变温度 M_s 下降，淬火后将造成残留奥氏体量增多的不良结果。

（5）钒　V 在高速工具钢中的作用是提高热硬性和耐磨性。V 在钢中主要以 VC 的形式存在，VC 非常稳定，即使淬火温度达到 1260~1280℃，VC 也不会全部溶于奥氏体中。部分溶入奥氏体中的 VC，淬火后使马氏体的耐回火性提高，强烈阻碍马氏体分解，在一定温度下又以

VC 弥散析出，从而产生二次硬化。淬火加热未溶的 VC 起阻止晶粒长大的作用。由于 VC 的硬度很高，所以高速工具钢中 V 的质量分数应小于 5%，否则可锻性和磨削性能将变差。

2. 常用钢种及其应用

按用途不同，高速工具钢可分为通用型和特殊用途型两种。

通用型高速工具钢主要用于制造切削硬度不大于 300HBW 的金属材料的切削刀具（如钻头、丝锥、锯条）和精密刀具（如滚刀、插齿刀、拉刀），主要包括钨系和钨钼系高速工具钢。钨系高速工具钢的典型牌号为 W18Cr4V（简称 18-4-1），是广泛应用的钢种。钨钼系高速工具钢的典型牌号为 W6Mo5Cr4V2（简称 6-5-4-2），应用最普遍。

特殊用途高速工具钢也称高性能高速工具钢、超硬型高速工具钢，包括高碳系高速工具钢、高钒系高速工具钢、含钴系高速工具钢和铝高速工具钢四种，主要用于制造切削难加工金属（如高温合金、钛合金和高强钢等）的刀具。

高速工具钢与碳素工具钢及低合金刃具钢相比，切削速度可提高 2~4 倍，刀具寿命提高 8~15 倍，广泛用于制造尺寸大、切削速度快、重载荷及工作温度高的各种机加工工具，如机用锯条、铣刀、刨刀、拉刀、钻头、丝锥、板牙等，如图 8-15 所示。此外，还可用于制造部分模具及一些特殊的轴承。

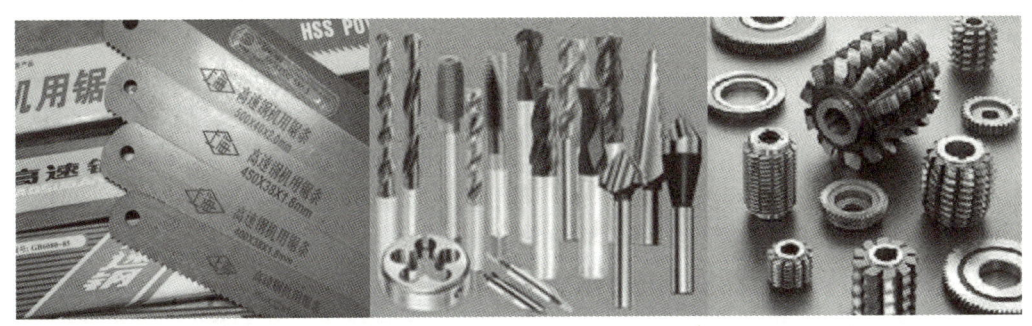

图 8-15 高速工具钢制造的一些刀具

常用高速工具钢的牌号、化学成分、热处理及用途见表 8-9。

表 8-9 常用高速工具钢的牌号、化学成分、热处理及用途（摘自 GB/T 9943—2008）

牌 号	化学成分(质量分数,%)					热 处 理				应 用
	C	Cr	W	V	Mo	淬火温度/℃	HRC	回火温度/℃	硬度 HRC	
W18Cr4V (T1)	0.70~0.80	3.80~4.40	17.50~19.00	1.00~1.40	≤0.30	1260~1280 油	≥63	550~570（三次）	63~66	制造中速切削用车刀、刨刀、钻头、铣刀等
W12Cr4V5Co5	1.5~1.6	3.75~5.00	11.50~13.00	4.5~5.25	Co: 4.75~5.25	1220~1240	≥63	540~560（三次）	≥64	制作切削中高强度钢、冷轧钢、铸造合金钢和低合金超高强度钢等难加工材料的刀具

(续)

牌号	化学成分(质量分数,%)					热处理				应用
	C	Cr	W	V	Mo	淬火温度/℃	HRC	回火温度/℃	硬度HRC	
W6Mo5Cr4V2（M2）	0.80~0.90	3.80~4.40	5.50~6.75	1.75~2.20	4.50~5.50	1220~1240 油	≥63	540~560（三次）	63~66	制造要求耐磨性和韧性相配合的中速切削刀具，如丝锥、钻头等
W6Mo5Cr4V3	1.10~1.25	3.80~4.40	5.75~6.75	2.80~3.30	4.75~5.75	1220~1240 油	≥63	540~560（三次）	>65	制造要求耐磨性和热硬性较高的、耐磨性和韧性较好配合的、形状稍为复杂的刀具

注：括号中为美国 AISI 牌号。

3. 高速工具钢的铸态组织与锻造

由于高速工具钢的合金元素含量多，使 $Fe\text{-}Fe_3C$ 相图中的 E 点左移，在高速工具钢铸态组织中出现了大量的共晶莱氏体组织。鱼骨状的莱氏体及大量分布不均匀的大块碳化物，使得铸态高速工具钢既脆又硬，无法直接使用，如图 8-16 所示。

高速工具钢铸态组织中碳化物分布不均匀的缺陷不能用热处理办法消除，必须借助反复锻造或轧制等热加工方法，才能使粗大的共晶碳化物和二次碳化物破碎，并使它们均匀分布在基体中。当高速工具钢的反复镦拔总的锻造比达 10 左右时，效果最佳。

锻造或轧制后，为防止产生过多的马氏体组织，应缓慢冷却（常用灰坑缓冷），以防止产生过高的应力和开裂。

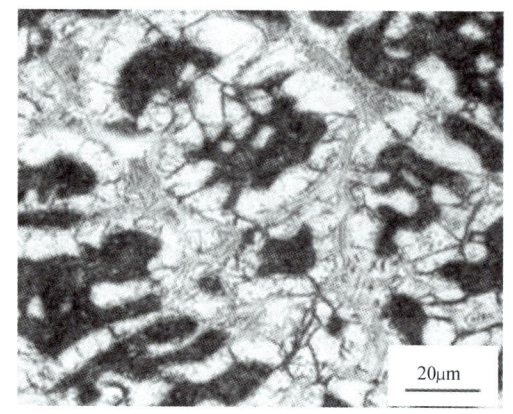

图 8-16　W18Cr4V 钢的铸态组织

4. 高速工具钢的热处理

高速工具钢的热处理工艺较为复杂，必须经过退火、淬火、回火等一系列过程。W18Cr4V 钢的热处理工艺曲线如图 8-17 所示。

（1）退火　高速工具钢锻造后必须进行退火，目的在于消除应力，降低硬度，使显微组织均匀，便于淬火。具体工艺可采用等温退火，加热到 860~880℃ 保温，然后冷却到 740~750℃ 保温，炉冷至 550℃ 以下出炉，硬度为 207~225HBW，组织为索氏体+碳化物，如图 8-18 所示。

（2）淬火　高速工具钢的淬火加热温度较低合金刃具钢高得多，一般为 1220~1280℃，目的是使尽量多的合金元素在加热时溶入奥氏体，淬火后获得高合金的马氏体，具有高的耐

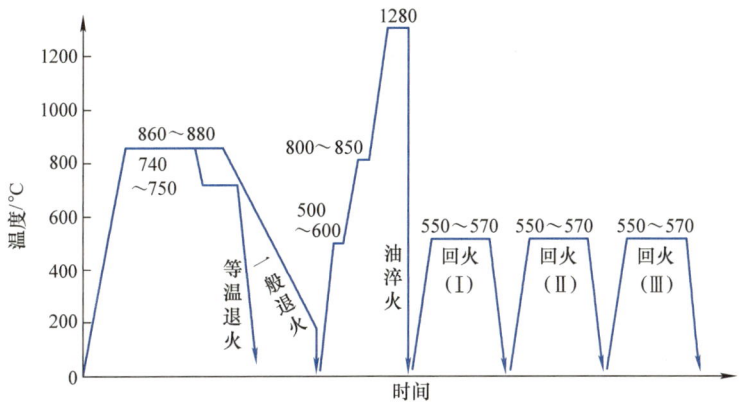

图 8-17　W18Cr4V 钢的热处理工艺曲线

回火性，在高温回火时析出弥散碳化物，产生二次硬化，提高硬度和热硬性。淬火加热温度越高，合金元素溶入奥氏体的数量越多，对高速工具钢热硬性作用最大的合金元素（W、Mo、V）只有在 1000℃ 以上时，其溶解度才急剧增加。但当温度超过 1300℃ 时，虽然可继续增加这些合金元素的含量，但此时奥氏体晶粒急剧长大，甚至会在晶界处发生局部熔化现象，这也就是需精确掌握淬火加热温度和加热时间的原因所在。

此外，高碳高合金元素的存在使高速工具钢的导热性很差，所以淬火加热时采用分级预热，一次预热温度为 500~600℃，二次预热为 800~850℃。这样的加热工艺可避免由热应力而造成的变形或开裂，工厂均采用盐炉加热。淬火冷却采用油中分级淬火法，淬火后的组织为马氏体+碳化物+残留奥氏体（25%~30%），如图 8-19 所示。

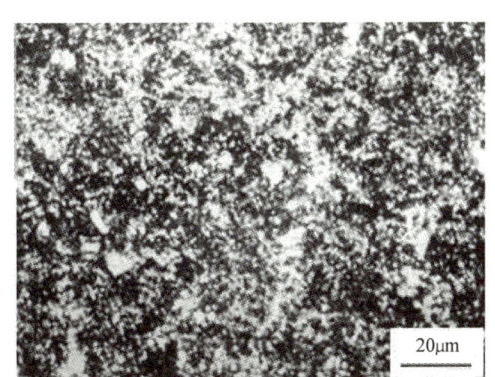

图 8-18　W18Cr4V 钢的退火组织

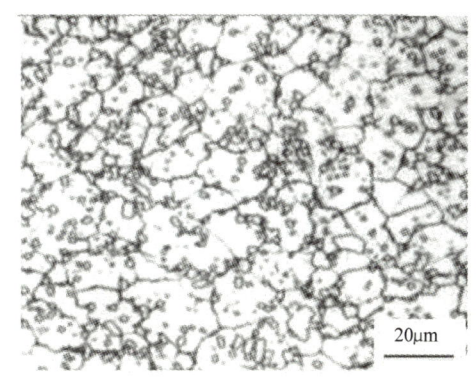

图 8-19　W18Cr4V 钢的正常淬火组织

（3）回火　为了消除淬火应力，减少残留奥氏体量，稳定组织，达到性能要求，高速工具钢淬火后应立即回火。高速工具钢的回火一般进行三次，回火温度为 560℃，每次 1~1.5h。

高速工具钢淬火组织中的碳化物在回火时不发生变化，只有马氏体和残留奥氏体发生转变引起性能的变化。图 8-20 所示是 W18Cr4V 钢的回火曲线，由图可知，在 550~570℃ 回火时，W、Mo、V 碳化物 M_2C 和 VC 的析出量增多，产生二次硬化现象，硬度最高。所以，高速工具钢多在 560℃ 回火。

高速工具钢淬火后残留奥氏体量大约为 30%，第一次回火只对淬火马氏体起回火作用，在回火冷却过程中，发生残留奥氏体转变，同时产生新的内应力。经第二次回火，没有彻底转变的残留奥氏体继续发生新的转变，又产生新的内应力。这就需要进行第三次回火。三次回火后仍保留1%~3%（体积分数）的残留奥氏体。

为了减少回火次数，也可在淬火后立即进行冷处理（-80~-60℃），将残留奥氏体含量减少到最低程度，然后再进行一次560℃的回火。

高速工具钢正常淬火、回火后的组织应是极细的回火马氏体、粒状碳化物等，如图8-21所示。

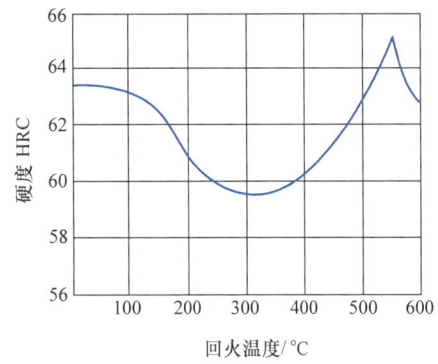

图8-20 W18Cr4V钢的回火曲线

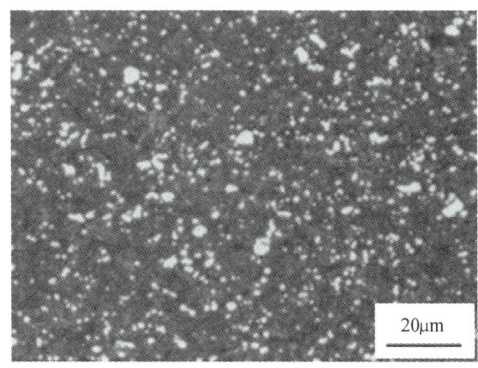

图8-21 W18Cr4V钢三次回火后的显微组织

四、冷作模具钢

冷作模具钢用于制造使金属在常温状态下变形的模具，如冲模、冷镦模、拉丝模、冷轧辊等，其工作温度不超过200~300℃。图8-22所示是汽车车门冲模。冷作模具工作时承受很大的压力、弯曲力、冲击载荷和摩擦，主要失效形式是磨损，也常出现崩刃、断裂和变形等失效现象。

1. 冷作模具钢的性能要求

（1）**高的硬度和耐磨性** 在冷态下冲制螺钉、螺母、硅钢片、面盆等时，被加工的金属在模具中产生很大的塑性变形，模具的工作部分承受很大的压力和强烈的摩擦，故要求冷作模具钢有高的硬度和耐磨性，通常要求硬度为58~62HRC，以保证模具的几何尺寸和使用寿命。

（2）**较高的强度和韧性** 冷作模具在工作时承受很大的冲击和载荷，甚至有较大的应力集中，因此要求其工作部分有较高的强度和韧性，以保证尺寸的精度并防止崩刃。

（3）**良好的工艺性** 要求热处理时变形小，淬透性高。

2. 冷作模具钢的成分特点和常用钢种

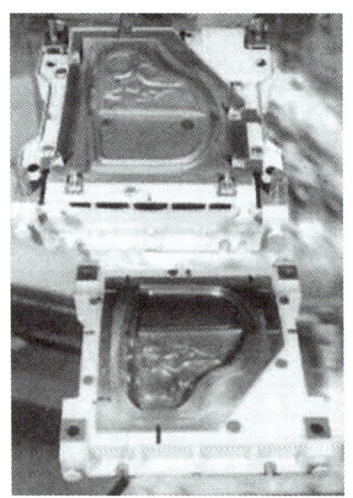

图8-22 汽车车门冲模

冷作模具钢中碳的质量分数较高，多在1.0%以上，个别甚至可达2.0%，目的是保证高的硬度和耐磨性。加入Cr、Mo、W、V等合金元素，形成难溶碳化物，提高了耐磨性，尤其是Cr的作用更加明显。

对于尺寸小、形状简单、工作载荷不大的模具，可采用碳素工具钢或低合金刃具钢，钢种有 T8A、T10A、T12A、Cr2、9Mn2V、9SiCr、CrWMn 等。这类钢的优点是价格便宜、可加工性好，能基本上满足模具的工作要求。其缺点是淬透性差、热处理变形大、耐磨性较差、使用寿命较短。

目前，最常用的冷作模具钢属于高碳高铬模具钢，即 Cr12 型冷作模具钢。这类钢碳的质量分数为 1.4%~2.3%，铬的质量分数为 11%~12%。碳含量高是为了保证与铬形成碳化物，在淬火加热时，其中一部分溶于奥氏体中，以保证淬火后钢有足够的硬度，而未溶的碳化物作为第二相，则起到细化晶粒的作用，在使用状态下起到提高耐磨性的作用。铬含量高，其主要作用是提高淬透性和细化晶粒，当截面尺寸为 200~300mm 时，在油中可以淬透，形成铬的碳化物，提高钢的耐磨性，但过高的铬含量会使碳化物分布不均。钼和钒的加入，能进一步提高淬透性、细化晶粒，其中钒可形成 VC，可进一步提高耐磨性和韧性；另外，钼和钒的加入可适当降低钢中碳的质量分数，以减少碳化物的不均匀性。所以，Cr12MoV 钢较 Cr12 钢的碳化物分布均匀，强度和韧性高，淬透性高，用于制作截面大、载荷大的冲模、挤压模、滚丝模、冷剪刀等。

Cr12 型钢的主要牌号有 Cr12、Cr12MoV 等。由于其淬透性好、淬火变形小、耐磨性好，故被广泛用于制造载荷大、尺寸大、形状复杂的模具。

3. Cr12 型冷作模具钢的热处理

Cr12 型钢的预备热处理是球化退火，目的是消除应力、降低硬度，以便于切削加工，退火后硬度为 207~255HBW，退火组织为球状珠光体+均匀分布的碳化物。

Cr12 型钢的最终热处理有两种方案可选。

（1）一次硬化法　在较低温度（950~1050℃）下淬火，然后低温（150~180℃）回火，硬度可达 61~64HRC，使钢具有较好的耐磨性和韧性。一次硬化法适用于要求高硬度、高耐磨性、变形小、重载荷、形状复杂的模具，大多数 Cr12 型钢制作的冷作模具均采用此工艺。

（2）二次硬化法　在较高温度（1050~1150℃）下淬火，然后于 510~520℃ 多次（一般为三次）回火，产生二次硬化，使硬度达到 60~62HRC，热硬性和耐磨性都较高（但韧性较差），由于大多数冷作模具不要求热硬性，故此工艺应用不多，只适用于工作温度较高（400~500℃）且承受载荷不大或淬火后表面需要氮化的模具。

Cr12 型钢热处理后的组织为回火马氏体、碳化物和残留奥氏体。

常用冷作模具钢的化学成分、热处理工艺和用途见表 8-10。

表 8-10　常用冷作模具钢的化学成分、热处理工艺和用途（摘自 GB/T 1299—2014）

牌　号		9Mn2V	9CrWMn (SKS3)	Cr12 (D3,SKD1)	Cr12MoV (D2,SKD2)	Cr8Mo2SiV (DC53)
化学成分（质量分数，%）	C	0.85~0.95	0.85~0.95	2.00~2.30	1.45~1.70	0.95~1.03
	Si	≤0.40	≤0.40	≤0.40	≤0.40	0.80~1.20
	Mn	1.70~2.00	0.90~1.20	≤0.40	≤0.40	0.20~0.50
	Cr	—	0.50~0.80	11.50~13.50	11.00~12.50	7.80~8.30
	Mo	—	—	—	0.40~0.60	2.0~2.80
	W	—	0.50~0.80	—	—	—
	V	0.10~0.25	—	—	0.15~0.30	0.25~0.40

（续）

牌　号		9Mn2V	9CrWMn (SKS3)	Cr12 (D3,SKD1)	Cr12MoV (D2,SKD2)	Cr8Mo2SiV (DC53)
退火	温度/℃	750~770	760~790	870~900	850~870	830~880
	硬度 HBW	≤229	190~230	207~255	207~255	≤255
淬火	温度/℃	780~820	790~820	950~1000	950~1050	1050~1150
	淬火冷却介质	油	油	油	油	油
回火	温度/℃	150~200	150~260	180~250	150~180	510~520,回火3次	520~530℃,回火2~3次
	硬度 HRC	60~62	57~62	58~64	61~63	60~62	≥62
用途举例		滚丝模、冲模、冷压模、塑料模	冲模、塑料模	冲模、拉延模、压印模、滚丝模	截面较大、形状复杂的冲模、压印模、冷镦模、冷挤压模	工作温度较高且受力不大，或淬火后需要表面氮化的模具	硬度、韧性高，裂纹倾向小，代替Cr12MoV钢

注：括号中为美国 AISI 或日本 JIS 牌号。

五、热作模具钢

热作模具钢用来制造使加热的固态金属或液态金属在压力下成形的模具，前者称为热锻模（包括热挤模），后者称为压铸模。图 8-23 所示是连杆锻模。

1. 热作模具钢的性能要求

热作模具工作时受到比较高的冲击载荷，同时型腔表面要与炽热金属接触并产生摩擦，局部温度可达 500℃ 以上，并且还要反复受热与冷却，常因热疲劳而使型腔表面龟裂。故要求热作模具钢在高温下具有较高的综合力学性能，如高的热硬性和高温耐磨性、高的抗氧化性能、高的热强性和足够的韧性。由于热作模具一般较大，所以还要求热作模具钢有高的淬透性和导热性。

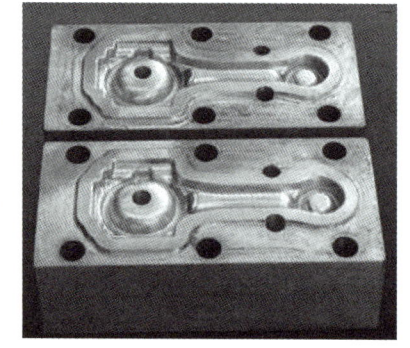

图 8-23　连杆锻模

2. 热作模具钢的成分特点和常用钢种

热作模具钢中碳的质量分数一般为 0.3%~0.6%，为中碳钢，以保证高强度、高韧性、较高的硬度（35~52HRC）和较高的热疲劳抗力，获得综合力学性能。

热作模具钢中的合金元素有 Cr、Mn、Ni、Mo、W、Si、V 等，其中 Cr、Mn、Ni 的主要作用是提高淬透性，使模具表里的硬度趋于一致。Mo、W、V 等元素能产生二次硬化，提高高温强度和耐回火性。Mo 还能防止第二类回火脆性，Cr、W、Mo、Si 通过提高共析温度使模具在反复加热和冷却过程中不发生相变，提高钢的耐热疲劳性。

5Cr08MnMo 和 5Cr06NiMo 是最常用的热锻模具钢，其中 5Cr08MnMo 常用来制造中小型热锻模，5Cr06NiMo 常用于制造大中型热锻模。对于受静压力作用的模具（如压铸模、挤压模等），应选用 3Cr2W8V 或 4Cr5W2VSi 钢。

常用热作模具钢的牌号、化学成分、热处理及用途见表 8-11。

表 8-11 常用热作模具钢的牌号、化学成分、热处理及用途（摘自 GB/T 1299—2014）

	牌　　号	5Cr08MnMo（SKT5）	5Cr06NiMo（SKT4）	3Cr2W8V（H21，SKD5）	4Cr5MoVSi（H13）	3Cr3Mo3W2V
化学成分（质量分数，%）	C	0.50~0.60	0.50~0.60	0.30~0.40	0.32~0.42	0.25~0.42
	Si	0.25~0.60	≤0.40	≤0.40	0.80~1.20	0.60~0.90
	Mn	1.20~1.60	0.50~0.80	≤0.40	≤0.40	≤0.65
	Cr	0.60~0.90	0.50~0.80	2.20~2.70	4.50~5.50	2.80~3.30
	Mo	0.15~0.30	0.15~0.30	—	1.00~1.50	2.50~3.30
	W	—	—	7.50~9.00	—	1.20~1.80
	V	—	—	0.20~0.50	0.30~0.50	0.80~1.20
	Ni	—	1.40~1.80	—	—	—
退火	温度/℃	780~800	780~800	830~850	840~900	845~900
	硬度 HBW	197~241	197~241	207~255	109~229	—
淬火	温度/℃	830~850	840~860	1050~1150	1000~1025	1010~1040
	淬火冷却介质	油	油	油	油	空气
回火	温度/℃	490~640	490~660	600~620	540~650	550~600
	硬度 HRC	30~47	30~47	50~54	40~54	40~54
用途举例		中型锻模（模高 275~400mm）	大型锻模（模高大于 400mm）	压铸模、精锻模或高速锻模、热挤压模	热镦模、压铸模、热挤压模、精锻模	热镦模

注：括号中为美国 AISI 或日本 JIS 牌号。

3. 热作模具钢的热处理

对热作模具钢要反复锻造，其目的是使碳化物均匀分布。锻造后的预备热处理一般是完全退火，其目的是消除锻造应力、降低硬度（197~241HBW），以便于切削加工。

热作模具钢的最终热处理根据其用途而有所不同。热锻模的热处理和调质钢相似，淬火后高温（550℃左右）回火，以获得回火索氏体或回火托氏体组织；热挤压模、压铸模的热处理与高速工具钢类似，淬火后在略高于二次硬化的峰值温度（600℃左右）下回火，组织为回火马氏体、粒状碳化物和少量残留奥氏体。

模块六　特殊性能钢

【模块导入】

当我们在商场选购不锈钢炊具等商品时，经常发现在其商品或包装上有"stainless steel""18-8""304 食品级不锈钢"等标识，前者是英语不锈钢，后两者均表示奥氏体型不锈钢。那么，不锈钢为什么会不锈呢？18-8、304 又是怎么回事？要正确回答这些问题，就请认真学习本模块的相关知识吧！

【学习内容】

特殊性能钢是指具有特殊物理、化学性能的钢，用来制造既要求具有一定力学性能又要求具有特殊性能的零件。特殊性能钢的种类很多，并且还在迅速发展，其中最主要的是不锈钢、耐热钢和耐磨钢。

一、不锈钢

不锈钢包括不锈钢和耐酸钢，能抵抗大气腐蚀的钢称为不锈钢；而在一些酸、碱、盐等化学介质中能抵抗腐蚀的钢称为耐酸钢。习惯上将这两种钢合称为不锈钢。

常用的不锈钢根据其组织特点可分为马氏体不锈钢、铁素体不锈钢、奥氏体不锈钢、奥氏体-铁素体不锈钢及沉淀硬化型不锈钢等。

1. 提高钢耐蚀性的途径

金属表面与外界介质不断作用而逐渐受到破坏的现象称为腐蚀，通常可分为化学腐蚀和电化学腐蚀两种类型，其中电化学腐蚀是金属被腐蚀的主要原因。为提高金属的耐蚀性，不锈钢的化学成分和组织应满足下列要求。

1）尽量使金属获得均匀的单相组织，这样金属在电解质溶液中只有一个电极，使微电池难以形成。如在钢中加入大量的 Cr 或 Ni，会使钢在常温下获得单相的铁素体或奥氏体组织。

2）加入合金元素，提高金属基体的电极电位。铬是不锈钢合金化的主要元素，其主要作用就是提高电极电位，从而提高钢的耐蚀性。当溶入固溶体中的铬达到 $n/8$（$n = 1$，2，3…），即达到 1/8、2/8、3/8…（也即 12.5%、25%、37.5%…）原子分数时，电极电位（V）呈台阶式跃升，而腐蚀量（ΔW）呈台阶式下降，称之为 $n/8$ 规律，如图 8-24 所示。所以，只有不锈钢中的铬含量超过台阶值（如 $n = 1$，则换成质量百分数为 $\dfrac{1 \times 52}{1 \times 52 + 7 \times 55.8}\% = 11.7\%$）时，钢的耐蚀性才会明显提高。考虑到还有少量铬与碳形成碳化物，不锈钢中铬的质量分数一般应大于 13%。

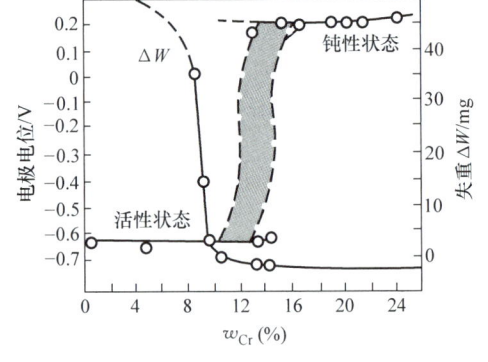

图 8-24　铬对 Fe-Cr 合金电极电位的影响（大气条件）

此外，铬在氧化性介质（如水蒸气、大气、海水、氧化性酸等）中极易钝化，生成致密的氧化膜，使钢的耐蚀性大大提高。

3）加入 Cr、Si、Al 等合金元素，在金属表面形成一层致密的氧化膜，又称钝化膜，将金属与腐蚀介质分隔开，从而防止进一步的腐蚀。

4）为防止碳与铬形成碳化物，保证钢的耐蚀性，不锈钢的碳含量较低，大多数不锈钢碳的质量分数为 0.1%~0.2%。如要求提高碳的质量分数（可达 0.85%~0.95%），应相应地提高铬含量。

2. 不锈钢的牌号表示方法

GB/T 221—2008 中规定了不锈钢新的牌号表示方法，与旧牌号的最大区别是碳含量的表示方法，而合金元素的表示方法没有变化，与合金结构钢和合金工具钢相同。

用两位或三位阿拉伯数字表示碳的质量分数的最佳控制值（以万分之几或十万分之几计）。

（1）只规定碳的质量分数的上限者　当碳的质量分数的上限不大于 0.10% 时，以其上限的 3/4 表示碳的质量分数。如上限为 0.08%，则碳的质量分数以 06 表示；当碳的质量分数的上限大于 0.10% 时，以其上限的 4/5 表示碳的质量分数，如上限为 0.20%，则碳的质量分数以 16 表示。

例如，碳的质量分数不大于 0.08%，Cr 的质量分数为 18%~20%，Ni 的质量分数为 8%~11% 的不锈钢牌号为 06Cr19Ni10。

对于超低碳不锈钢（即碳的质量分数不大于 0.03%），用三位阿拉伯数字表示碳的质量分数的最佳控制值（以十万分之几计）。如碳的质量分数上限为 0.03% 时，其牌号中碳的质量分数以 022 表示；碳的质量分数上限为 0.02% 时，其牌号中碳的质量分数以 015 表示。

例如，碳的质量分数不大于 0.03%，Cr 的质量分数为 16%~19%，Ti 的质量分数为 0.1%~1% 的不锈钢，牌号为 022Cr18Ti。

（2）规定上、下限者　以平均碳的质量分数×100 表示。如当碳的质量分数为 0.16%~0.25% 时，其牌号中碳的质量分数用 20 表示。

例如，碳的质量分数为 0.16%~0.25%，Cr 的质量分数为 12%~14% 的不锈钢，牌号为 20Cr13。

【视野拓展】

中外不锈钢牌号对照

随着共建"一带一路"和人类命运共同体的深入开展，我国对外开放再进一程。在实际工程中还大量采用进口不锈钢，如 304、316L 等。国外不锈钢多采用 AISI（美国钢铁学会标准）的编号系统，由三位阿拉伯数字组成，第一位数表示不锈钢的类别，具体规定为：2——Cr-Mn-Ni-N 奥氏体型不锈钢，3——Cr-Ni 奥氏体型不锈钢，4——高铬马氏体型不锈钢和铁素体型不锈钢，5——低铬马氏体型不锈钢，6——沉淀硬化型不锈钢。第二、三位数表示顺序号。如为超低碳不锈钢，则在牌号尾加"L"表示。例如，工程中广泛应用的 304 不锈钢，即为按 AISI 编号的奥氏体不锈钢，相当于我国常用的 18-8 型不锈钢 06Cr19Ni10。

表 8-12 所列是世界主要国家不锈钢牌号对照表，供参考。

表 8-12　世界主要国家不锈钢牌号对照表

序号	中国（GB/T 20878—2007）		美国（AISI）	日本（JIS）	德国（DIN）
	数字代号	牌号			
1	S35450	12Cr18Mn9Ni5N	202	SUS202	—
2	S30408	06Cr19Ni10	304	SUS304	X5CrNi18-10
3	S30403	022Cr19Ni10	304L	SUS304L	X2CrNi9-11
4	S31608	06Cr17Ni12Mo2	316	SUS316	X5CrNiMo17-12-2

(续)

序号	中国(GB/T 20878—2007)		美国(AISI)	日本(JIS)	德国(DIN)
	数字代号	牌号			
5	S11348	06Cr13Al	405	SUS405	X6CrAl13
6	S11168	06Cr11Ti	409	SUS409	X6Cr11Ti
7	S41010	12Cr13	410	SUS410	X12Cr13
8	S42020	20Cr13	420J1	SUS420J1	X20Cr13
9	S22053	022Cr23Ni5Mo3N	2205	—	—
10	S51740	05Cr17Ni4Cu4Nb	17-4PH,630	SUS630	X5CrNiCuNb16-4

3. 马氏体不锈钢

常用马氏体不锈钢一般指 Cr13 型不锈钢，典型牌号有 12Cr13、20Cr13、30Cr13 等。这类不锈钢中碳的质量分数为 0.1%~0.45%，铬的质量分数为 12%~14%，淬火后空冷即能得到马氏体组织。这类钢一般用来制作既能承受载荷又需要具有耐蚀性的各种阀、机泵等零件以及一些不锈工具等。

碳在不锈钢中具有双重性。碳含量越高，马氏体不锈钢的强度和硬度就越高，但碳与铬形成的碳化物量也就越多，其耐蚀性就越差一些。为保证马氏体不锈钢的耐蚀性，钢中碳的质量分数一般不超过 0.4%。

12Cr13 和 20Cr13 钢的碳含量低，具有耐大气、蒸汽等介质腐蚀的能力，常作为耐蚀结构钢使用。为了获得良好的综合性能，常采用淬火+高温回火（600~700℃），得到回火索氏体，来制造汽轮机叶片、锅炉管附件等。

30Cr13 和 40Cr13 钢的碳含量较高，耐蚀性相对差一些，但通过淬火+低温回火（200~300℃），得到回火马氏体，具有较高的强度和硬度（>50HRC），因此常作为工具钢使用，用以制造医疗器械、刃具、热油泵轴等。

Cr13 型不锈钢的不足是硬度低、耐磨性差，这就是一些家用不锈钢刀具容易钝的原因。近年来，一些厂家使用 68Cr17 钢取得了成功。

【资料卡】

菜刀是百姓日常生活中必备的厨房刀具，非合金钢菜刀一般采用 65Mn、T8 或 T10 钢制造，虽然淬火后硬度比较高，但脆性大，容易崩刃，且在空气或水中易生锈。而不锈钢菜刀一般采用马氏体不锈钢制造，即 30Cr13 或 40Cr13，经淬火后也可以获得较高的硬度，且韧性较好，不易崩刃。闻名世界的瑞士军刀则采用高碳马氏体不锈钢 440C（相当于 102Cr17Mo、90Cr18MoV）制造。

4. 铁素体不锈钢

常用铁素体不锈钢中碳的质量分数低于 0.15%，铬的质量分数为 12%~30%，也属于铬不锈钢，典型牌号有 06Cr13Al、10Cr17、10Cr17Mo、008Cr27Mo 等。由于铬是缩小奥氏体相区元素，所以这种钢从室温加热到高温（960~1100℃），其显微组织始终是单相铁素体组织，其耐蚀性、塑性、焊接性均优于马氏体不锈钢。对于高铬铁素体不锈钢，其耐氧化性介质腐蚀的能力较强，随铬含量的增加，其耐蚀性又进一步提高。

铁素体不锈钢在退火或正火状态下使用，其强度较低、塑性很好，可用形变强化提高强度，主要用作耐蚀性要求很高而强度要求不高的构件，广泛用于硝酸和氮肥工业中，也可用于如家用餐具、建筑装饰件等。

近年来发展起来的新型铁素体不锈钢具有强度较高、线胀系数小、导热性好、耐蚀性高等性能特点，在民用领域与无磁的铬镍奥氏体不锈钢一样具有足够的耐蚀性，在家电、汽车等行业获得了广泛应用，如自动洗衣机滚筒、热水器内胆、微波炉内外壳体、电冰箱内衬、汽车排气系统零部件等多采用铁素体不锈钢制造。

常用铬不锈钢的牌号、性能和应用见表 8-13。

表 8-13　常用铬不锈钢的牌号、性能和应用（GB/T 1220—2007）

类别		马氏体型				铁素体型	
钢号		12Cr13	20Cr13	30Cr13	68Cr17	06Cr13Al	10Cr17
热处理		950~1000℃油或水淬700~750℃回火	1000~1050℃油或水淬700~790℃回火	1000~1050℃油淬 200~300℃回火	1010~1070℃油淬 100~180℃回火	780~830℃空冷或缓冷	750~800℃空冷或缓冷
力学性能	R_m/MPa	≥600	≥660	—	—	412	≥400
	$R_{p0.2}$/MPa	≥420	≥450	—	—	177	≥250
	A(%)	≥20	≥16	—	—	20	≥20
	Z(%)	≥60	≥55	—	—	≥60	≥50
硬度		≥192HBW	≥217HBW	≥48HRC	≥54HRC	≤183HBW	≤183HBW
特性及用途		制作能耐弱腐蚀性介质腐蚀、能承受冲击载荷的零件，如汽轮机叶片、水压机阀、结构架、螺栓、螺母等		制作具有较高硬度和耐磨性的医疗工具、量具、滚珠轴承等	制作轴承、刃具、阀门、量具等	高温下冷却不产生显著硬化，制作汽轮机材料、淬火用部件、复合钢材等	耐蚀性好的通用钢种，制作硝酸工厂设备、建筑装饰、家用电器部件等

5. 奥氏体不锈钢

当钢中含有 17%~19% 的 Cr 和 8%~11% 的 Ni 时，便可得到稳定的奥氏体组织，这就是奥氏体不锈钢，常称为 18-8 型不锈钢，是目前应用最多的一类不锈钢。

（1）固溶处理　18-8 型不锈钢在退火状态下呈现奥氏体+碳化物的组织，碳化物的存在对钢的耐蚀性有很大影响，故通常采用固溶处理方法，即把钢加热到 1100℃ 后水冷，使碳化物溶解在高温下所得到的奥氏体中，再通过快冷，就在室温下获得了单相的奥氏体组织。

（2）晶间腐蚀　奥氏体不锈钢在 450~850℃ 范围内加热，或在焊接后冷却时缓慢通过该温度区间，由于在晶界析出铬的碳化物（$Cr_{23}C_6$），使晶界附近奥氏体中的铬含量降低，造成贫铬区，引起晶间腐蚀，如图 8-25 所示。

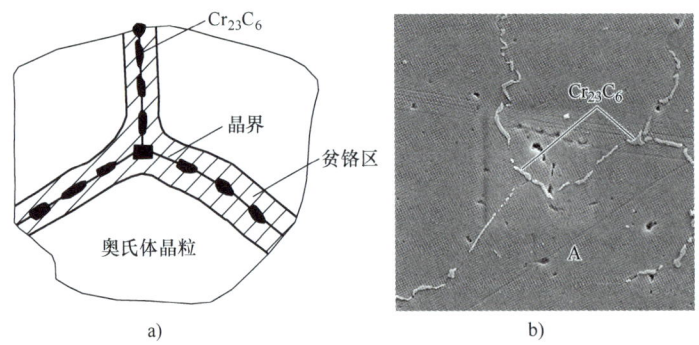

图 8-25 晶间腐蚀原理示意图
a) 原理示意图 b) 显微组织

防止晶间腐蚀的方法一是"固碳",二是"降碳"。"固碳"是指在钢中加入强碳化物形成元素钛、铌等,使之优先与碳结合形成稳定性高的 TiC 或 NbC,使铬保留在基体中,避免晶界贫铬,从而减轻钢的晶间腐蚀倾向。如常用的 06Cr18Ni11Ti、07Cr18Ni11Nb 等奥氏体不锈钢,即是无晶间腐蚀倾向的不锈钢,也是可在 600~700℃ 高温下长期使用的耐热钢。"降碳"是指降低碳的质量分数,即生产超低碳的奥氏体不锈钢,使钢中无法形成 $Cr_{23}C_6$,如 022Cr19Ni10N 等。

(3) 性能特点及应用 奥氏体不锈钢呈顺磁性,不仅耐蚀性好,而且钢的冷、热加工性和焊接性也很好,广泛用于制造工业中要求耐蚀的某些设备及管道、建筑和生活用品等。我国常用的奥氏体不锈钢的牌号、成分、热处理、性能及用途见表 8-14。

表 8-14 奥氏体不锈钢的牌号、成分、热处理、性能及用途(GB/T 1220—2017)

牌	号	06Cr19Ni10	06Cr17Ni12Mo2	06Cr18Ni11Ti	06Cr18Ni11Nb
化学成分(质量分数,%)	C	≤0.08	≤0.08	≤0.08	≤0.08
	Cr	18~20	16~18	17~19	17~19
	Ni	8~11	11~14	9~12	9~12
	Ti	—	Mo:2.0~3.0	5×(w_C)~0.7	—
	Nb	—	—	—	10×(w_C)~1.1
热处理		1050~1100℃ 固溶处理	1050~1150℃ 固溶处理	1100~1150℃ 固溶处理	
力学性能	R_m/MPa	≥520	≥520	≥560	
	$R_{p0.2}$/MPa	≥205	≥205	≥200	
	A(%)	≥40	≥40	≥40	
	Z(%)	≥60	≥60	≥505	
	硬度 HBW	187	187	187	

(续)

牌　　号	06Cr19Ni10	06Cr17Ni12Mo2	06Cr18Ni11Ti	06Cr18Ni11Nb
特性及用途	具有良好的耐蚀性及耐晶间腐蚀性能，冷成形性与焊接性良好，可用于化学工业、食品工业、家庭用品、建筑装饰、医疗器械、车辆及船舶配件等	耐点蚀性、耐大气腐蚀性好，高温强度高，可用于海水用设备、化学、染料、造纸、草酸、肥料等生产设备，食品工业、沿海地区设施、绳索、螺栓、螺母等	耐酸容器及设备衬里，输送管道等设备和零件，抗磁仪表，医疗器械，具有较好的耐晶间腐蚀性	

应该指出，尽管奥氏体不锈钢是一种优良的耐蚀钢，但在有应力的情况下，在某些介质中，特别是在含有 Cl^- 的介质中，常产生应力腐蚀破裂，而且介质温度越高越敏感。这是奥氏体不锈钢的一个缺点，值得注意。

奥氏体-铁素体双相不锈钢和沉淀硬化不锈钢在这里不做介绍，有兴趣的读者可参阅有关文献资料。

【资料卡】

有人认为不锈钢都是没有磁性的，所以在购买不锈钢制品时常用磁铁试验，当发现有磁性时就认为是假的，这是片面的、不科学的。并不是所有的不锈钢都没有磁性，马氏体不锈钢和铁素体不锈钢都有明显的磁性，只有奥氏体不锈钢经过固溶处理后才是无磁性的。但由于冶炼、热处理或冷加工等原因，无磁性的奥氏体不锈钢有时也会呈现弱磁性。

二、耐热钢

1. 耐热钢的一般概念

耐热钢是指在高温下具有良好的化学稳定性或较高强度的钢材，主要用于制造加热炉、锅炉、燃气轮机等高温装置中的零部件。

钢的耐热性包括高温抗氧化性和热强性两方面的含义。抗氧化性是指金属在高温下抵抗氧化或腐蚀的性能；热强性是指金属在高温下除具有抗氧化性能外，还具有较高的强度，不致产生过量塑性变形或断裂。

为了提高钢的抗氧化性，一般是向钢中加入 Cr、Si、Al 等元素，使钢在高温下与氧接触时，在表面上形成致密的高熔点的 Cr_2O_3、SiO_2、Al_2O_3 等氧化膜，使其在高温气体中的氧化过程难以继续进行。如在钢中加 15%的 Cr，其抗氧化温度可达 900℃；在钢中加 20%~25%的 Cr，其抗氧化温度可达 1100℃。

提高钢的热强性的主要途径有基体强化、第二相强化和晶界强化。可向钢中加入 Mo、W、Nb、V、Ti 等，除固溶强化基体外，这些元素还可形成 NbC、TiC、VC 等，在晶内弥散析出，阻碍位错的滑移，提高塑变抗力，或者提高再结晶温度，以提高热强性。

【资料卡】

与常温情况不同，在高温下，金属的晶界强度将不同程度地降低，所以在耐热钢中不追求细化晶粒，而是"适当地粗化"晶粒以减少薄弱的晶界数量，从而提高蠕变抗力，一般在 2~4 级晶粒度时能得到较好的高温综合性能。

2. 常用的耐热钢

根据服役条件不同，耐热钢可分为热强钢和抗氧化钢两类；按其正火组织不同，耐热钢又可分为奥氏体型、铁素体型、马氏体型和珠光体或铁素体-珠光体型四类。

（1）抗氧化钢　抗氧化钢是指在高温下抗氧化或抗高温介质腐蚀而不破坏的钢种，其主要失效形式是高温氧化，而单位面积上承受的载荷并不大，故又称热稳定钢或不起皮钢。抗氧化钢主要用于制作在高温下长期工作且承受载荷不大的构件，如工业炉中的炉底板、料架、马弗罐、辐射管等。抗氧化钢可分为铁素体型和奥氏体型两类，如 06Cr13Al、12Cr18Ni9Si3、26Cr18Mn12Si2N、22Cr20Mn10Ni2Si2N 等。

（2）热强钢　热强钢是指在高温下有一定抗氧化能力，并具有足够强度而不产生大量变形或断裂的钢种，其工作温度低于抗氧化钢，但承受载荷较大，失效的主要原因是高温下强度不够所导致的过量塑性变形或断裂，广泛用于制造锅炉管道、高温紧固件、汽轮机转子、叶片、排气阀等。

热强钢可分为珠光体型、马氏体型和奥氏体型三类。珠光体型热强钢、马氏体型热强钢在加热和冷却时会发生相变，所以使用温度较低，但它们在中温下有较好的热强性、热稳定性及工艺性能，线胀系数小，碳含量也较低，价格低廉，是适宜在 600~650℃ 温度内使用的热强钢，而在更高温度下则必须使用奥氏体型热强钢。常用的热强钢有 15CrMo、12Cr1MoV、35CrMo、25Cr2MoV、42Cr9Si2、06Cr18Ni11Ti、45Cr14Ni14W2Mo 等。

三、奥氏体锰钢铸件

奥氏体锰钢铸件又称高锰耐磨钢，是指在强烈冲击载荷作用下能发生加工硬化的表面硬化钢。其使用状态下为单相奥氏体组织，极易加工强化，很难进行切削加工，基本上都是铸造成形，故得名。

【材料时空】

哈德菲尔德（R. A. Hadfield）——现代合金钢的奠基人

在机械结构用钢中 Mn 的质量分数通常小于 2%，因为 Mn 钢虽然有较明显的固溶强化作用，但同时降低了钢的塑性和韧性，钢中加入 Mn 元素越多就越脆。后来，英国冶金学家哈德菲尔德（R. A. Hadfield，1858—1940）想看看钢中大量加入 Mn 元素后，钢究竟会脆到什么程度。于是，他进行了一次又一次的试验。当钢中锰的质量分数增加到 13% 时，钢变得既坚硬又富有韧性！从此，奥氏体锰钢铸件身价百倍。1883 年哈德菲尔德取得了奥氏体锰钢铸件专利，1884 年哈德菲尔德又发明了制作硅钢片的硅钢，被称为现代合金钢的奠基人。

1. 奥氏体锰钢铸件的成分特点

奥氏体锰钢铸件化学成分的特点是高碳、高锰，并且其成分变动范围较大。

奥氏体锰钢铸件中碳的质量分数为 0.70%~1.40%，以保证钢的耐磨性和强度，碳的质量分数过高，热处理后韧性下降，且易在高温时析出碳化物。

奥氏体锰钢铸件中锰的质量分数为 6.0%~19.0%，此外还含有 Cr、Mo、Ni 等元素。锰是扩大奥氏体区的元素，锰和碳的质量分数比为 8~12，以保证完全获得奥氏体组织。

在 GB/T 5680—2010 中，奥氏体锰钢铸件共分 10 个牌号，部分牌号及化学成分见表 8-15，其碳的质量分数在牌号中以万分数表示。

表 8-15　奥氏体锰钢铸件的牌号及化学成分（摘自 GB/T 5680—2010）

牌 号	化学成分(质量分数,%)				
	C	Mn	Mo	S	P
ZG120Mn7Mo1	1.05~1.35	6.0~8.0	0.90~1.20	≤0.040	≤0.060
ZG100Mn13	0.90~1.05	11.0~14.0	—	≤0.040	≤0.060
ZG120Mn13	1.05~1.35	11.0~14.0	—	≤0.045	≤0.060
ZG90Mn14Mo1	0.70~1.00	13.0~15.0	1.00~1.80	≤0.040	≤0.060
ZG120Mn17	1.05~1.35	16.0~19.0	—	≤0.040	≤0.060

2. 水韧处理

奥氏体锰钢铸件的铸态组织是奥氏体和沿晶界析出的网状碳化物，如图 8-26a 所示。组织中的碳化物对性能危害很大，会显著地降低钢的强度、韧性和耐磨性等，为此必须将钢加热至 1050~1100℃ 的单相奥氏体相区保温，使碳化物充分溶入奥氏体，然后水冷（水温不能超过 50℃），获得单相奥氏体组织，如图 8-26b 所示。此热处理工艺是以水急冷获得性能柔韧的奥氏体组织，故称为水韧处理。

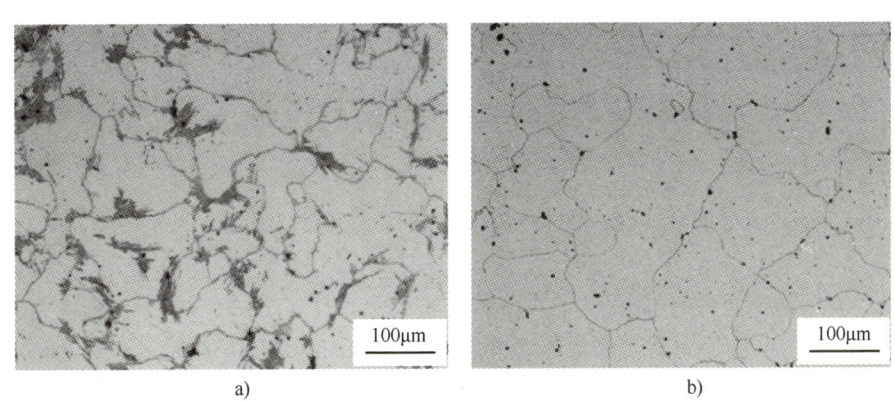

图 8-26　奥氏体锰钢铸件的金相组织
a）铸态组织　b）水韧处理后的组织

3. 耐磨原理及应用

奥氏体锰钢铸件经过水韧处理后具有单相奥氏体组织，韧性很好，但硬度并不高（约为 210HBW），这种奥氏体有很高的加工硬化速率，受到强烈冲击或严重摩擦而变形时，表面层会产生强烈的加工硬化，并且还会发生马氏体转变，使硬度显著提高（约为 550HBW），心部则仍保持原来的高韧性状态，既耐磨又抗冲击。因此，奥氏体锰钢铸件具有高耐磨性的重要条件是承受强烈冲击或严重摩擦，否则是不耐磨的。

奥氏体锰钢铸件广泛应用于工作过程中承受严重磨损和强烈冲击的零件，如图 8-27 所示。在铁路运输业中，可用奥氏体锰钢铸件制造铁道上的辙尖、辙岔、转辙器及小半径转弯处的轨条；在建筑、矿山、冶金业中，长期使用奥氏体锰钢铸件制造挖掘机铲斗，各种碎石机颚板、衬板、磨板；奥氏体锰钢铸件还大量用于坦克履带板、主动齿轮和支承滚轮等。

奥氏体锰钢铸件组织为单一无磁性奥氏体，也可用于既耐磨又抗磁化的零件，如吸料器的电磁铁罩。

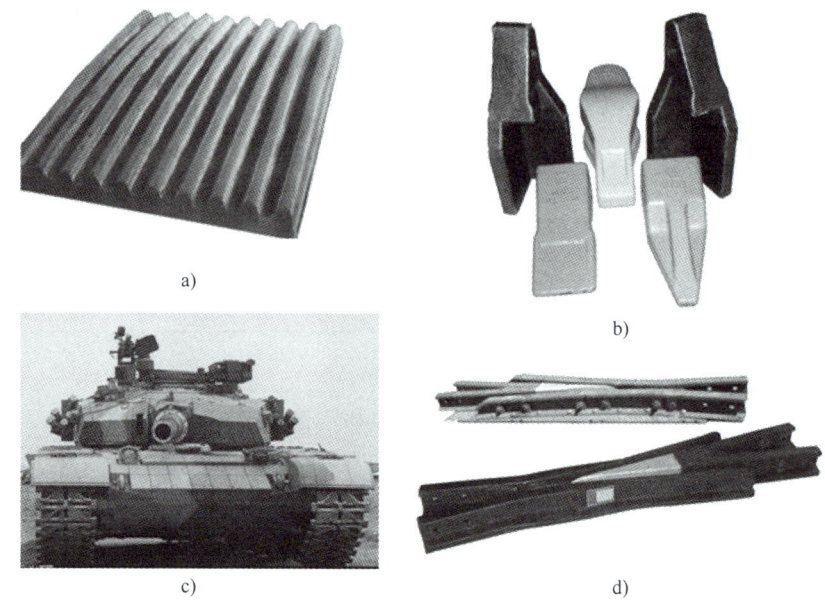

图 8-27 奥氏体锰钢铸件的应用实例
a）颚板 b）挖掘机斗齿 c）坦克履带 d）辙尖

【单元小结】

1. 在低合金钢和合金钢中加入的合金元素主要有 Si、Mn、Cr、Ni、Al、W、Mo、Ti、V、Zr、Nb、Co、RE 等。

2. 铁、碳是钢中两种基本元素，二者形成非合金钢中的三个基本相，即铁素体、奥氏体和渗碳体。所以，合金元素与铁、碳之间的作用是钢内部组织结构变化的基础。

3. 合金元素对热处理的影响实际上就是对热处理加热、冷却及回火过程的影响。合金钢在热处理方面的三大优点是晶粒细化、淬透性高、耐回火性好，而这些优点只有在合适的热处理条件下才能得到体现。

4. 认识低合金钢和合金钢的牌号，理清常用钢的化学成分、热处理工艺、性能特点、用途之间的关系，见表 8-16。

表 8-16 常用低合金钢和合金钢的牌号、成分特点、热处理工艺及用途

钢种		典型钢号	碳的质量分数	合金元素的作用	热处理工艺	使用状态下的组织	性能	用途
低合金高强结构钢		Q355	低碳，<0.2%	主加 Mn，强化 F，增加 P 含量	一般不热处理，热轧供应	F+P 或 B	强度高，塑性好，焊接性好	桥梁、船舶、压力容器
合金钢	渗碳钢	20，20Cr，20CrMnTi	低碳，0.1%~0.25%	Cr、Mn 提高淬透性，强化 F；Ti 细化晶粒	渗碳+淬火+低温回火	表面：回火马氏体（M'）+颗粒状 Fe_3C 心部：M'+F	表面硬度高，心部韧性好	齿轮、凸轮、摩擦片等
	调质钢	45，40Cr，42CrMo，40CrNiMo	中碳，0.3%~0.5%	Cr、Ni 提高淬透性，强化 F，V 细化晶粒，Mo 防止第二类回火脆性	调质	回火索氏体（S'）	良好的综合性能	轴类、齿轮、连杆、销等
	弹簧钢	65Mn，60Si2Mn，50CrV	中高碳，0.5%~0.7%	Si、Mn、Cr 提高淬透性，强化 F	淬火+中温回火	回火托氏体（T'）	高弹性极限、高疲劳强度	弹簧
	滚动轴承钢	GCr15	高碳，0.95%~1.15%	Cr 提高淬透性和耐磨性	球化退火+淬火+低温回火	M'+颗粒状碳化物	高耐磨性、高疲劳强度及足够的韧性	滚动轴承、模具等
	高锰耐磨钢	ZG100Mn13	高碳，0.9%~1.4%	高 Mn，形成 A	水韧处理	奥氏体（A）	高耐磨性、耐冲击（加工硬化性）	斗齿、履带板等
	低合金工具钢	9SiCr，Cr·WMn	高碳，0.75%~1.5%	Si、Mn、Cr 提高淬透性；W、Mo 提高耐磨性，细化晶粒，提高回火性	球化退火+淬火+低温回火	M'+颗粒状碳化物	高硬度，高耐磨性，足够的韧性	低速刀具、板牙等
	高速工具钢	W18Cr4V	0.7%~1.5%	Cr 提高淬透性，W、V 提高高热硬性和耐磨性	锻造、退火、淬火（分级淬火）+三次回火	M'+少量 A_R+颗粒状碳化物	高热硬性、高硬度、高耐磨性	高速刀具、机用锯条等
	冷作模具钢	Cr12MoV	高碳，1.0%~2.30%	Cr、Mo、V 提高淬透性、耐磨性	锻造、退火、淬火+回火	M'+少量 A_R+颗粒状碳化物	高硬度，高耐磨性，一定的韧性	冲模、拉丝模、挤压模等
	热作模具钢	5CrO6NiMo，3Cr2W8V	中碳，0.3%~0.6%	合金元素提高高温强度、硬度、淬透性、耐回火性、韧性	锻造、调质	S'	热强性、抗疲劳、耐磨性、良好的韧性	锤锻模、热挤压模、压铸膜
	不锈钢	Cr13 型，M	0.10%~0.95%	Cr 提高耐蚀性，形成 F，Ni 形成 A；Ti 防止晶间腐蚀	调质或淬火+低温回火	S'或 M'	高耐蚀性（随 C 含量增加，耐蚀性下降）	汽轮机叶片、刀具等
		Cr17 型，F	0.03%~0.15%		不能热处理	F		硝酸工业、家电等
		18-8 型，A	0.03%~0.20%		固溶处理	A		化工管道、炊具等

【综合训练】

一、名词解释

耐回火性，热硬性，二次硬化，固溶处理，晶间腐蚀，水韧处理。

二、填空

1. 按钢中合金元素的含量，可将合金钢分为_____、_____和_____，其对应的合金元素的质量分数分别为_____、_____、_____。

2. 合金钢按用途可分为_____、_____和_____三类。

3. 根据合金元素在钢中与碳的相互作用，合金元素可分为_____和_____两大类。其中碳化物形成元素有_____。

4. 除_____元素外，其他合金元素都使等温转变图向_____移动，使钢的临界冷却速度_____，淬透性_____。

5. 除_____元素以外，几乎所有的合金元素都能阻止奥氏体晶粒长大，起到_____的作用。

6. W18Cr4V 是_____钢，碳的质量分数为_____，W 的主要作用是_____，Cr 的主要作用是_____，V 的主要作用是_____，可制造_____。

7. 机械结构用钢可分为_____、_____、_____、_____等几种。

8. 所谓耐热钢是指在高温下具有高的_____和_____的钢，其又可分为_____和_____两类。

9. 热成形弹簧钢的最终热处理是_____；冷成形弹簧钢丝在冷卷成形后，只须进行_____，以消除在冷卷过程中产生的_____。

10. 按使用状态下的组织，常用不锈钢有_____、_____和_____等。

11. 高锰钢水韧处理后，其组织呈单一的_____，故有很好的_____，若在使用过程中受到强烈的冲击或摩擦，表面将产生_____，使其_____提高，故而有很好的耐磨性。

12. 合金刃具钢中碳的质量分数属于_____碳范围，可保证钢有高的_____和_____。

三、选择题

1. 大多数合金钢的淬火加热温度应比非合金钢（　　）。
A. 高　　　　　B. 低　　　　　C. 低得多　　　　　D. 一样

2. 20Cr 钢的淬透性比 20CrMnTi（　　）。
A. 高　　　　　B. 低　　　　　C. 相同

3. 制造坦克履带、挖掘机铲齿等选用（　　）钢为宜。
A. 5Cr06NiMo　　　B. ZG100Mn13　　　C. T7

4. 制造冲模选用（　　）钢为宜。
A. 45　　　　　B. Cr12MoV　　　C. W18Cr4V

5. 欲制造汽车、拖拉机变速齿轮，选（　　）钢为宜。

A. 20CrMnTi　　　　B. ZG100Mn13　　　　C. 40Cr

6. 钻头、丝锥、高速车刀等多采用（　　）钢制造。
A. 5Cr06MnMo　　B. W18Cr4V　　　　C. T9~T11　　　　D. 42CrMo

7. 制造一储酸槽，选（　　）钢为宜。
A. 06Cr19Ni10　　B. 40Cr13　　　　　C. GCr15

8. GCr15 钢中平均铬的质量分数为（　　）。
A. 0.15%　　　　　B. 1.5%　　　　　　C. 15%

9. 含 Cr、Mn、Ni 等元素的调质钢，回火后须快速冷却至室温的目的是（　　）。
A. 获得马氏体组织　　B. 防止可逆回火脆性　　C. 防止不可逆回火脆性

10. 合金调质钢中碳的质量分数一般为（　　）。
A. <0.25%　　　　B. 0.25%~0.50%　　C. 0.45%~0.75%

11. 合金弹簧钢中碳的质量分数一般为（　　）。
A. <0.25%　　　　B. 0.25%~0.50%　　C. 0.45%~0.75%

12. 钢的热硬性是指钢在高温下保持（　　）的能力。
A. 高强度　　　　　B. 高硬度　　　　　C. 高抗氧化性

13. 不锈钢中铬的质量分数一般不小于（　　）。
A. 13%　　　　　　B. 18%　　　　　　C. 30%

14. 下列不锈钢中，无磁或弱磁的是（　　）不锈钢。
A. 铁素体　　　　　B. 马氏体　　　　　C. 奥氏体

15. 低合金钢 Q460E，牌号中 460 表示（　　）数值。
A. 屈服强度　　　　B. 抗拉强度　　　　C. 抗弯强度

16. 304 不锈钢相当于我国牌号的 06Cr19Ni10 钢，属于（　　）不锈钢。
A. 铁素体　　　　　B. 马氏体　　　　　C. 奥氏体　　　　D. 双相

17. 奥氏体不锈钢 06Cr18Ni9Ti、07Cr18Ni11Nb 中元素 Ti、Nb 的主要作用是防止（　　）。
A. 晶间腐蚀　　　　B. 断口腐蚀　　　　C. 应力腐蚀　　　D. 疲劳腐蚀

18. 工程结构用钢中碳的质量分数一般不大于（　　）。
A. 0.02%　　　　　B. 0.20%　　　　　C. 2.0%　　　　　D. 0.45%

19. 一般用途低合金高强度结构钢中的主加合金元素是（　　）。
A. Cr　　　　　　　B. Ni　　　　　　　C. Mn　　　　　　D. Si

20. 碳在不锈钢中的作用具有双重性。提高碳的质量分数，钢的耐蚀性（　　），而强度、硬度（　　）。
A. 不变　　　　　　B. 提高　　　　　　C. 降低

四、判断题

1. 除 Fe、C 外，还含有其他元素的钢就是合金钢。　　　　　　　　　　（　　）
2. 在钢中加入多种合金元素比加入单一元素的效果好些，因而合金钢将向合金元素多元、少量方向发展。　　　　　　　　　　　　　　　　　　　　　　　　　　（　　）
3. 调质钢加入合金元素主要是考虑提高其热硬性。　　　　　　　　　　（　　）
4. 高速工具钢反复锻造的目的是为了成形。　　　　　　　　　　　　　（　　）
5. 奥氏体型不锈钢不能进行淬火强化。　　　　　　　　　　　　　　　（　　）

6. 滚动轴承钢 GCr15 中铬的质量分数为 15%。　　　　　　　　　　　　(　　)
7. Cr12MoV 钢因牌号前面没有数字，故其碳含量很低。　　　　　　　　(　　)
8. GCr15 既可做滚动轴承，又可用于制造量具和冲模。　　　　　　　　(　　)
9. 在相同的回火温度下，合金钢比同样碳含量的碳素钢具有更高的硬度。(　　)
10. 只要金属表面形成氧化物，就会对金属产生不好的作用。　　　　　　(　　)

五、简答题

1. 低合金钢和合金钢中常加入哪些合金元素？
2. 合金元素通过哪些途径提高或改善钢的力学性能和工艺性能？
3. 为什么比较重要的大截面的结构零件都必须用合金钢制造？与碳钢比较，合金钢有何优点？
4. 为什么非合金钢在室温下不存在单一奥氏体或单一铁素体组织，而合金钢中有可能存在这类组织？
5. 什么是低合金高强度结构钢？它有哪些成分和性能特点？主要应用在哪些场合？
6. 试述渗碳钢的合金化思想及热处理特点。
7. 为什么调质钢的碳含量多为中碳？调质钢中常含有哪些合金元素？它们在钢中各起什么作用？
8. 为什么合金弹簧钢以硅为重要的合金元素？弹簧淬火后为什么要进行中温回火？为了提高弹簧的使用寿命，在热处理后应采取什么有效措施？
9. 简述刃具钢的性能要求；并对比碳素工具钢、低合金工具钢、高速工具钢的性能，它们各适合制造什么样的刃具？
10. 有人说："由于高速工具钢中含有大量合金元素，故淬火之后其硬度比其他工具钢高；正是由于其硬度高才适合高速切削。"这种说法是否正确？为什么？
11. W18Cr4V 钢的 Ac_1 为 820℃，若以一般工具钢 Ac_1+30~50℃ 的常规方法来确定其淬火温度，最终热处理后能否达到高速切削刀具所要求的性能？其实际淬火温度是多少？W18Cr4V 钢刀具在正常淬火后都要进行 560℃ 三次回火，这又是为什么？
12. 不锈钢为什么不锈？不锈钢的固溶处理目的是什么？
13. 奥氏体锰钢为什么具有优良的耐磨性和良好的韧性？
14. 按要求填表。

牌　　号	类　　别	牌号中符号和数字的含义	用 途 举 例
Q355			
20Cr			
40Cr			
60Si2Mn			
GCr15			
9SiCr			
W18Cr4V			
30Cr13			
06Cr19Ni10			
ZG100Mn13			
Cr12MoV			
5Cr06NiMo			

单元九 UNIT 9

铸铁

【学习目标】

知识目标
1. 掌握铸铁的特点和分类
2. 了解铸铁石墨化的概念及其影响因素
3. 掌握常用铸铁的组织、性能、牌号及应用

能力目标
1. 能根据牌号识别铸铁的种类，理解铸铁组织与性能之间的关系
2. 能用感观法、金相法区别钢和铸铁
3. 初步具有合理选择铸铁的能力

模块一　铸铁及其石墨化

【模块导入】

前几个单元介绍了各种钢材的基本知识，本单元将学习另一种广泛使用的金属材料——铸铁。谈到铸铁，很容易让人想到中国铁锅。中国是世界上最早使用铁锅，也是铁锅应用最广泛的国家。中国铁锅锅体厚实，导热缓慢均匀，有益健康，适合于大多数菜肴的制作，烹制出了"舌尖上的中国"，是平凡朴实的千年中国味儿的最佳写照。

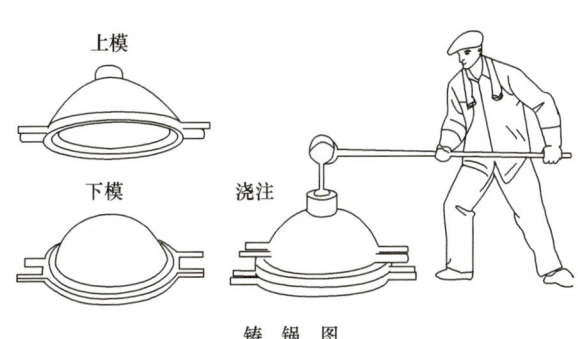

铸锅图

【学习内容】

一、铸铁的特点和分类

1. 铸铁

铸铁是碳的质量分数大于 2.11% 的铁碳合金。除 Fe、C 元素之外，铸铁中含有较多的 Si、Mn、S、P 等元素。

铸铁是人类使用最早的金属材料之一。到目前为止，铸铁仍是一种被广泛应用的金属材料，其用量仅次于钢材。铸铁之所以获得了广泛应用，主要是由于其生产工艺简单、成本低廉，并且具有优良的铸造性、可加工性、耐磨性和减振性。因此，铸铁被广泛应用于机械制造、冶金、矿山、石油化工、交通运输、建筑、国防等部门。如果按重量百分比计算，在各种机械中，铸铁件占 40%~60%，在机床和重型机械中，则可达 60%~90%。

铸铁的强度低，塑性、韧性较差，只能用铸造方法成形，不能用锻造或轧制方法加工成形。

2. 铸铁的分类

按碳在铸铁中的存在形式，铸铁可以分为白口铸铁、灰口铸铁和麻口铸铁。

（1）白口铸铁　白口铸铁是完全按照 Fe-Fe$_3$C 相图进行结晶而得到的铸铁（见本书第四单元）。其中碳全部以渗碳体（Fe$_3$C）形式存在，断口呈银白色。由于存在有大量硬而脆的 Fe$_3$C，故白口铸铁的硬度高、脆性大，很难切削加工，作为零件在工业上很少用，只有少数部门采用，如农业上用的犁铧，除此之外多作为炼钢用的原料，作为原料时，通常称它为生铁。

（2）灰口铸铁　灰口铸铁中碳的主要存在形式是碳的单质，即游离态石墨，断口为暗灰色，常见的铸铁件多数采用的是灰口铸铁。

（3）麻口铸铁　碳一部分以 Fe$_3$C 形式存在，另一部分以石墨形式存在，断口上呈黑白相间的麻点，故称为麻口铸铁。麻口铸铁有很大的脆性，故工业上也很少应用。

根据铸铁中石墨形态和生产方法不同，铸铁又可分为以下四种。

（1）灰铸铁　铸铁中的石墨形状呈片状，如图 9-1a 所示。

（2）蠕墨铸铁　铸铁中的石墨大部分为短小的蠕虫状，如图 9-1b 所示。

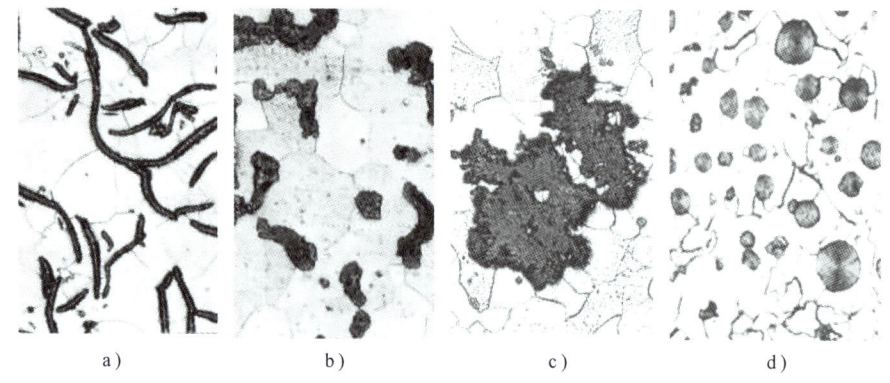

a)　　　　b)　　　　c)　　　　d)

图 9-1　不同铸铁中的石墨形态
a）片状　b）蠕虫状　c）团絮状　d）球状

（3）**可锻铸铁** 铸铁中的石墨呈不规则的团絮状，如图9-1c所示。
（4）**球墨铸铁** 铸铁中的石墨呈球状，如图9-1d所示。

在铸铁中还有一类特殊性能铸铁，如耐热铸铁、耐蚀铸铁、耐磨铸铁等，它们都是为了提高铸铁的力学性能或获得某些特殊性能，在铸铁中加入合金元素 Cr、Ni、Mo、Si、RE 等，所以又称这类铸铁为合金铸铁。

二、铸铁的石墨化

1. Fe-Fe₃C 和 Fe-C 双重相图

在第四单元中重点学习的 Fe-Fe$_3$C 相图中，自液态冷却下来的铁碳合金在固态下一般结晶为铁素体及渗碳体两相。但在生产实践中，含碳、硅较高的铁液在缓慢冷却时，可不析出渗碳体而直接结晶出石墨。另外，已形成渗碳体的白口铸铁经高温长时间退火，渗碳体也能分解为铁和石墨，即 Fe$_3$C→3Fe+C（G）。由此可见，渗碳体实际上只是一个亚稳定相，而石墨才是稳定相。

因此，描述铁碳合金组织转变的相图实际上有两个，一个是 Fe-Fe$_3$C 系相图，另一个是 Fe-C 系相图。把两者迭合在一起，就得到一个双重相图，如图9-2所示。图中的实线表示 Fe-Fe$_3$C 系相图，部分实线再加上虚线表示 Fe-C 系相图。铸铁自液态冷却到固态时，若按 Fe-Fe$_3$C 相图结晶，就得到白口铸铁；若是按 Fe-C 相图结晶，就析出和形成石墨，即发生石墨化过程。若是铸铁结晶时既按 Fe-Fe$_3$C 相图又按 Fe-C 相图进行，则固态由铁素体、渗碳体及石墨三相组成。

2. 石墨的晶体结构

石墨的晶体结构为简单六方晶格，如图9-3所示，原子呈层状排列，同一层的原子间距较小，为0.142nm，结合力较强；而层与层之间的面间距较大，为0.335nm，是依靠较弱的金属键结合的，故石墨具有不太明显的金属性能（如导电性）。由于层与层间的结合力弱，易滑移，故石墨的强度、塑性和韧性较低，硬度仅为3~5HBW。

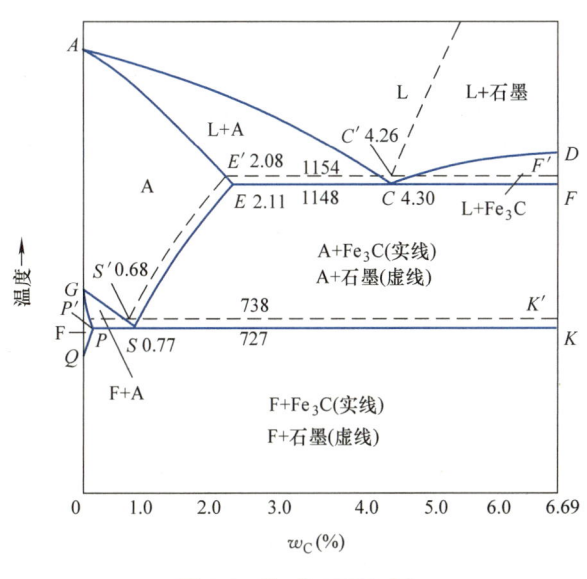

图9-2 Fe-C 双重相图

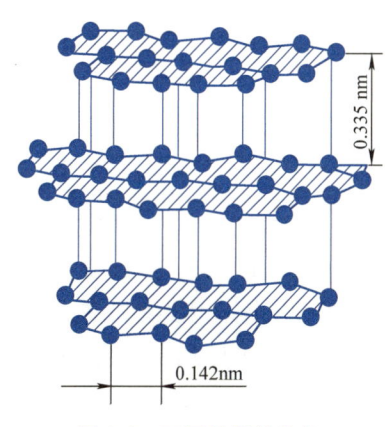

图9-3 石墨的晶体结构

3. 铸铁的石墨化过程

铁液按 Fe-C 相图冷却的过程中，碳以石墨形式析出的过程称为石墨化。现以过共晶合金的铁液为例，当它以极缓慢的速度冷却，并全部按 Fe-C 相图结晶时，铸铁的石墨化过程可分为如下三个阶段。

第一阶段石墨化：包括过共晶成分的铸铁直接从液体中析出一次石墨；在共晶线 $E'C'F'$（温度为 1154℃）处，共晶成分（C' 点，$w_C = 4.26\%$）的液体转变为由奥氏体与共晶石墨组成的共晶组织。其反应式可写成

$$L \longrightarrow L_{C'} + G_I$$

$$L_{C'} \xrightarrow{1154℃} A_{E'} + G_{共晶}$$

中间阶段石墨化：奥氏体低于共晶温度，沿 $E'S'$ 线冷却时，从奥氏体中析出二次石墨。其反应式可写成

$$A_{E'} \xrightarrow{738 \sim 1154℃} A_{S'} + G_{II}$$

第二阶段石墨化：在共析温度（738℃）的 $P'S'K'$ 线，共析成分（S' 点，$w_C = 0.68\%$）的奥氏体转变为由铁素体与石墨组成的共析组织。其反应式可写成

$$A_{S'} \xrightarrow{738℃} F_{P'} + G_{共析}$$

理论上，在 $P'S'K'$ 线共析温度以下冷却至室温时，还可能从铁素体中析出三次石墨，但因为其数量极微少，故常忽略。

如果上述三个阶段的石墨化均充分进行，则铸铁成形后由铁素体与石墨（包括一次、共晶、二次、共析石墨）两相组成。在实际生产中，由于化学成分、冷却速度等各种工艺参数不同，各阶段石墨化过程进行的程度也不同，从而可获得各种不同金属基体的铸态组织。表 9-1 所列是一般铸铁经不同程度石墨化后所得到的组织。

表 9-1 铸铁组织与石墨化进行程度之间的关系

石墨化进行程度			铸铁的显微组织	铸铁名称
第一阶段	中间阶段	第二阶段		
完全石墨化	完全石墨化	完全石墨化	铁素体+石墨	灰口铸铁
	完全石墨化	部分石墨化	铁素体+珠光体+石墨	
	完全石墨化	未石墨化	珠光体+石墨	
部分石墨化	部分石墨化	未石墨化	低温莱氏体+珠光体+石墨	麻口铸铁
未石墨化	未石墨化	未石墨化	低温莱氏体	白口铸铁

由表 9-1 可知，灰口铸铁的组织由两部分组成：一部分是石墨，另一部分是基体，基体可以是铁素体、珠光体或铁素体+珠光体，相当于工业纯铁或钢的组织。所以，铸铁的组织可以看成是铁或钢的基体上分布着不同形态的石墨。

三、影响石墨化程度的主要因素

铸铁的化学成分和结晶过程中的冷却速度是影响石墨化程度的内、外因素。

1. 化学成分的影响

按对石墨化的作用，铸铁中的元素可分为促进石墨化元素（C、Si、Al、Cu、Ni、Co 等）和阻碍石墨化元素（Cr、W、Mo、V、Mn、S 等）两大类。

在促进石墨化元素中，以 C、Si 的作用最强烈。首先，石墨本身就是碳，随着碳含量的增加，液态铸铁中的石墨晶核数增多，所以促进了石墨化。其次，硅与铁原子的结合力较强，其溶于铁素体中，不仅会削弱铁、碳原子间的结合力，还会使共晶点的碳含量降低，共晶温度提高，这都有利于石墨的析出。

在生产实际中，调整 C、Si 含量是控制铸铁组织和性能的基本措施之一。C、Si 含量越高，越易石墨化，反之易出现白口。但如果 C、Si 含量过高，将导致石墨数量多且粗大，基体内铁素体量多，力学性能下降。因此，一般将 C、Si 含量控制在下列范围：$w_C = 2.8\% \sim 3.5\%$，$w_{Si} = 1.4\% \sim 2.7\%$。

2. 冷却速度的影响

在自高温缓慢冷却的条件下，由于原子具有较高的扩散能力，通常按 Fe-C 相图结晶，铸铁中的碳以游离态石墨的形式析出。当冷却速度较快时，碳原子很难扩散，由液态析出的是渗碳体而不是石墨。因此，一般铸件的冷却速度越慢，石墨化进行得越充分；冷却速度越快，石墨化进行得越困难。

一般来说，当其他条件相同时，铸件越厚，冷却速度越小，越容易得到石墨；反之，越容易得到 Fe_3C。例如，在生产中经常发现同一铸件厚壁处为灰口铸铁，而表面或薄壁处出现白口组织，就是这个原因。

综上所述，当铁液的 C、Si 含量较高，结晶过程中的冷却速度较慢时，易于形成灰口铸铁；反之，则易形成白口铸铁。

模块二　灰铸铁

【模块导入】

机床床身几乎都以灰铸铁为材料铸造成形，而不采用钢材的焊接结构。原因是机床床身形状复杂，要求抗压性、减振性好。而灰铸铁良好的铸造性、抗压性和减振性极好地满足了机床床身的使用要求，同时保证了机床的加工精度。

【学习内容】

石墨呈片状的铸铁称为灰铸铁。灰铸铁是价格便宜、应用最广泛的铸铁材料。在铸铁总产量中，灰铸铁占 80% 以上。

灰铸铁的大致化学成分范围为：$w_C = 2.5\% \sim 4.0\%$，$w_{Si} = 1.0\% \sim 3.0\%$，$w_{Mn} = 0.25\% \sim 1.0\%$，$w_S = 0.02\% \sim 0.20\%$，$w_P = 0.05\% \sim 0.50\%$。具有上述成分范围的铁液在进行缓慢冷却凝固时将发生石墨化，析出片状石墨。

一、灰铸铁的组织

灰铸铁的组织由片状石墨和钢组织基体组成，其中石墨片的三维立体形态如图 9-4a 所示。

根据石墨化进行的程度，金属基体可以得到铁素体、铁素体+珠光体和珠光体，因此便得到三种不同基体的灰铸铁，其显微组织如图 9-4b、c、d 所示。

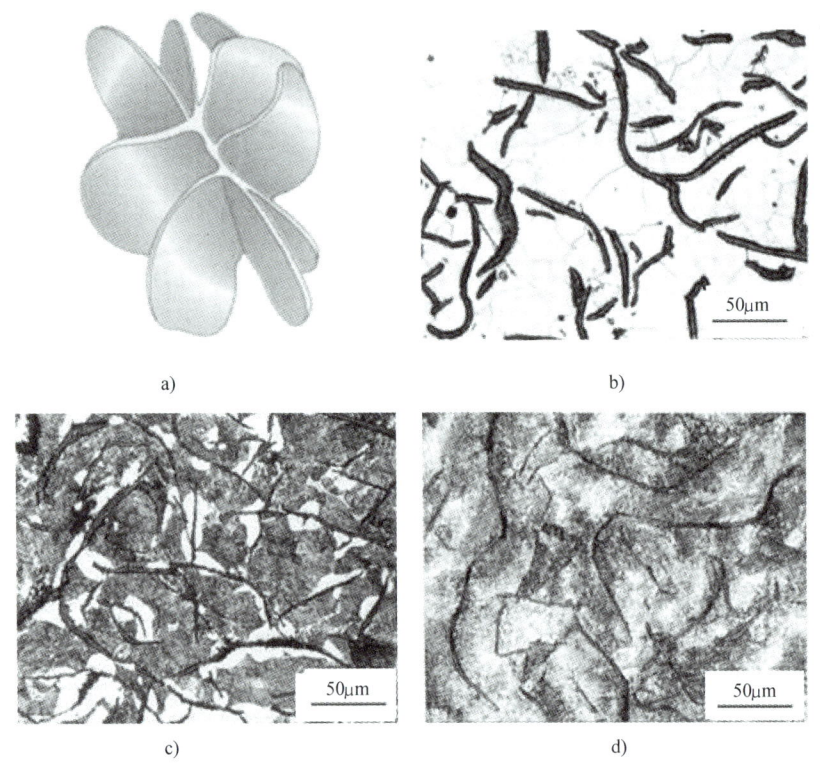

图 9-4　灰铸铁的显微组织

a）石墨片的三维立体形态　b）铁素体基体　c）（铁素体+珠光体）基体　d）珠光体基体

二、灰铸铁的性能

1. 力学性能

铸铁的力学性能"来源于基体，受制于石墨"，即在基体组织一定时，其性能与石墨的形状、大小和分布有密切关系。

灰铸铁的基体组织与非合金钢无异，但灰铸铁的抗拉强度和塑性、韧性都远远低于非合金钢，是典型的脆性材料。这是由于石墨的力学性能很低，硬度仅为 3~5HBW，抗拉强度约为 20MPa，塑性、韧性几乎为零。灰铸铁中片状石墨的存在，就相当于在钢的基体上分布有许多孔洞和裂纹，割裂了基体的连续性，降低了有效承载面积，使基体的利用率仅为 30%~50%。而且在片状石墨的尖角处容易造成应力集中，在拉应力的作用下，裂纹将迅速扩展而发生脆性断裂。

石墨片的数量越多、尺寸越粗大、分布越不均匀，对基体的割裂作用和应力集中现象越严重，则铸铁的强度、塑性与韧性就越低。

但是，灰铸铁在受压时，石墨片对基体连续性的影响大为减轻，其抗压强度是抗拉强度的 2.5~4 倍。所以常用灰铸铁制造机床床身、底座等耐压零部件。

2. 工艺性能

灰铸铁的工艺性能与其力学性能形成了鲜明的对比，同样是由于石墨的存在，使灰铸铁具有非常优良的工艺性能。

（1）铸造性好　由于灰铸铁的碳含量高，接近于共晶成分，故其熔点比较低，流动性良好，收缩率小，因此适合铸造结构复杂零件或薄壁铸件。

（2）减摩性与减振性好　由于铸铁中的石墨有利于润滑及储油，所以减摩性好。同样，由于石墨的存在，能吸收振动波，使灰铸铁的减振能力约比钢大 10 倍，故常作为承受压力和振动的机床底座、机架、机身和箱体等零件的材料。

（3）可加工性好　由于石墨使切削加工时易于断屑，且石墨对刀具具有一定的润滑作用，使刀具磨损减小，所以灰铸铁的可加工性优于钢。

【想一想】

你在校内进行机加工实习时肯定用车床进行过金属切削加工，现在请回忆一下，钢和铸铁切削时各自的切屑形状有什么不同？钢的切屑一般是连续的，呈螺旋状，很锋利；而铸铁的切屑一般是细碎的。

（4）缺口敏感性较低　钢常因表面有缺口（如油孔、键槽、刀痕等）造成应力集中，使力学性能显著降低，故钢的缺口敏感性大。灰铸铁中的石墨本身就相当于很多小的缺口，致使外加缺口的作用相对减弱，所以灰铸铁具有低的缺口敏感性。

【经验传承】

用最简单的方法区分钢和灰铸铁：将工件扔在地上或用锤子敲一下，声音清脆的是钢材，声音沉闷的是铸铁。因为铸铁的内部组织有石墨存在，相当于空洞或裂纹，能吸收振动波，因而声音沉闷；而钢的组织致密，对振动波有强烈的反射作用，因而声音清脆。你还能想到其他更好的区分方法吗？

三、灰铸铁的孕育处理

普通灰铸铁组织中的石墨片比较粗大，因而力学性能较低。为了提高铸铁的力学性能，减小铸铁中石墨片的尺寸，在生产上常采用孕育处理。

所谓孕育处理，就是在浇注前往铁液中加入少量细粒状的孕育剂（硅铁和硅钙合金等），它有促进石墨晶核形成并加速铸铁石墨化的作用，可改变铁液的结晶条件，从而获得细珠光体基体加上细小均匀分布的片状石墨的组织，显著提高铸铁的力学性能。经孕育处理后的灰铸铁称为孕育铸铁，未经孕育处理的灰铸铁称为普通灰铸铁。图 9-5 所示为普通灰铸铁和孕育铸铁的组织比较。

铸铁经孕育处理后不仅强度有较大提高，而且塑性和韧性也有所改善。同时，由于孕育剂的加入，还可使铸铁对冷却速度的敏感性显著减少，使各部位都能得到均匀一致的组织。所以孕育铸铁常用来制造力学性能要求较高、截面尺寸变化较大的铸件。

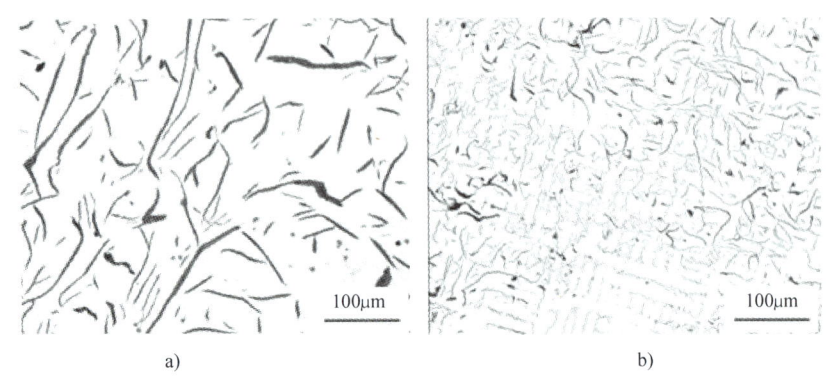

图 9-5 孕育处理前后灰铸铁的组织比较（未浸蚀）
a）孕育处理前 b）孕育处理后

四、灰铸铁的牌号、性能及用途

1. 灰铸铁牌号的表示方法

按国家标准 GB/T 9439—2010 规定，常用灰铸铁分为八个牌号，由"灰铁"二字汉语拼音的字首"HT"和一组数字组成。数字表示灰铸铁的最低抗拉强度，例如，HT200 表示最低抗拉强度为 200MPa 的灰铸铁。

2. 灰铸铁的性能及用途

灰铸铁的牌号、组织、力学性能及用途见表 9-2。应当指出的是，灰铸铁的强度与铸件壁厚有关，在同一牌号中，随着铸件壁厚的增加，其抗拉强度降低。因此，根据零件的性能要求选择铸铁牌号时，必须注意铸件壁厚的影响，如铸件的壁厚过大或过小，则应根据具体情况适当提高或降低铸铁的牌号。图 9-6 所示是灰铸铁的一些应用实例。

表 9-2 灰铸铁的牌号、组织、力学性能及用途（摘自 GB/T 9439—2010）

牌　号	抗拉强度 R_m/MPa	抗压强度 R_{mc}/MPa	硬度 HBW	基体	石　墨	应 用 举 例
HT100	≥100	500	170	F	粗片状	属于低强度铸铁件，适合制造形式简单、载荷小、对摩擦和磨损无特殊要求的零件，如盖、外罩、手轮、支架、重锤等
HT150	≥150	600	125~205	F+P	较粗片状	属于中强度铸铁件，适合制造承受中等应力的零件，如支柱、底座、齿轮箱、刀架、阀体、管路附件等
HT200	≥200	720	150~230	P	中等片状	属于较高强度铸铁件，适合制造承受较大应力的重要零件，如气缸体、气缸盖、齿轮、飞轮、缸套、活塞、联轴器、轴承座等
HT225	≥225	780	170~240			
HT250	≥250	840	180~250			

(续)

牌 号	抗拉强度 R_m/MPa	抗压强度 R_{mc}/MPa	硬度 HBW	基体	石墨	应 用 举 例
HT275	≥275	900	190~260	P	较细片状	属于高强度、高耐磨铸铁件,适合制造承受高应力的零件,如重型机械等受力较大的床身、机座、主轴箱、卡盘、齿轮、凸轮、衬套;大型发动机的曲轴、气缸体、缸套、气缸盖;高压的油缸、水缸、泵体、阀体、镦锻和热锻锻模、冲模等
HT300	≥300	960	200~275			
HT350	≥350	1080	220~290			

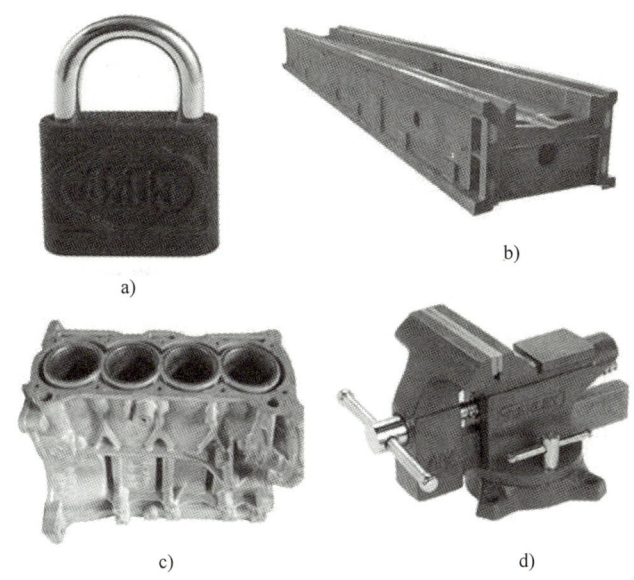

图 9-6 灰铸铁应用实例
a) 挂锁　b) 机床床身　c) 气缸体　d) 台虎钳

五、灰铸铁的热处理

热处理不能改变石墨的形态和分布,对提高灰铸铁整体力学性能的作用不大,生产中主要用来消除铸件内应力、改善可加工性和提高表面耐磨性等。

1. 消除内应力退火

一些形状复杂和尺寸稳定性要求较高的重要铸件,如机床床身、柴油机气缸等,为了防止变形和开裂,须进行消除内应力退火。

普通灰铸铁消除应力退火温度以550℃为宜,低合金灰铸铁以600℃为宜,高合金灰铸铁可提高到650℃,保温时间的长短取决于加热温度和铸件壁厚。

2. 消除铸件白口、降低硬度的退火

灰铸铁件表层和薄壁处产生的白口组织难以切削加工,需要退火以降低硬度。退火在共析温度以上850~950℃进行,使渗碳体分解成石墨,所以又称高温退火。

3. 表面淬火

有些铸件，如机床导轨、缸体内壁等，因需要提高硬度和耐磨性，可进行表面淬火处理，如高频淬火、接触电阻加热淬火和激光淬火等。表面淬火层的深度可达 0.20~0.30mm，组织为极细的马氏体（或隐晶马氏体）+片状石墨，表面硬度可达 50~55HRC。

模块三　球墨铸铁

【模块导入】

井盖丢失已成为某些地区的市政痼疾，给市民出行、交通安全造成了极大的安全隐患。城市道路上的各种铸铁井盖大多是球墨铸铁（QT500-7）材质的，一般采用圆形，因为圆形井盖通过其圆心的每条直径长度均相同，这样当井盖被经过的车辆轧起时，因为直径都会比下面的井口略宽，故井盖不会掉到井口里去。

【学习内容】

灰铸铁经孕育处理后虽然细化了石墨片，但未能改变石墨的形态。改变石墨形态是大幅度提高铸铁力学性能的根本途径，而球状石墨则是最为理想的一种石墨形态。

石墨呈球状分布的铸铁称为球墨铸铁，简称球铁。球墨铸铁是一种高强度铸铁材料，其综合力学性能接近于钢。因其铸造性好，成本低廉，生产方便，在工业中得到了广泛的应用，在一些主要工业国家中，其产量已超过铸钢，所谓"以铁代钢，以铸代锻"，主要是指球墨铸铁。

一、球墨铸铁的化学成分和组织特征

1. 球墨铸铁的化学成分

与灰铸铁相比，球墨铸铁的成分要求比较严格，有"两高三低"之说，即碳、硅含量较高，而锰、硫、磷含量较低，以利于石墨球化。球墨铸铁的大致化学成分范围为：w_C = 3.6%~3.9%，w_{Si} = 2.2%~2.8%，w_{Mn} = 0.6%~0.8%，w_S<0.07%，w_P<0.1%。

在球墨铸铁的生产中，浇注前向铁液加入一定量的球化剂，以使石墨结晶时生长为球状石墨的工艺操作称为球化处理。我国普遍使用稀土镁球化剂。由于球化剂中的镁是强烈阻碍石墨化的元素，为了避免出现白口，并使石墨球细小、均匀分布，球化处理后必须再进行孕育处理。常用的孕育剂为75%的硅铁和硅钙合金等。

2. 球墨铸铁的组织特征

球墨铸铁的显微组织由基体组织和球状石墨组成。随化学成分和冷却速度的不同，球墨铸铁在铸态下的基体组织可分为铁素体、铁素体+珠光体、珠光体三种。当铸铁中的碳、硅含量高，加入球化剂多或冷却缓慢时，容易获得铁素体；反之，则易形成珠光体基体。经过合金化和热处理，也可以获得下贝氏体、马氏体、托氏体、索氏体和回火索氏体等基体组织。图9-7所示是这几种基体球墨铸铁的显微组织。

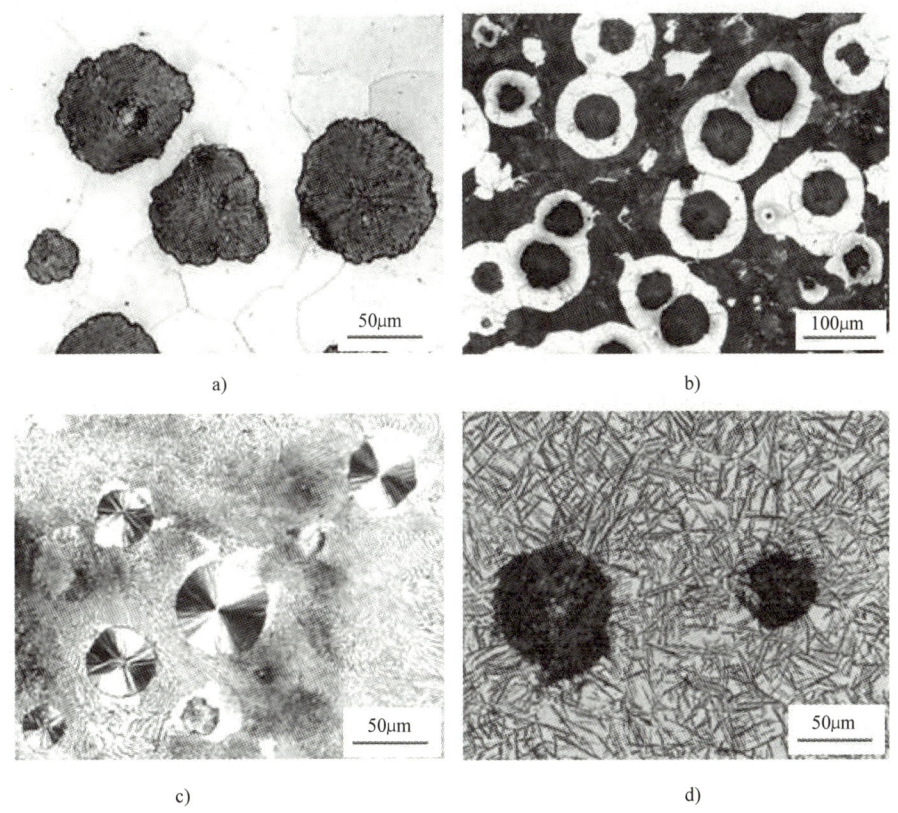

图 9-7 球墨铸铁的显微组织
a）铁素体球墨铸铁　b）铁素体+珠光体球墨铸铁　c）珠光体球墨铸铁　d）下贝氏体球墨铸铁

二、球墨铸铁的牌号、性能和应用

根据国家标准 GB/T 5612—2008《铸铁牌号表示方法》，我国球墨铸铁的牌号用"球铁"二字的汉语拼音字首"QT"和其后的两组数字表示。第一组数字表示最低抗拉强度，第二组数字表示最低断后伸长率。例如，牌号 QT400-18 表示最低抗拉强度为 400MPa，最低断后伸长率为 18% 的球墨铸铁。

与灰铸铁相比，球墨铸铁具有较高的抗拉强度和弯曲疲劳极限，也具有相当良好的塑性和韧性。这是由于球状石墨对基体的割裂作用大为减小，基体的作用得到了充分发挥，而且在拉伸时的应力集中效应明显减弱，从而使基体的有效承载面积可以从灰铸铁的 30%~50% 提高到 70%~90%。

球墨铸铁的力学性能还与其基体组织有关，不同基体的球墨铸铁，其性能差别很大。例如，珠光体球墨铸铁的抗拉强度比铁素体基体高 50% 以上，而铁素体球墨铸铁的延伸率为珠光体基体的 3~5 倍。

球墨铸铁的牌号、组织、性能和用途举例见表 9-3。

表 9-3 球墨铸铁的牌号、组织、性能和用途（摘自 GB/T 1348—2019）

牌 号	基 体	力学性能(铸件壁厚 $t \leqslant 30mm$)				用 途
		R_m /MPa	$R_{p0.2}$ /MPa	A (%)	硬度 HBW	
QT400-18	F	400	250	18	120~175	汽车、拖拉机底盘零件；阀门的阀体、阀盖
QT450-10	F	450	310	10	160~210	
QT500-7	F+P	500	320	7	170~230	机油泵齿轮、井盖
QT600-3	P	600	370	3	190~270	柴油机、汽油机曲轴；磨床、铣床、车床的主轴；空压机、冷冻机缸体、缸套
QT700-2	P	700	420	2	225~305	
QT800-2	S 或 P	800	480	2	245~335	
QT900-2	M'	900	600	2	280~360	汽车、拖拉机的传动齿轮

球墨铸铁可以在一定条件下代替铸钢、锻钢等，用以制造受力复杂、载荷较大和要求耐磨的铸件。具有高韧性和塑性的铁素体球墨铸铁常用来制造阀门、汽车后桥壳、犁铧、收割机导架等；具有高强度与耐磨性的珠光体球墨铸铁常用来制造内燃机曲轴、凸轮轴、轧钢机轧辊等。图 9-8 所示是球墨铸铁的一些应用实例。

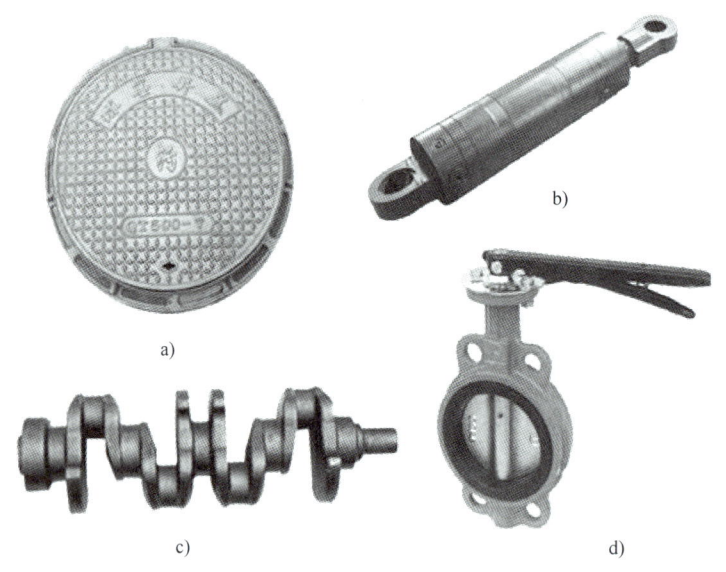

图 9-8 球墨铸铁的应用实例
a）井盖 b）液压缸 c）曲轴 d）截止阀

三、球墨铸铁的热处理

与灰铸铁相比，球状石墨对基体的割裂作用和应力集中降到了最低程度，基体的作用得到了充分发挥。因此，可以通过热处理来改变基体组织，从而显著地改善球墨铸铁的力学性能。球墨铸铁的主要热处理工艺有退火、正火、调质、等温淬火和表面淬火等。

1. 退火

退火的目的是使球墨铸铁得到铁素体基体，提高韧性。根据铸造组织，可采用两种退火工艺。

当球墨铸铁组织中存在自由渗碳体时，为使其分解，必须进行高温退火，加热温度为920~980℃，保温2~5h，随炉冷却至600℃左右空冷。当基体组织为铁素体+珠光体，无自由渗碳体时，为使珠光体中的渗碳体分解，必须进行低温退火，加热温度为700~760℃，保温3~6h，随炉冷却至600℃出炉空冷。

2. 正火

正火的目的在于得到珠光体基体并细化组织，提高强度和耐磨性。根据加热温度不同，分为高温正火和低温正火两种。

高温正火是将球墨铸铁件加热到880~950℃，保温1~3h，然后出炉空冷，最终得到珠光体型基体组织。低温正火是将球墨铸铁件加热到840~860℃，保温1~4h，然后出炉空冷，最终得到珠光体+铁素体的基体组织，其强度比高温正火略低，但塑性和韧性较高。

3. 调质

对于要求综合力学性能较高的球墨铸铁零件，如连杆、曲轴等，可采用调质处理。其工艺为：加热到850~900℃，使基体转变为奥氏体，在油中淬火得到马氏体，然后经550~600℃回火，获得回火索氏体+球状石墨，硬度为250~380HBW，具有良好的综合力学性能。表面要求耐磨的零件可以再进行表面淬火及低温回火。

4. 等温淬火

球墨铸铁经等温淬火后可获得高的强度，同时具有良好的塑性和韧性。等温淬火工艺为：加热到奥氏体区（840~900℃），保温后在300℃左右的等温盐溶中冷却并保温，使基体在此温度下转变为下贝氏体+球状石墨。

等温淬火处理后，球墨铸铁的强度可达1200~1450MPa，硬度达38~50HRC。但由于等温盐浴的冷却能力有限，一般只能用于截面不大（有效厚度不大于30mm）的零件，如大功率柴油机中受力复杂的齿轮、曲轴、凸轮轴等。

模块四　可锻铸铁

【模块导入】

你能说出右图所示供水或供暖管道中各种管件的名称吗？这些管件的共同特点是形状复杂、壁薄，在工作时承受一定的压力。它们大多是用可锻铸铁制造的，这是为什么呢？（图中管件有弯头、三通、活连接、管箍、对丝、水堵等）

【学习内容】

可锻铸铁俗称马铁,又称展性铸铁或韧性铸铁,是由白口铸铁经石墨化退火后获得的石墨呈团絮状的铸铁。由于这种铸铁具有一定的塑性和韧性,所以称为可锻铸铁,但事实上其并不可锻。

一、可锻铸铁的化学成分和组织特点

1. 可锻铸铁的化学成分

在可锻铸铁的生产中,为了保证铸件浇注后获得纯白口组织,其成分中促进石墨化元素——碳、硅含量不能太高,否则,浇注后将得不到纯白口组织,而成为麻口甚至灰口组织。但是,可锻铸铁的碳、硅含量也不能太低,否则会延长石墨化退火周期,使生产率降低。常用可锻铸铁的大致化学成分范围为:$w_C = 2.2\% \sim 2.8\%$,$w_{Si} = 1.0\% \sim 1.8\%$,$w_{Mn} = 0.4\% \sim 1.2\%$,$w_S < 0.18\%$,$w_P < 0.2\%$。

2. 可锻铸铁的组织特点

可锻铸铁的生产分两个步骤:第一步是先铸造纯白口铸铁;第二步是进行长时间的石墨化退火,使白口铸铁中的渗碳体分解为团絮状石墨。

按石墨化退火工艺不同,可锻铸铁可以得到铁素体或珠光体两种基体组织。铁素体基体的可锻铸铁心部由于石墨析出而呈黑色,表面因退火时脱碳而呈白亮色,所以又称黑心可锻铸铁。珠光体基体可锻铸铁的断口虽呈白色,但习惯上仍称黑心可锻铸铁。以上两种基体可锻铸铁的显微组织如图9-9所示。

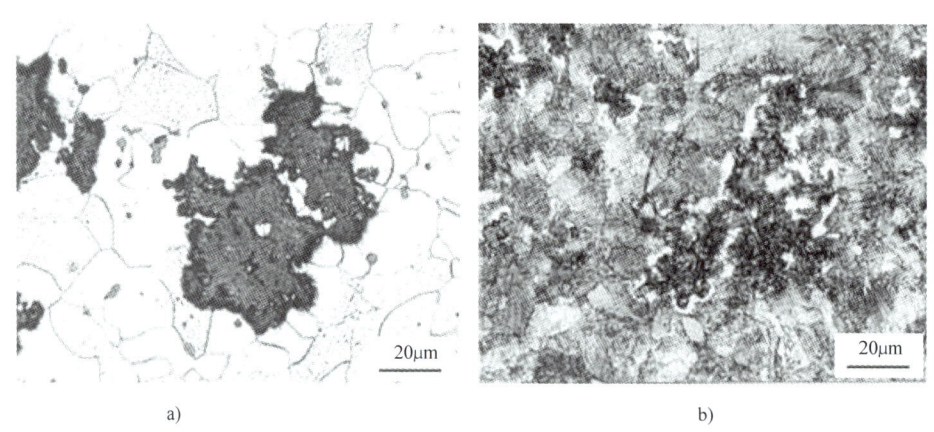

图 9-9 可锻铸铁的显微组织
a) 铁素体基体 b) 珠光体基体

二、可锻铸铁的牌号、性能及用途

1. 可锻铸铁的牌号

可锻铸铁牌号中的"KT"是"可铁"两字汉语拼音的首写字母,其后面的"H"表示黑心可锻铸铁,"Z"表示珠光体可锻铸铁。字母后面的两组数字分别表示最低抗拉强度和最低断后伸长率。例如,牌号KTH 350-10表示最低抗拉强度为350MPa,最低断后伸长率为

10%的黑心可锻铸铁，即铁素体可锻铸铁；KTZ650-02 表示最低抗拉强度为 650MPa，最低断后伸长率为 2%的珠光体可锻铸铁。

2. 可锻铸铁的性能及用途

可锻铸铁中的石墨呈团絮状，减轻了对基体的割裂作用和应力集中效应，因此可锻铸铁具有较高的强度，而且具有一定的塑性与韧性，特别是低温冲击性能较好，耐磨性和减振性优于非合金钢。

铁素体可锻铸铁具有较高的塑性与韧性，常用来制造形状复杂、承受冲击和振动，且壁厚小于 25mm 的铸件，如汽车和拖拉机的后桥外壳、转向机构、钢板弹簧支座、电力输电线安装工具、各种低压阀门、管件以及纺织机与农机零件或农具等。珠光体可锻铸铁的强度、硬度高，耐磨性好，可用于制作曲轴、连杆、凸轮轴等。

近年来，由于球墨铸铁制造技术的发展，可锻铸铁部分地被球墨铸铁所取代。但由于可锻铸铁具有成本低、质量稳定、铁液处理简单、容易组织流水生产等优点，故仍在某些领域中使用。特别是对一些大批量、形状复杂、薄壁小铸件的生产，可锻铸铁的优点更为突出。

常用可锻铸铁的牌号、性能及用途见表 9-4，图 9-10 所示是可锻铸铁的一些应用实例。

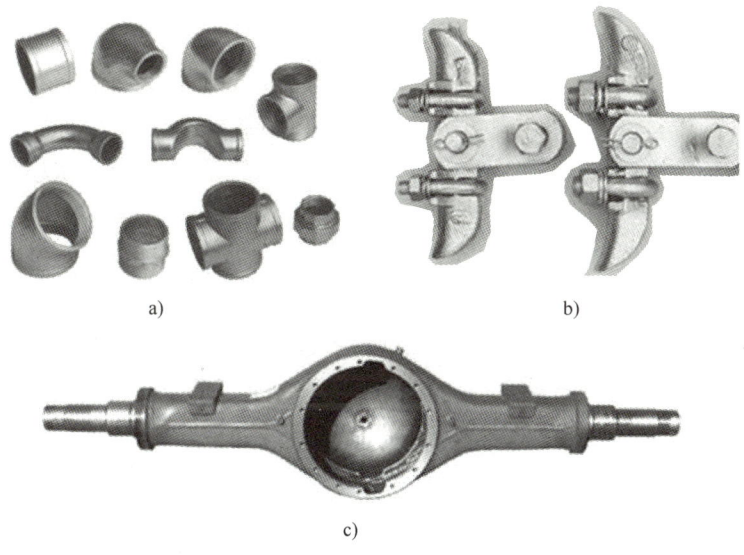

图 9-10 可锻铸铁的一些应用实例
a) 管件 b) 悬垂线夹 c) 后桥壳

表 9-4 常用可锻铸铁的牌号、性能及用途（摘自 GB/T 9440—2010）

牌号	试样直径 d/mm	R_m/MPa	$R_{p0.2}$/MPa	A(%)	硬度 HBW	用途
		≥				
KTH300-06	12 或 15	300	—	6	≤150	具有较高的冲击韧性和适度的强度，用于制作承受冲击、振动和扭转载荷的零件以及管道配件等
KTH330-08	12 或 15	330	—	8		
KTH350-10	12 或 15	350	200	10		
KTH370-12	12 或 15	370	—	12		

(续)

牌 号	试样直径 d/mm	R_m/MPa ≥	$R_{p0.2}$/MPa ≥	A(%) ≥	硬度 HBW	用 途
KTZ450-06	12 或 15	450	270	6	150~200	韧性较低，强度大，硬度高，耐磨性与可加工性良好，用来代替低碳、中碳、低合金钢及非铁合金，制造较高强度和耐磨性的零件，如曲轴、连杆、齿轮、摇臂等
KTZ550-04	12 或 15	550	340	4	180~230	
KTZ650-02	12 或 15	650	430	2	210~260	
KTZ700-02	12 或 15	700	530	2	240~290	

模块五　蠕墨铸铁

【模块导入】

2012年5月29日，杭州长运公司的司机吴斌被对向车道飞来的一块重约2.5kg的载重汽车制动鼓碎片击中腹部。他临危不惧，忍痛用76s的时间完成了靠边停车、拉驻车制动器、打开双闪灯等一系列安全动作，并打开车门，安全疏散乘客，确保了客车上的24名乘客安然无恙，用生命履行了一位司机的职责，被誉为"最美司机"。制动鼓一般安装在车辆后轮，固定在轮胎内，与轮胎同速转动。制动鼓内装有制动片，靠接触产生的摩擦力抑制轮胎转动，其主要失效形式为开裂和过量磨损。制作汽车制动鼓的材质目前主要有三种，即灰铸铁、蠕墨铸铁和钢-灰铸铁复合材料，其中以蠕墨铸铁为优。因为它的使用寿命最长，生产成本相当于或略高于低合金灰铸铁，性价比最好。常用于制作汽车制动鼓的蠕墨铸铁牌号有RuT400、RuT450等，其蠕化率要求不小于70%，基体组织中珠光体量分别为不小于50%、不小于60%。

【学习内容】

蠕墨铸铁是将铁液经过蠕化处理所获得的一种具有蠕虫状石墨组织的铸铁。蠕虫状石墨实际上是球化不充分的缺陷形式，直到20世纪60年代人们才认识到蠕墨铸铁在性能上有一定的优越性而开始重视。

1. 蠕墨铸铁的化学成分

蠕墨铸铁的成分要求与球墨铸铁相似，即要求高碳、高硅、低硫、低磷，一般属于高碳、高硅的共晶或过共晶合金。蠕墨铸铁的一般化学成分范围为：w_C = 3.5%~3.9%，w_{Si} = 2.1%~2.8%，w_{Mn} = 0.4%~0.8%，w_S、w_P<0.1%。

铸态蠕墨铸铁有更倾向于生成铁素体的特征，要获得珠光体基体的蠕墨铸铁，须加入珠光体稳定元素，如Cu、Cr、Mn、Mo、Sn等，使铸态珠光体量提高。

在符合上述成分的铁液中加入蠕化剂（稀土镁钛合金、稀土镁钙合金等）和孕育剂，就能获得石墨形态介于片状与球状之间、形似蠕虫状的高强度蠕墨铸铁。但蠕化处理工艺比较严格，如蠕化处理不足，则会生成片状石墨而成为灰铸铁；如蠕化处理过度，则会使石墨球化而成为球墨铸铁。

2. 蠕墨铸铁的组织

蠕墨铸铁的显微组织一般由基体组织和蠕虫状石墨组成，基体组织有铁素体、铁素体+珠光体、珠光体三种，其中铁素体基体较为多见，如图 9-11 所示。

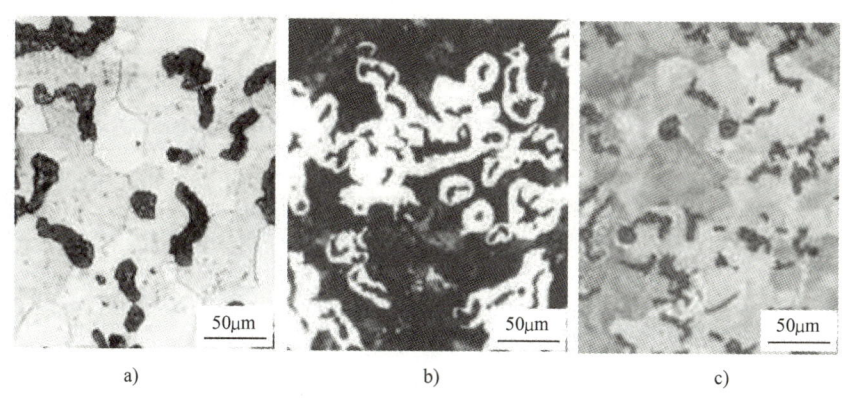

图 9-11 蠕墨铸铁的显微组织
a) 铁素体基体 b) （铁素体+珠光体）基体 c) 珠光体基体

蠕墨铸铁的石墨为介于片状和球状之间的中间形态，在光学显微镜下为互不相连的短片，与灰铸铁的片状石墨类似。所不同的是，其石墨片的长厚比较小（一般长厚比为 2~10），头部较圆，侧面高低不平，形似蠕虫，所以可以认为蠕虫状石墨是一种过渡型石墨。

二、蠕墨铸铁的牌号、性能和用途

1. 蠕墨铸铁的牌号

蠕墨铸铁的牌号表示方法与灰铸铁相似，由"蠕铁"的汉语拼音首写字母"RuT"和其后表示最低抗拉强度值的三位数字组成，如 RuT420 表示最低抗拉强度为 420MPa 的蠕墨铸铁。

2. 蠕墨铸铁的性能及用途

由于蠕虫状石墨介于片状和球状石墨之间，因此蠕墨铸铁的性能介于相同基体组织的灰铸铁和球墨铸铁之间。其力学性能优于灰铸铁，低于球墨铸铁，但蠕墨铸铁的铸造性、减振性、导热性及可加工性等工艺性能均优于球墨铸铁，并与灰铸铁相近。因此，蠕墨铸铁是一种具有良好综合性能的铸铁。

由于蠕墨铸铁的综合性能好、组织致密，所以它主要应用于一些承受热循环载荷的铸件（如钢锭模、玻璃模具、柴油机缸盖、排气管、制动鼓等）、组织致密零件（如一些液压阀的阀体、各种耐压泵的泵体等）以及一些结构复杂而又要求高强度的零件。

表 9-5 所列为蠕墨铸铁的牌号、力学性能及应用。图 9-12 所示是蠕墨铸铁的一些应用实例。

表 9-5 蠕墨铸铁的牌号、力学性能及应用（GB/T 26655—2011）

牌 号	R_m/MPa ≥	$R_{p0.2}$/MPa ≥	A(%) ≥	硬度 HBW(供参考)	用 途
RuT300	300	210	2.0	140~210	排气管、变速器箱体、气缸盖、液压件、纺织零件、钢锭模等
RuT350	350	245	1.5	160~220	重型机床件，大型变速器箱体、盖、座，飞轮，起重机卷筒等
RuT400	400	280	1.0	180~240	活塞环、气缸套、制动盘、制动鼓、钢珠研磨盘、吸淤泵体等
RuT450	450	315	1.0	200~250	
RuT500	500	350	0.5	220~260	高载荷内燃机缸体、气缸套

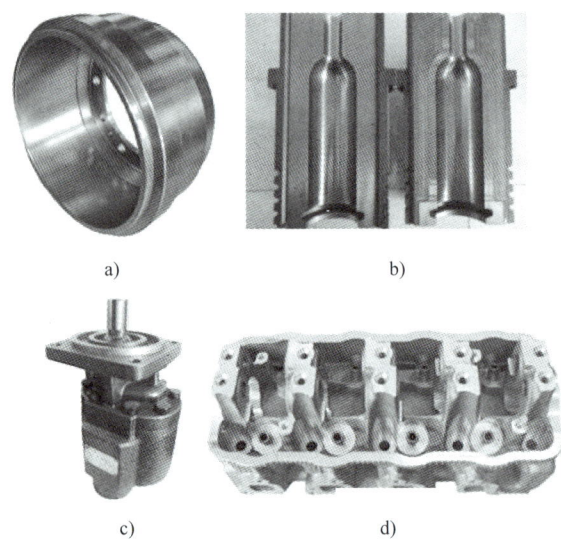

图 9-12 蠕墨铸铁的一些应用实例
a）制动鼓 b）玻璃瓶模具 c）齿轮泵壳体 d）气缸盖

【单元小结】

1. 铸铁是碳的质量分数大于 2.11% 的铁碳合金。按铸铁中碳的存在形式可分为白口铸铁、灰口铸铁和麻口铸铁；按石墨形态和生产方法可分为普通灰铸铁、蠕墨铸铁、球墨铸铁、孕育铸铁、可锻铸铁和特殊性能铸铁等。

2. 碳在铸铁中的主要存在形式是石墨，控制铸铁结晶时的石墨化程度，可获得各种不同金属基体的铸铁组织。铸铁的组织可以看成是工业纯铁或钢的基体上分布着石墨夹杂。

3. 铸铁的化学成分和结晶过程中的冷却速度是影响石墨化的内、外因素。碳和硅是强烈促进石墨化元素。一般铸件冷却速度越慢，石墨化进行得越充分；冷却速度快时，碳原子很难扩散，石墨化进行困难。

4. 铸铁的性能"来源于基体，受制于石墨"，石墨的形状、大小、数量、分布影响了铸铁基体性能的发挥程度，从而也基本上决定了铸铁的宏观力学性能。从片状石墨到球状石墨，使铸铁中石墨和基体的组织配合发生了质的变化。因为球状石墨割裂基体的作用较小，应力集中的现象也大为减轻,所以球墨铸铁基体的性能可得到较大的利用。

5. 铸铁的牌号以 HT、QT、KT、RuT 开头,要认清。不同类型的铸铁有不同的性能和用途,根据零部件的工作条件和技术要求,可合理地选择铸铁类型及其处理工艺,见表 9-6。

表 9-6 常用铸铁的种类、特性和用途

名 称	牌号举例	生产工艺	组 织	热 处 理	用 途
灰铸铁	HT150 HT200	液态金属石墨化+孕育处理	基体(F、P、F+P)+片状石墨	去应力退火或消除白口退火,正火,表面淬火	机床床身、支架、气缸体
球墨铸铁	QT500-7 QT700-2	液态金属石墨化+球化处理+孕育处理	基体(F、P、F+P、B、M)+球状石墨	可进行各种热处理	井盖、凸轮轴、柴油机曲轴
可锻铸铁	KTH300-06 KTZ450-06	浇注成白口+石墨化退火	基体(F、P)+团絮状石墨	石墨化退火	车轮壳、管接头
蠕墨铸铁	RuT420	液态金属石墨化+蠕化处理+孕育处理	基体(F、P、F+P)+蠕虫状石墨	同灰铸铁	制动鼓、钢锭模、玻璃模具

【综合训练】

一、名词解释

灰铸铁,球墨铸铁,可锻铸铁,蠕墨铸铁,石墨化,孕育处理。

二、填空题

1. 按碳存在的形式,可将铸铁分为_____、_____和_____三类。
2. 按石墨形态和生产方式,可将铸铁分为_____、_____和_____及_____四类。
3. 灰铸铁中由于片状石墨的存在,相当于_____,降低了基体的_____,故使铸铁的抗拉强度、塑性和韧性有所降低。
4. 铸铁成分中的 C、Si、Mn、S、P 等元素,_____能强烈促进石墨化的元素。
5. 灰铸铁经孕育处理后,可使_____得到细化,使其_____有很大的提高。
6. 球墨铸铁是在浇注前往铁液中加入适量的_____和_____,以获得球状石墨。
7. 灰铸铁中的碳主要以_____形式存在,其断口呈_____色。
8. 可锻铸铁铸件的生产方法是先浇注成_____组织,然后再进行长时间的_____。
9. HT250 是_____材料,其中 250 表示_____。
10. KTH300-06 是_____材料,其中 H 表示_____,300 表示_____,06 表示_____。
11. 复杂形状铸铁件表面或薄壁处常易出现白口组织,这是因为_____所致。

三、判断题

1. 石墨化是指铸铁中碳原子析出形成石墨的过程。( )
2. 可锻铸铁比灰铸铁的塑性好,可以进行锻造加工。( )
3. 厚铸铁件的表面硬度总比内部高。( )
4. 灰铸铁的强度、塑性和韧性远不如钢。( )
5. 热处理可以改变铸铁中的石墨形态。( )
6. 白口铸铁硬度适中,易于切削加工。( )

7. 铸铁中的石墨数量越多，尺寸越大，铸铁件的强度就越高，塑性、韧性就越好。
（　　）

8. 球墨铸铁组织中的球状石墨圆整度越好、球径越小、分布越均匀，力学性能就越好。
（　　）

9. 灰铸铁的减振性能比钢好。（　　）

10. 铸件越厚，冷却速度越快，越容易进行石墨化。（　　）

四、选择题

1. 灰铸铁的性能主要取决于（　　）。
   A. 碳的质量分数　　　　B. 基体和石墨的形态　　　　C. 硫、磷的含量
2. 球墨铸铁经（　　）可获得铁素体基体组织，经（　　）可获得珠光体基体组织，经（　　）可获得下贝氏体基体组织。
   A. 正火　　　　　　　B. 退火　　　　　　　　　C. 等温淬火
3. 选择下列零件的材料：机床床身（　　）；汽车后桥外壳（　　）；柴油机曲轴（　　）。
   A. HT200　　　　　　B. KTH350-10　　　　　　C. QT500-05
4. 铸铁中的碳以石墨形态析出的过程称为（　　）。
   A. 石墨化　　　　　　B. 变质处理　　　　　　　C. 球化处理
5. 对铸铁进行热处理可以改变铸铁组织中的（　　）。
   A. 石墨形态　　　　　B. 基体组织　　　　　　　C. 石墨形态和基体组织
6. 灰铸铁的力学性能特点是（　　）。
   A. 抗拉怕压　　　　　　　　　　　B. 抗压怕拉
   C. 抗拉抗压　　　　　　　　　　　D. 怕拉怕压
7. 复杂形状铸铁件表面或薄壁处常易出现（　　）组织。
   A. 白口　　　　　　　B. 灰口　　　　　　　　　C. 麻口
8. 可锻铸铁只适合制造（　　）铸件。
   A. 薄壁　　　　　　　B. 厚壁　　　　　　　　　C. 薄、厚均可
9. 与钢相比，铸铁的工艺性能特点是（　　）。
   A. 焊接性好　　　　　B. 铸造性好　　　　　　　C. 热处理性能好
10. 在切削加工前为了稳定形状复杂的铸铁件的尺寸，防止变形，常安排（　　）。
    A. 表面淬火　　　　　B. 石墨化退火　　　　　　C. 去应力退火

五、简答题

1. 与钢相比，铸铁在成分、组织和性能上有什么主要区别？
2. 铸铁的化学成分和壁厚对石墨化有什么影响？
3. 如何理解铸铁的性能"来源于基体，受制于石墨"？以石墨形态对灰铸铁和球墨铸铁力学性能的影响为例进行说明。
4. 为什么一般机器的支架、机床的床身采用灰铸铁铸造？
5. 为什么可锻铸铁适宜制造壁厚较薄的零件？而球墨铸铁却不宜制造壁厚较薄的零件？
6. 为什么球墨铸铁可以代替钢制造某些零件呢？"以铸代锻"有什么好处？
7. 识别下列铸铁牌号：
   HT150，HT300，KTH300-06，KTZ450-06，QT400-18，QT600-03，RuT300。

单元十 UNIT 10

非铁金属及其合金

【学习目标】

知识目标
1. 掌握常用非铁金属及其合金的种类、牌号、成分特点、性能特点及应用范围
2. 掌握铝合金固溶处理和时效强化的原理和工程意义

能力目标
1. 能在生活或工程实践中正确辨识非铁金属及其合金
2. 初步具备合理选择非铁金属及其合金的能力

钢铁材料以外的其他金属材料统称为非铁金属材料,也称为有色金属材料。与钢铁材料相比,非铁金属材料具有密度小、比强度大、耐蚀性高等许多优良的特性,是现代工业中不可缺少的材料,在国民经济中占有十分重要的地位。随着航空、航天、石油化工、汽车、能源、电子等新型工业的发展,非铁金属材料的地位将会越来越重要。

在工程中应用较多的非铁金属及其合金主要有铝、铜、钛、镁、锌等及其合金以及轴承合金等。

模块一 铝及铝合金

【模块导入】

截至 2020 年年底,我国高铁总里程将达到 3.8 万 km,居世界第一位。时速 200km 以上高速列车车体轻量化、密封性、耐蚀性要求较高,大部分采用铝合金材料生产制造,每辆车整体车身的铝材平均用量约为 10t,其中 90% 以上为大断面空心

铝挤压材。目前，在 CRH1、CRH2、CRH3、CRH5 和 CRH380 等类型的高速动车组列车中，除 CRH1 型车体采用的是不锈钢外，其余 4 种动车组车体均采用铝合金型材。

【学习内容】

铝的利用比铜和铁晚得多，至今才有 100 多年的历史。但由于铝具有许多优良性能，是应用极广泛的金属材料，故其年产量仅列铁之后，居第二位。

一、纯铝的性能与用途

1. 纯铝的特点

纯铝是一种银白色金属，熔点为 660℃，具有面心立方晶格，没有同素异构转变，无磁性；密度只有 2.7g/cm³，约为铁的 1/3；导电性好，仅次于银、铜和金；导热性好，比铁几乎大 3 倍。

纯铝的化学性质活泼，在大气中极易与氧作用，在表面形成一层牢固致密的氧化膜，可以阻止其进一步氧化，从而使它在大气和淡水中具有良好的耐蚀性。纯铝在低温下，甚至在超低温下都具有良好的塑性和韧性，在-253~0℃，其塑性和冲击韧性也不降低。

2. 纯铝的牌号表示方法

纯铝分未压力加工产品（铸造纯铝）和压力加工产品（变形铝）两种。根据 GB/T 8063—2017《铸造有色金属及其合金牌号表示方法》的规定，铸造纯铝的牌号由"Z"和铝的化学元素符号以及表明铝含量的数字组成。例如，ZAl99.5 表示 w_{Al} = 99.5% 的铸造纯铝。根据 GB/T 16474—2011《变形铝及铝合金牌号表示方法》的规定，铝的质量分数不低于 99.00% 的纯铝，其牌号用四位字符体系的方法命名，即用 1××× 表示，牌号的最后两位数字表示铝的最低质量分数（百分数）×100 后的小数点后面两位数字；牌号第二位的字母表示原始纯铝的改型情况，如字母 A 表示原始纯铝。例如，牌号 1A30 表示 w_{Al} = 99.30% 的原始纯铝。若为其他字母（B~Y），则表示原始纯铝的改型，与原始纯铝相比，其元素含量略有改变。

3. 纯铝的用途

由于纯铝的强度很低（抗拉强度 R_m = 80~100MPa），但塑性很好（A = 35%~40%），一般不宜直接作为结构材料和制造机械零件使用。纯铝不能通过热处理强化，只能通过加工硬化提高其强度，但会使塑性下降。

纯铝具有一系列优良的工艺性能，易于铸造、切削。铝的塑性很好，便于进行各种冷、热压力加工，可加工成板、带、箔和挤压制品等，可进行气焊、氩弧焊、点焊。

工业纯铝的用途非常广泛，可用作电工铝，如母线、电线、电缆、电子零件；可制作换热器、冷却器、化工设备；用于烟、茶、糖等食品和药物的包装用品；制作家庭用具、炊具等；用作配制铝合金的原料和做铝合金的包覆层；还可在建筑上做屋面板、顶棚、间壁墙、吸声材料和绝热材料。

二、铝合金的分类

对纯铝进行合金化可以大幅提高其强度，又保持了纯铝的优良特性。铝合金中常加入的主要合金元素有 Si、Cu、Mg、Zn、Fe、Mn 等，辅加元素有 Cr、Ti、Zr、B、Ni 和稀土元素等。以铝为基的二元合金大都按共晶相图结晶,如图 10-1 所示。不同的合金元素在铝基固溶体中的最大溶解度也不同,固溶度随温度变化,合金共晶点的位置也各不相同。根据成分、组织和加工工艺特点,铝合金可分为变形铝合金和铸造铝合金。

1. 变形铝合金

在图 10-1 中,凡位于相图上 D 点成分以左的合金,在加热至一定温度时均能形成单相 α 固溶体,合金的塑性较高,适用于压力加工,所以称为变形铝合金。变形铝合金一般先铸成铝锭,再经过压力加工制成板材、带材、管材、棒材、线材等半成品。

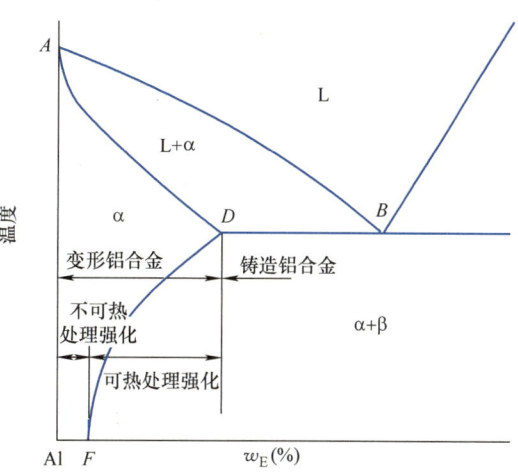

图 10-1 二元铝合金的一般相图

注:E 为二元合金的另一种元素。

对于变形铝合金来说,位于 F 点以左成分的合金,其固态组织始终是单相的,不能进行热处理强化,称为不可热处理强化的铝合金。成分在 F 和 D 之间的铝合金,由于合金元素在铝中有溶解度的变化,会析出第二相 β,可通过热处理使合金强度提高,所以称为可热处理强化的铝合金。

2. 铸造铝合金

在图 10-1 中,凡位于 D 点成分以右的合金,在液态时均能发生共晶转变,液态流动性较高,适合铸造,所以称为铸造铝合金。铸造铝合金中也有成分随温度变化的 α 固溶体,故也能通过热处理强化。但距 D 点越远,强化效果越不明显。

三、铝合金的时效强化

【材料时空】

时效强化的发现

20 世纪前,由于对铝合金的强化方法认识不清,铝合金的大规模应用受到了限制。1906 年,德国科学家威尔姆(A·Welmer)打算观察热处理对一种 $w_{Cu}=3.5\%$、$w_{Mg}=0.5\%$ 的铝合金的影响。但热处理后的合金并不如所希望的那样硬化,于是他便把合金随手扔在了一边。几天后由于他怀疑自己的试验结果,于是决定重做一遍。结果却吃惊地发现,几天前处理过的合金的强度和硬度已经大大增强。他因此而发现了时效强化现象,制得了硬铝并获了专利。

1. 时效强化

铝合金热处理强化的工艺操作虽然与钢的淬火基本相似,但其强化机理与钢有着本质的不同。铝合金的热处理强化主要是基于高温时合金元素在铝中有较大的溶解度,但其随温度的降低而急剧减小。

把铝合金加热到 α 相区，保温后在水中快速冷却得到单相过饱和的 α 固溶体，这种处理方式称为固溶处理或淬火。由于硬脆的第二相 β 消失，所以塑性有所提高。过饱和 α 固溶体虽有强化作用，但是单纯的固溶强化作用有限，所以铝合金固溶处理或淬火后强度、硬度的提高并不明显，而塑性却有明显提高。

【想一想】

钢中的马氏体和铝合金固溶处理后的 α 均是过饱和固溶体，可为什么马氏体可获得很大的强化效果，而铝合金中的 α 固溶体却不能？（提示：间隙原子的固溶强化效果高于置换原子。）

将固溶处理后的铝合金放置在室温下或加热到某一温度时，第二相从过饱和固溶体中析出，并与 α 固溶体保持共格关系，使强度和硬度增高，但塑性、韧性则降低，这个过程称为时效或时效强化。淬火+时效处理是铝合金强化的重要手段。在室温下进行的时效称为自然时效，在加热条件下进行的时效称为人工时效。

图 10-2 所示为 $w_{Cu}=4\%$ 的铝合金淬火后，在室温下强度随时间变化的曲线。由图可知，在最初一段时间内，自然时效对铝合金的强度影响不大，这段时间称为孕育期。在这段时间内，可对淬火后的铝合金进行冷加工（如铆接、弯曲、校直等），这在铝合金生产中有实用意义。随着时间的延长，铝合金才能逐渐被显著强化，4~5 天时达到峰值。

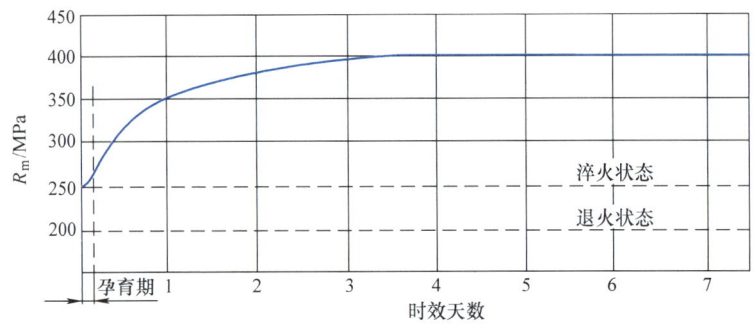

图 10-2　$w_{Cu}=4\%$ 铝合金的自然时效曲线

铝合金时效强化的效果除与时间有关外，还与时效温度有关，图 10-3 所示为不同温度下的人工时效对强度的影响。时效温度越高，时效强化过程越快，强度峰值越低，强化效果越小。若人工时效时间过长或温度过高，反而会使合金软化，这种现象称为过时效。

如果时效温度在室温以下，原子扩散不易进行，则时效过程将进行得很慢。低温使固溶处理获得的过饱和固溶体保持相对的稳定性，抑制了时效的进行。例如，在-50℃以下长期放置，淬火铝合金的力学性能几乎没有变化。生产中，某些需要进一步加工变形的零件（如铝合金铆钉等），可以在淬火后于低温状态下保存，

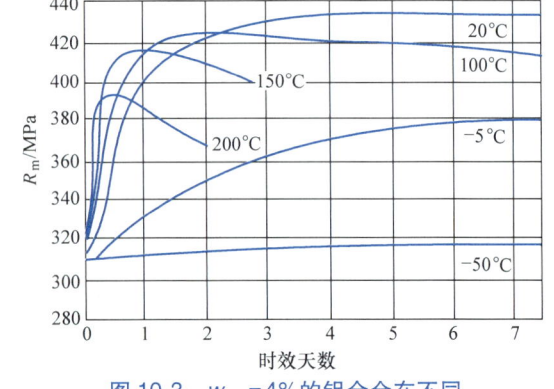

图 10-3　$w_{Cu}=4\%$ 的铝合金在不同温度下的人工时效曲线

使其在需要加工变形时仍具有良好的塑性。

2. 回归现象

经时效强化的铝合金，如在 200～280℃ 范围内短时间加热，然后快速冷却至室温，则合金强度下降并变软，性能重新恢复到淬火状态。若在室温下放置，则与新淬火合金一样，仍能进行正常的自然时效与人工时效，这种现象称为回归现象。但每次回归处理后，再时效后强度逐次下降，故回归以 3～4 次为限。铝合金回归后，其耐蚀性下降。

回归处理在生产中具有实用意义。如零件在使用过程中发生变形，可在校形修复前进行回归处理；对于已时效强化的铆钉，在铆接前可施行回归处理。

四、变形铝合金

变形铝合金包括防锈铝合金、硬铝合金、超硬铝合金和锻铝合金等。

1. 变形铝合金的牌号表示方法

根据 GB/T 16474—2011《变形铝及铝合金牌号表示方法》，变形铝及铝合金可直接引用国际四位数字体系牌号或采用国家标准规定的四位字符牌号。凡是化学成分与变形铝及铝合金国际牌号注册协议组织命名的合金相同的所有合金，其牌号直接采用国际四位数字体系牌号；未与国际四位数字体系牌号的变形铝合金接轨的，采用四位字符牌号命名，并按要求注册化学成分。

四位字符体系牌号的第一、第三、第四位为阿拉伯数字，第二位为英文大写字母（C、I、L、N、O、P、Q、Z 字母除外）。牌号中的第一位数字依主要合金元素 Cu、Mn、Si、Mg、Mg_2Si、Zn 的顺序来表示变形铝合金的组别，依次标识为 2、3、4、5、6、7，见表 10-1。牌号中第二位字母表示原始合金的改型情况，A 表示原始合金，B～Y 表示原始合金的改型合金。牌号的最后两位数字没有特殊意义，仅用来区别同一组中的不同铝合金。

铝合金的牌号用 2×××～8××× 系列表示。例如，5A50 表示以镁为主要合金元素的变形铝合金，后两位数字用以标识同一组别的不同铝合金。

表 10-1 铝及铝合金的组别

组　别	牌号系列	组　别	牌号系列
纯铝（铝的质量分数不小于99.00%）	1×××	以镁和硅为主要合金元素,并以 Mg_2Si 为强化相	6×××
以铜为主要合金元素	2×××	以锌为主要合金元素	7×××
以锰为主要合金元素	3×××	以其他元素为主要合金元素	8×××
以硅为主要合金元素	4×××	备用合金组	9×××
以镁为主要合金元素	5×××		

2. 防锈铝合金

防锈铝合金是指在大气、水和油等介质中具有良好耐蚀性的可压力加工铝合金，主要包括 3××× 系 Al-Mn 和 5××× 系 Al-Mg 系合金。Mn 的主要作用是提高铝合金的耐蚀能力，并起到固溶强化作用。Mg 也可起到强化作用，并使铝合金的密度降低，其制成品比纯铝还轻，但其对耐蚀性有轻微损害。

防锈铝合金锻造、退火后为单相固溶体，耐蚀能力高、塑性好。防锈铝合金有良好的焊接性，适合于压力加工和焊接。这类铝合金不能进行时效强化，属于不能热处理强化的铝合金，但可冷变形加工，利用加工硬化来提高合金的强度。

常用的 Al-Mn 系合金有 3A21，其耐蚀性和强度高于纯铝，用于制造油罐、油箱、管道、铆钉等需要弯曲、冲压加工的零件。

常用的 Al-Mg 系合金是 5A05，其密度比纯铝小，强度比 Al-Mn 合金高，在航空工业中得到了广泛应用，可制造管道、容器、易拉罐、铆钉及承受中等载荷的零件。

图 10-4 所示为防锈铝合金的一些应用实例。

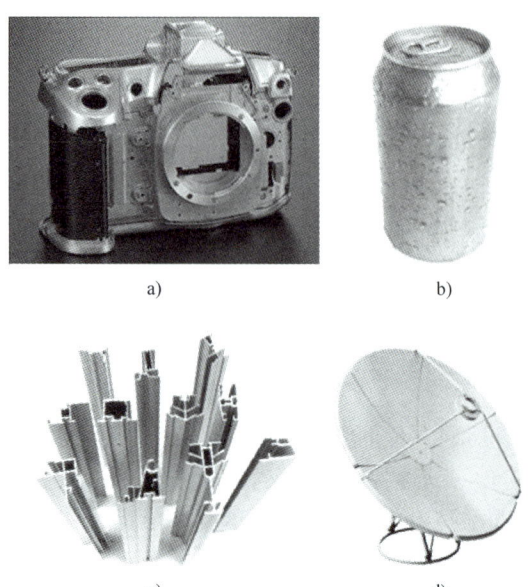

图 10-4　防锈铝合金的应用实例
a）照相机外壳　b）易拉罐
c）铝合金型材　d）卫星天线

3. 硬铝合金

硬铝合金又称杜拉铝，主要是 2×××系 Al-Cu-Mg 合金，还含有少量的 Mn。各种硬铝合金都可以进行时效强化，属于可以热处理强化的铝合金，也可进行形变强化。

合金中加入 Cu、Mg 是为了形成强化相，当 Cu 与 Mg 的比值一定时，Cu 和 Mg 总量越高，强化相的数量越多，强化效果越好。Mn 的作用主要是提高合金的耐蚀性，并有一定的固溶强化作用，但 Mn 的析出倾向小，不参与时效过程。少量的 Ti 或 B 可细化晶粒和提高合金强度。

按 Cu、Mg 含量不同，硬铝主要分为低合金硬铝、标准硬铝和高合金硬铝三种。

（1）低合金硬铝　如 2A01、2A10，合金中 Cu、Mg 含量较低，塑性好、强度低，可采用固溶处理和自然时效提高强度和硬度，时效速度较慢，主要用于制作铆钉，常称铆钉硬铝，如图 10-5 所示。

（2）标准硬铝　如 2A11，Cu、Mg 含量中等，强度和塑性属中等水平。该合金既有较高的强度又有足够的韧性，在退火态和淬火态下可进行冲压加工，时效后有较好的可加工性，在航空工业中主要用于制造螺旋桨叶片、蒙皮等。

（3）高合金硬铝　Cu、Mg 含量较多，强度和硬度较高，塑性及变形加工性能较差。其中，2A12 是使用最广、强度最高的硬铝，用于制作航空模锻件、飞机翼梁、整流罩和重要的销、轴等零件。

硬铝也存在着许多不足之处：一是耐蚀性差，特别是在海水等环境中；二是焊接性较差，固溶处理的加热温度范围很窄，这为其生产工艺的实现带来了困难。所以在使用或加工硬铝

图 10-5　铝合金铆钉

时应予以注意,对于板材可包覆一层高纯铝,通常还要进行阳极氧化处理和表面涂装。硬铝合金人工时效比自然时效具有更大的晶间腐蚀倾向,所以硬铝合金除高温工作的构件外,一般都采用自然时效。

4. 超硬铝合金

超硬铝合金为7×××系列的Al-Zn-Mg-Cu系合金,并含有少量的Cr和Mn。它是目前室温强度最高的一类铝合金,其抗拉强度达500~780MPa,比强度已相当于超高强度钢,故名超硬铝合金。

超硬铝合金除了强度高外,韧性储备也很高,又具有良好的工艺性能,是飞机工业中重要的结构材料,多用来制造受力大的重要构件,如飞机大梁、框架桁条、接头、蒙皮、起落架和高强度的受压件。图10-6所示为超硬铝合金制造的飞机翼梁(其中腹板为硬铝合金)。

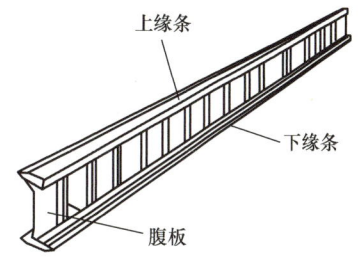

图10-6 超硬铝合金制造的飞机翼梁

超硬铝合金的主要缺点是耐蚀性差,疲劳强度低。为了提高超硬铝合金的耐蚀性,一般在板材表面包铝。此外,超硬铝的热强性不如硬铝,当温度升高时,超硬铝中的固溶体迅速分解,强化相聚集长大,而使强度急剧降低。因此,超硬铝合金只能在低于120℃的温度下使用。

5. 锻铝合金

锻铝合金为6×××系列的Al-Mg-Si-Cu系和2×××系列的Al-Cu-Mg-Ni-Fe系合金。合金中的合金元素种类多、但用量少,具有良好的热塑性、铸造性、可锻性和较高的力学性能,并可通过固溶处理和人工时效来提高其力学性能。

锻铝合金适于制造航空及仪表工业中各种形状复杂、要求中等强度、高塑性和耐热性的锻件、模锻件,如各种叶轮、框架或高温条件下(200~300℃以下)工作的零件,如内燃机的活塞及气缸等。

变形铝合金的主要牌号、化学成分、力学性能及主要用途见表10-2。

表10-2 变形铝合金的主要牌号、化学成分、力学性能及主要用途

类别	牌号	化学成分(质量分数,%)						力学性能			主要用途
		Cu	Mg	Mn	Zn	其他	Al	R_m/MPa	$A(\%)$	硬度HBW	
防锈铝合金	5A05	0.1	4.8~5.5	0.3~0.6	0.2	—	余量	280	20	70	焊接油箱、油管、铆钉及中载零件及制品
	5A11	0.1	4.8~5.5	0.3~0.6	0.2	Ti:0.02~0.15	余量	280	15	70	焊接油箱、油管、铆钉及中载零件和制品
	3A21	0.2	0.05	1.0~1.6	0.1	Ti:0.15	余量	130	20	30	管道、容器、铆钉、轻载零件

（续）

类别	牌号	化学成分（质量分数,%）						力学性能			主要用途
		Cu	Mg	Mn	Zn	其他	Al	R_m/MPa	A(%)	硬度HBW	
硬铝合金	2A01	2.2~3.0	0.2~0.5	0.2	0.1	Ti：0.15	余量	300	24	70	中等强度、100℃以下工作的铆钉
	2A11	3.8~4.8	0.4~0.8	0.4~0.8	0.3	Ni：0.10；Ti：0.15	余量	420	18	100	中等强度构件，如骨架、螺旋桨叶片、铆钉等
	2A12	3.9~4.9	1.2~1.8	0.3~0.9	0.3	Ni：0.10；Ti：0.15	余量	480	10	131	高强度构件及150℃以下工作的零件
超硬铝合金	7A04	1.4~2.0	1.8~2.8	0.2~0.6	5.0~7.0	Cr：0.1~0.25	余量	600	12	150	主要受力构件及高强度载荷零件，如飞机大梁、起落架、加强框等
锻铝合金	2A50	1.8~2.6	0.4~0.8	0.4~0.8	0.3	Si：0.7~1.2；Ni：0.10；Ti：0.15	余量	420	13	105	形状复杂和中等强度锻件
	6061	0.15~0.40	0.8~1.2	Si：0.4~0.8	0.25	Mn：0.15；Fe：0.7	余量	310	12	95~100	有一定强度和耐蚀性高的管、圆棒、板材、型材，用于制造车辆、塔式建筑、船舶、家具、机械零件

注：表中各合金的热处理状态：防锈铝合金——退火；硬铝合金——淬火+自然时效；超硬铝合金和锻铝合金——淬火+人工时效。

五、铸造铝合金

铸造铝合金应具有高的流动性，较小的收缩性，热裂、缩孔和疏松倾向小等良好的铸造性。成分处于共晶点附近的合金具有最佳的铸造性，但由于此时合金组织中会出现大量硬脆的化合物，使合金的脆性急剧增加。因此，实际使用的铸造铝合金并非都是共晶合金。

1. 铸造铝合金的分类和牌号表示方法

铸造铝合金按照主要合金元素的不同可分为四类：Al-Si 铸造铝合金、Al-Cu 铸造铝合金、Al-Mg 铸造铝合金和 Al-Zn 铸造铝合金。

铸造铝合金的牌号表示方法：用汉语拼音字母"Z"表示"铸"字汉语拼音首写字母，后面加铝的元素符号，然后加上其他合金元素的元素符号和质量分数。例如，ZAlSi7Mg 中 Si 为硅的元素符号，7 代表硅的质量分数，Mg 为镁的元素符号。

铸造铝合金的代号用"ZL"（铸铝的汉语拼音首写字母）加三位数字表示。在三位数字中，第一位数字表示合金类别：1 为 Al-Si 系，2 为 Al-Cu 系，3 为 Al-Mg 系，4 为 Al-Zn 系；第二、第三位数字表示顺序号。

2. Al-Si 铸造铝合金

Al-Si 铸造铝合金通常称为硅铝明，Si 的质量分数为 11%~13% 的简单硅铝明（ZL102）铸造后几乎全部是共晶组织，其金相组织由粗大的针状硅晶体和 α 固溶体组成，如图 10-7a 所示。粗大针状硅使合金的力学性能降低，抗拉强度小于 140MPa，断后伸长率仅为 1% 左右，不能作为工业合金使用，必须采用变质处理方法，即在浇注前向铝合金液中加入占合金重量 2%~3% 的变质剂［常用钠盐混合物：(2/3)NaF+(1/3)NaCl］，以细化合金组织，显著提高合金的强度及塑性。经变质处理后的铝合金组织变为亚共晶组织，由细小共晶体和块状初生 α 固溶体组成，如图 10-7b 所示。

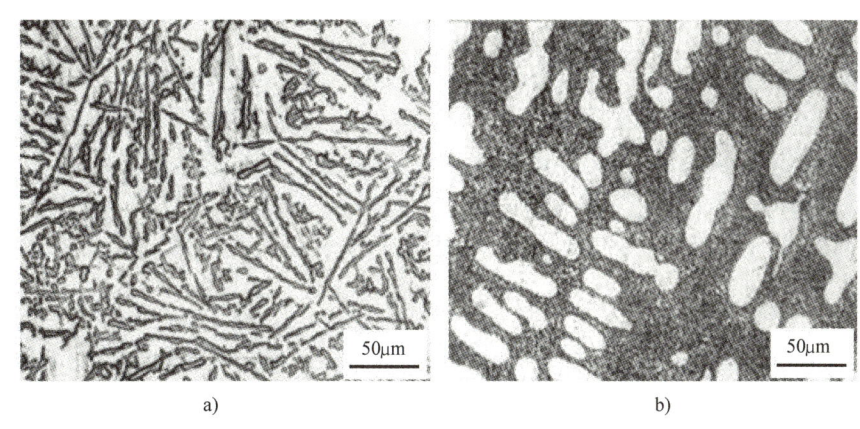

图 10-7 ZL102 变质处理前后的铸态组织
a）未变质处理 b）变质处理

简单硅铝明合金的流动性好，铸件的热裂倾向小，耐蚀性好，有较低的线胀系数，主要采用砂型铸造和金属型铸造，适合铸造形状复杂、薄壁及受力不大的零件，如发动机气缸及仪表外壳等。该合金的不足之处是铸造时吸气性高，结晶时会产生大量分散缩孔，使铸件的致密度下降。

复杂硅铝明是适当减少合金中 Si 的含量并加入 Mg 和 Cu 而得到的 Al-Si-Mg-Cu 系多元合金，具有良好的耐热性和耐磨性，是制造内燃机活塞的理想材料。图 10-8 所示内燃机活塞在高速、高温、高压、变载荷下工作，所以要求制造活塞的材料必须密度小，具有高的耐磨性、耐蚀性和耐热性，还要求活塞材料的线胀系数接近气缸体的线胀系数，复杂硅铝明基本上能满足这些要求。

图 10-8 铝合金发动机活塞

常用的 Al-Si 铸造合金有 ZL101（ZAlSi7Mg）、ZL102（ZAlSi12）、ZL104（ZAlSi9Mg）等。

【资料卡】

铝合金轮毂以其美观大方、安全舒适等特点博得了越来越多的私家车主的青睐。现在，几乎所有的新车型都采用了铝合金轮毂。A356合金［美国铝业协会标准牌号，相当于我国的ZL101（ZAlSi7MgA）］是汽车铸造铝合金轮毂的首选材质。A356是在Al-Si二元合金中添加Mg形成的Al-Si-Mg系三元合金，不仅具有很好的铸造性（流动性好、线收缩小、无热裂倾向），可铸造薄壁和形状复杂的铸件，而且能进行时效强化，强化相为Mg_2Si，通过热处理可达到较高的强度、良好的塑性和高冲击韧性的综合力学性能。

3. 其他铸造铝合金

Al-Cu系铸造铝合金最大的特点是耐热性好、强度高，但密度和脆性较大，导致合金的耐蚀性降低，铸造性变差。常用的Al-Cu铸造铝合金代号有ZL201（ZAlCu5Mn）、ZL203（ZAlCu4）等，多用砂型铸造和低压铸造，主要用于制造在较高温度下工作的高强零件，如内燃机气缸头、汽车活塞等。

Al-Mg系铸造铝合金的优点是密度小，强度和韧性较高，并具有优良的耐蚀性、可加工性和抛光性，但铸造性差，耐热性低。常用的Al-Mg铸造合金有ZL301（ZAlMg10）、ZL303（ZAlMg5Si1）等，主要用压力铸造或砂型铸造，多用于制造承受冲击载荷、在腐蚀性介质中工作、外形不太复杂的零件，如船舶配件、氨用泵体等。

Al-Zn系铸造铝合金的铸造性好、价格便宜，经变质处理和时效强化后强度较高，但其密度大，耐蚀性较差，热裂倾向大。常用的Al-Zn铸造铝合金有ZL401（ZAlZn11Si7）、ZL402（ZAlZn6Mg）等，主要采用压力铸造，也用砂型和金属型铸造，主要用于制作工作温度在200℃以下、结构复杂的汽车及飞机零件、医疗机械和仪器零件，也可用于制造日用品。

常用铸造铝合金的牌号、力学性能及用途见表10-3。

表10-3 常用铸造铝合金的牌号、力学性能及用途

类 别	合金代号与牌号	铸造方法[①]	力学性能 ≥			主 要 用 途
			R_m/MPa	A(%)	硬度 HBW	
铝硅合金	ZL101（ZAlSi7Mg）	J,T5	205	2	60	形状复杂的砂型、金属型和压力铸造零件，如轮毂、壳体、缸体等
		S,T5	195	2	60	
	ZL102（ZAlSi12）	J,F	155	2	50	形状复杂的砂型、金属型和压力铸造零件，如仪表壳体、活塞等
		S,B,T2	135	4	50	
	ZL108（ZAlSi12Cu2Mg1）	J,T1	195	—	85	砂型、金属型铸造，要求高温强度及低线胀系数的零件，如高速内燃机活塞等
		J,T6	255	—	90	
铝铜合金	ZL201（ZAlCu5Mn）	S,T4	295	8	70	砂型铸造在175~300℃以下工作的零件，如气缸头、活塞、支臂等
		S,T5	335	4	90	
	ZL202（ZAlCu10）	S,J,F	104	—	50	形状简单、表面粗糙度值要求较低的中等承载零件，如气缸头等
		S,J,T6	163	—	100	

单元十 非铁金属及其合金

（续）

类别	合金代号与牌号	铸造方法①	力学性能 ≥			主要用途
			R_m/MPa	A(%)	硬度 HBW	
铝镁合金	ZL301（ZAlMg10）	S,J,T4	280	9	60	在大气或海水中工作的零件，承受大振动载荷、工作温度低于150℃的零件，如雷达底座、发动机机闸、船用舷窗等
铝锌合金	ZL401（ZAlZn11Si7）	J,T1	245	1.5	90	压力铸造的零件，工作温度不超过200℃，结构复杂的汽车、飞机零件，如模具、型板和某些支架
		S,T1	195	2.0	80	

① J—金属型铸造；S—砂型铸造；B—变质处理；F—铸态；T1—人工时效；T2—退火（290±10℃）；T4—淬火+自然时效；T5—淬火+不完全时效（时效温度低或时间短）；T6—淬火+人工时效。

【资料卡】

在铝中加入锂元素，就形成了铝锂合金（8×××系列）。加入金属锂之后，可以减小合金的密度，增加刚度，同时仍然保持较高的强度、较好的耐蚀性、抗疲劳性及适宜的塑性。在铝合金中每加入1%的锂，可使合金密度减小3%，刚度提高6%。用Al-Li合金制作飞机结构材料，可使飞机减重达20%，提高了飞机的飞行速度。早在20世纪70年代，苏联就将Al-Li合金用于制造雅克-36飞机的主要构件，包括机身蒙皮、尾翼、翼肋等，该飞机在恶劣的海洋气候条件下使用，性能良好。Al-Li合金被认为是21世纪航空航天及兵器工业最理想的轻质高强度结构材料。

模块二　铜及铜合金

【模块导入】

谈到铜，同学们肯定想到了对早期人类文明影响深远的青铜器时代。我国青铜器时代主要从夏商周开始直至秦、汉，时间跨度约为2000年，这也是青铜器从发展、成熟乃至鼎盛的辉煌期。后母戊方鼎⊖、越王勾践剑、四羊方尊等以其独特的器形、精美的纹饰、卓越的性能，向人们揭示了先秦时期的铸造工艺、文化水平和历史源流，因此被

后母戊方鼎

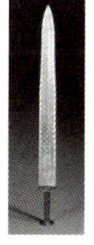
越王勾践剑

四羊方尊

⊖ 原称司母戊方鼎。因为商代的字体较自由，可以正写，也可以反写，所以"司"和"后"字形可以一样。随着更多同时期青铜器被发现，目前多认为应当释读为"后母戊"。
——编者注

史学家们称为"一部活生生的史书"。随着科学技术的发展,虽然铜的年产量列铁、铝之后,但仍然是重要的基础金属材料,在日常生活和工业生产中应用十分广泛。

【学习内容】

一、纯铜的特点与用途

纯铜是玫瑰红色的金属,表面形成氧化膜后呈紫色,故工业纯铜常称红铜或紫铜。纯铜的密度为 8.96g/cm³,熔点为 1083.5℃,具有面心立方晶格,无同素异构转变。

纯铜突出的优点是具有优良的导电性、导热性及良好的耐蚀性(耐大气及海水腐蚀),其导电性、导热性均仅次于银,在金属中居第二位。此外,纯铜无磁性、无打击火花,对于制造不允许受磁性干扰的磁学仪器,如罗盘、航空仪表和炮兵瞄准环等具有重要价值。

纯铜的强度不高(R_m=230~250MPa),硬度很低(40~50HBW),塑性很好(A=40%~50%),不宜直接用作结构材料。纯铜不能通过热处理强化,只能通过冷加工形变强化。冷变形加工后,可以使铜的抗拉强度提高到 400~500MPa,但断后伸长率急剧下降到 2%左右,电导率降低,经退火后可消除加工硬化现象。

根据杂质的含量,工业纯铜可分为 T1、T2、T3、T4 四种。"T"为铜的汉语拼音字首,编号越大,纯度越低。工业纯铜的牌号、成分及用途见表 10-4。

除工业纯铜外,还有一类无氧铜,其氧的质量分数极低,不大于 0.003%。牌号有 TU1、TU2,主要用来制作电真空器件及高导电性铜线,这种导线能抵抗氢的作用,不发生氢脆现象。

表 10-4 工业纯铜的牌号、成分及用途

类别	牌号	w_{Cu}(%) ≥	$w_{杂质}$(%) ≤		杂质总质量分数(%) ≤	用途
			Bi	Pb		
一号铜	T1	99.85	0.002	0.005	0.05	导电材料和配制高纯度合金
二号铜	T2	99.80	0.002	0.005	0.1	导电材料,制作电线、电缆
三号铜	T3	99.70	0.002	0.01	0.3	一般用铜材,电气开关、垫圈、铆钉等
四号铜	T4	99.50	0.003	0.05	0.5	

二、铜合金的分类及牌号表示方法

1. 铜合金的分类

纯铜的强度不高,为了满足制作结构件的要求,必须进行合金化,通过固溶强化、时效强化等途径提高合金的强度,获得高强度的铜合金。

铜合金按化学成分可以分为黄铜、白铜和青铜三大类。黄铜是指以锌为主要合金元素的铜合金,在此基础上加入其他合金元素的铜合金称为特殊黄铜。白铜是指以镍为主要合金元素的铜合金。青铜是指除黄铜和白铜以外的所有铜合金。

2. 铜合金的牌号表示方法

(1) 压力加工黄铜 用"黄"字的汉语拼音首位字母"H"加数字表示,数字代表铜的质量分数。例如,H68 表示 w_{Cu} 为 68%,余量为锌的普通黄铜。特殊黄铜的牌号表示方

法：H+主加合金元素的化学符号+铜及各合金元素的名义质量分数。例如，HPb59-1 表示铜的名义质量分数为 59%，铅的名义质量分数为 1%，余量为锌的铅黄铜。

（2）压力加工青铜　用"青"字的汉语拼音首位字母"Q"+第一个主加元素符号及其名义质量分数+数字（其他合金元素的名义质量分数）表示。例如，QSn4-3 表示锡的质量分数为 4%、锌的质量分数为 3% 的锡青铜。

（3）白铜　用"白"字的汉语拼音首位字母"B"加数字表示，数字代表含镍量。例如，B30 表示 w_{Ni} 约为 30%，余量为铜的普通白铜。特殊白铜的牌号表示方法：B+主加合金元素的化学符号+镍及各合金元素的名义质量分数。例如，BMn40-1.5 表示镍的名义质量分数为 40%，锰的名义质量分数为 1.5% 的锰白铜。

（4）铸造铜合金　铸造铜合金的牌号由"铸"字的汉语拼音首位字母"Z"+Cu+合金元素符号+合金元素的质量分数组成。例如，ZCuZn38 表示锌的质量分数为 38%，余量为铜的铸造黄铜；ZCuSn10P1 表示锡的质量分数为 10%，磷的质量分数小于或等于 1.0%，余量为铜的铸造锡青铜。

三、黄铜

黄铜是指以锌为主要合金元素的铜合金，具有良好的耐蚀性、变形加工性能和铸造性，在工业中有很强的应用价值。按化学成分的不同，黄铜可分为普通黄铜和特殊黄铜两类；按生产方法不同，又可分为压力加工黄铜和铸造黄铜。

1. 普通黄铜

普通黄铜是铜锌二元合金，其性能与它的成分和组织有关，退火状态黄铜的力学性能随着含锌量的增加而变化。当 w_{Zn}≤30%~32% 时，组织为单相 α 固溶体，随着含锌量的增加，强度和延伸率都升高；当 w_{Zn}>32% 后，因组织中出现 β′相（CuZn），塑性开始下降，而强度在 w_{Zn} = 45% 附近达到最大值；当 w_{Zn}>45% 时，黄铜的组织全部为 β′相，强度与塑性急剧下降，脆性很大，如图 10-9 所示。所以，工业黄铜中锌的质量分数一般不超过 45%。

普通黄铜分为单相黄铜和双相黄铜两种类型，从变形特征来看，单相黄铜适宜于冷、热加工，而双相黄铜只能热加工。

常用的单相黄铜牌号有 H90、H80、H70、H68 等，H70、H68 又称三七黄铜或弹壳黄铜。它们的组织为单相 α 固溶体，如图 10-10a 所示，其塑性很好，可进行冷、热压力加工，适于制作冷轧板材、冷拉线材、管材及形状复杂的深冲零件，如弹壳、冷凝器管等。

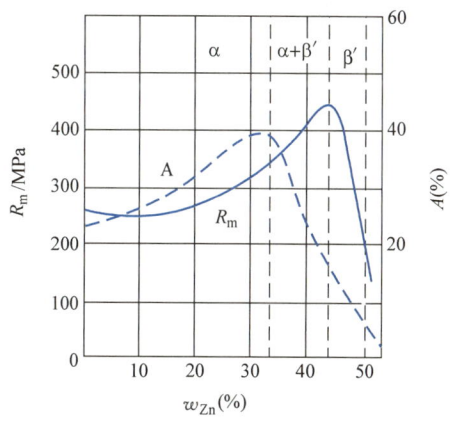

图 10-9　锌含量对黄铜力学性能的影响

常用双相黄铜的牌号有 H62、H59 等，俗称四六黄铜或商业黄铜，其退火状态组织为 α+β′，如图 10-10b 所示。由于室温下 β′相很脆，冷变形性能差，而高温下 β′相塑性好，因此它们可以进行热加工变形。通常将双相黄铜热轧成棒材、板材，再经机加工制造各种零件，如螺栓、螺母、垫圈、管件、弹簧及机器中的轴套等。

图 10-11 所示为黄铜的一些应用实例。

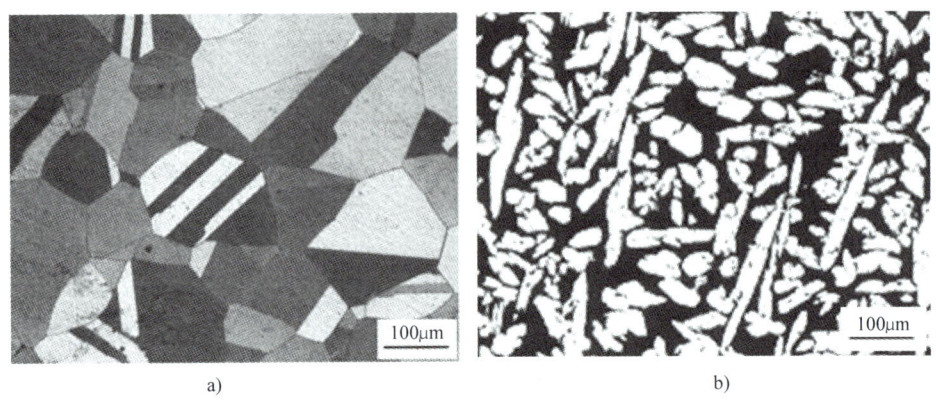

图 10-10　简单黄铜的显微组织
a）α 单相黄铜　　b）α+β′双相黄铜

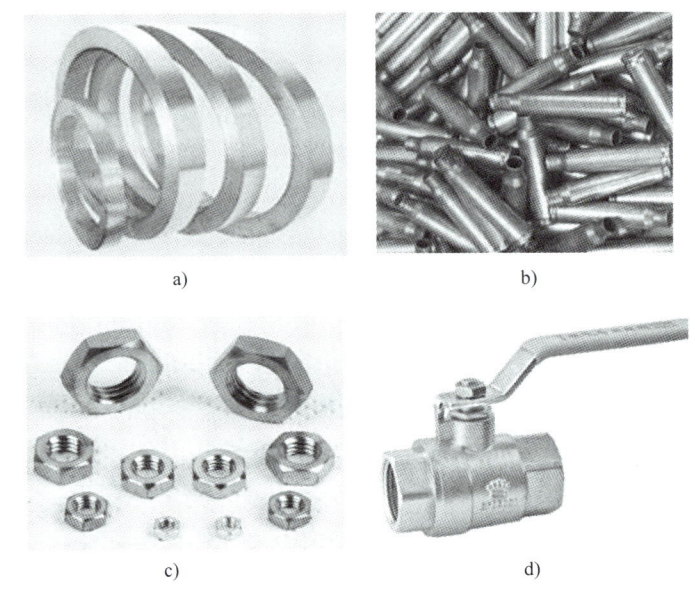

图 10-11　黄铜的一些应用实例
a）艺术造型　b）弹壳　c）螺母　d）阀门

2. 特殊黄铜

为了获得更高的强度、耐蚀性和良好的可加工性及铸造性，在铜锌合金中加入铝、锡、铁、硅、锰、镍等元素，可获得各种特殊黄铜。特殊黄铜均为双相黄铜，合金元素加入黄铜中后，除了具有强化作用外，锡、锰、铝、硅、镍等元素还可以提高耐蚀性，并降低自裂倾向；硅、铅则可以提高黄铜的耐磨性，并分别改善黄铜的铸造性和可加工性。

（1）锡黄铜　锡可显著提高黄铜在海洋大气和海水中的耐蚀性，也可使黄铜的强度有所提高。压力加工锡黄铜广泛用于制造海船零件，有"海军黄铜"之称，如 HSn62-1。

（2）铝黄铜　铝能提高黄铜的强度和硬度，但会使塑性降低。铝能使黄铜表面形成保护性的氧化膜,从而改善了黄铜在大气中的耐蚀性。铝黄铜可制作海船零件及其他机器的耐蚀零件。铝黄铜中加入适量的镍、锰、铁后,可得到高强度、高耐蚀性的特殊黄铜,常用于制作大型蜗杆、海船用螺旋桨等需要高强度、高耐蚀性的重要零件,如HAl60-1-1。

(3) 硅黄铜 硅能显著提高黄铜的力学性能、耐磨性和耐蚀性。硅黄铜具有良好的铸造性,并能进行焊接和切削加工,主要用于制造船舶及化工机械零件,如HSi65-1.5-3。

(4) 锰黄铜 锰能提高黄铜的强度,不降低塑性,也能提高在海水中及过热蒸汽中的耐蚀性。锰黄铜常用于制造海船零件及轴承等耐磨部件,如HMn55-5。

常用黄铜的牌号、成分、性能和用途见表10-5。

表10-5 常用黄铜的牌号、成分、性能和用途

类别	牌号	化学成分(质量分数,%)		状态[1]	力学性能			主要用途
		Cu	其他		R_m/MPa	A(%)	硬度HBW	
简单黄铜	H96	95.0~97.0	Zn:余量	T	240	50	45	冷凝管、散热器及导电零件
				L	450	2	120	
	H62	60.5~63.5	Zn:余量	T	330	49	56	铆钉、螺母、垫圈、散热器零件
				L	600	3	164	
特殊黄铜	HPb59-1	57.0~60.0	Pb:0.8~0.9;Zn:余量	T	420	45	75	用于热冲压和切削加工制作的各种零件
				L	550	5	149	
	HMn58-2	57.0~60.0	Mn:1.0~2.0;Zn:余量	T	400	40	90	腐蚀条件下工作的重要零件和弱电流工业零件
				L	700	10	178	
铸造黄铜	ZCuZn38	57.0~63.0	Zn:余量	S	295	30	59	一般结构件及耐蚀零件,如法兰
				J	295	30	65	
	ZCuZn31Al2	66.0~68.0	Al:2.0~3.0	S	295	12	79	制作电动机、仪表等压铸件及耐蚀件
				J	390	15	89	
	ZCuZn16Si4	79.0~81.0	Si:2.5~4.5;Zn:余量	S	345	15	89	船舶零件、内燃机零件,在水、油中工作的零件
				J	390	20	98	

[1] T—退火状态;L—冷变形状态;S—砂型铸造;J—金属型铸造。

四、青铜

青铜最早指的是铜锡合金,即锡青铜。由于锡是一种稀缺元素,故现代工业上应用了许多不含锡的无锡青铜,它们不仅价格便宜,还具有所需要的某些特殊性能。无锡青铜主要有铝青铜、铍青铜、锰青铜、硅青铜等。

青铜按加工状态可分为压力加工青铜和铸造青铜两类。

1. 锡青铜

锡青铜又称传统青铜,是最常用的非铁金属之一。锡青铜的力学性能与锡含量有着极为密切的关系。在一般铸造状态下,锡的质量分数低于6%的锡青铜能获得单相α固溶体组

织。α相是锡溶于铜中的固溶体，具有面心立方晶格，塑性良好，容易冷、热变形。锡的质量分数大于6%时，组织中出现α+δ共析体。δ相极硬和脆，虽然能使青铜的强度继续升高，但塑性却会下降，故只能进行热加工。当锡的质量分数大于10%时，锡青铜失去塑性加工能力，只适合铸造。当锡的质量分数大于20%时，由于出现了过多的δ相，使合金变得很脆，强度也显著下降，从而失去利用价值。因此，工业上用的锡青铜中锡的质量分数一般为3%~14%，如图10-12所示。

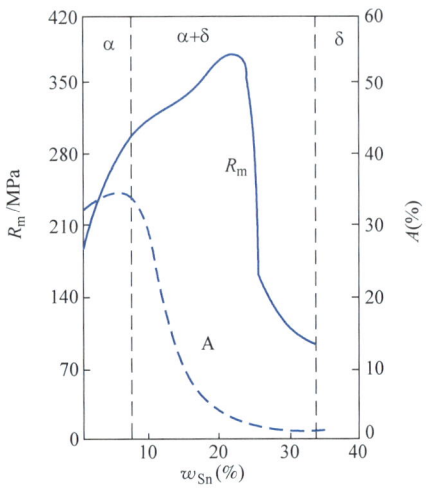

图10-12 锡含量对青铜力学性能的影响

锡青铜的铸造收缩率很小，可铸造形状复杂的零件。但铸件易生成分散缩孔，使密度降低，在高压下容易渗漏。锡青铜在大气、海水、淡水及蒸汽中的耐蚀性比纯铜和黄铜好，但在盐酸、硫酸和氨水中的耐蚀性较差。在锡青铜中加入少量的铅，可提高耐磨性和可加工性；加入磷可提高弹性极限、疲劳极限和耐磨性；加入锌可缩小结晶温度范围，改善铸造性。

锡青铜在造船、化工、机械、仪表等工业中应用广泛，常用锡青铜有QSn4-3、QSn6.5-0.4、ZCuSn10Pb1等，主要用于制造轴承、轴套等耐磨零件和弹簧等弹性元件以及耐蚀、抗磁零件等，也可用来制造与酸、碱、蒸汽接触的，温度低于200℃的蒸汽管系和阀件。

2. 铝青铜

以铝为主要合金元素的铜合金称为铝青铜，铝的质量分数为5%~11%，是无锡青铜中应用最广泛的一种青铜。铝青铜的耐蚀性优良，在大气、海水、碳酸及大多数有机酸中的耐蚀性均比黄铜和锡青铜高。铝青铜的强度和耐磨性也比黄铜和锡青铜好。此外，铝青铜具有在受到磨损、冲击时不产生火花等特性。

铝青铜的缺点是体积收缩率比锡青铜大，铸件内容易产生难熔的氧化铝，难以钎焊，在过热蒸汽中不稳定。

铝青铜可作为锡青铜的代用品，常用铝青铜分为低铝青铜和高铝青铜两种。低铝青铜如QAl5、QAl7等，具有一定的强度，较高的塑性和耐蚀性，可在压力加工状态下使用，主要用于制造高耐蚀弹性元件；高铝青铜如QAl9-4、QAl10-4-4等，具有较高的强度、耐磨性、耐蚀性，主要用于制造齿轮、轴承、摩擦片、蜗轮、螺旋桨等。

3. 铍青铜

以铍为主要合金元素的铜合金称为铍青铜，铍的质量分数为1.7%~2.5%。铍溶于铜中形成α固溶体，固溶度随温度变化很大，是唯一可以固溶时效强化的铜合金。铍青铜在淬火状态下塑性好，可进行冷变形和切削加工。经过淬火和人工时效后，铍青铜可获得很高的力学性能，抗拉强度高达1250~1500MPa，硬度可达350~400HBW，远远超过其他铜合金，甚至可与高强度合金钢媲美。

铍青铜具有很高的弹性极限、疲劳强度、耐磨性和耐蚀性，导电、导热性极好，并有无磁性、耐寒、受冲击时不产生火花等一系列优点。但铍是稀有金属，价格昂贵，且铍有毒性，在使用上受到了限制。

铍青铜主要用于制作精密仪器的重要弹簧和其他弹性元件，如钟表齿轮、高速高压下工作的轴承及衬套等耐磨零件，以及电焊机电极、防爆工具、航海罗盘等重要机件。常用的铍青铜牌号有 QBe2、QBe1.5、QBe1.7 等。

常用青铜的牌号、成分、性能和用途见表 10-6。

表 10-6 常用青铜的牌号、成分、性能和用途

类别	牌号	化学成分(质量分数,%)		状态[①]	力学性能			用途
		主加元素	其他		R_m/MPa	$A(\%)$	HBW	
锡青铜	QSn4-3	Sn:3.5~4.5	Zn:2.7~3.7;Cu:余量	T	350	40	60	制作弹性元件、化工设备的耐蚀零件、抗磁零件
				L	550	4	160	
	QSn7-0.2	Sn:6.0~8.0	P:0.10~0.25;Cu:余量	T	360	64	75	制作中等载荷、中等滑动速度下承受摩擦的零件，如轴套、蜗轮等
				L	500	15	180	
	ZCuSn10P1	Sn:9.0~11.0	P:0.5~1.0;Cu:余量	S	220	3	79	用于高载荷和高滑动速度下工作的耐磨件，如轴瓦等
				J	250	5	89	
铅青铜	ZCuPb30	Pb:27.0~33.0	Cu:余量	J	—	—	25	要求高滑动速度的双金属轴瓦减摩零件
铝青铜	ZCuAl9Mn2	Al:8.5~10.0 Mn:1.5~2.5	Cu:余量	S	390	20	83	耐磨、耐蚀零件，形状简单的大型铸件和要求气密性高的铸件
				J	440	20	93	
	QAl7	Al:6.0~8.0	Cu:余量	L	637	5	157	重要用途弹簧和弹性元件
铍青铜	QBe2	Be:1.9~2.2	Ni:0.2~0.5;Cu:余量	T	500	40	90	重要的弹簧及弹性元件，耐磨零件及在高速、高压和高温下工作的轴承
				L	850	4	250	

① T—退火状态；L—冷变形状态；S—砂型铸造；J—金属型铸造。

五、白铜

白铜是以镍为主要合金元素的铜合金，呈银白色，有金属光泽，故称白铜。在固态下，铜与镍能无限固溶，因此工业白铜的组织为单相 α 固溶体。

纯铜加镍能显著提高其强度、耐蚀性、硬度、电阻率，并降低电阻温度系数。因此，和其他铜合金相比，白铜的力学性能、物理性能都异常良好，其塑性好、硬度高、色泽美观、耐腐蚀，能进行冷、热变形和焊接，通过冷变形能提高强度和硬度。

【想一想】

请各位同学再次阅读本书单元三模块二，那时我们就是以 Cu-Ni 合金相图为例介绍二元匀晶相图的。通过对 Cu-Ni 合金相图的复习，进一步加深对白铜组织和性能的理解。

白铜广泛用于造船、石油、化工、建筑、电力、精密仪表、医疗器械、乐器制作、日用

品、工艺品等部门做耐蚀结构等，还是重要的电阻及热电偶合金。常用白铜有 B30、B19、B5、BZn15-20、BMn3-12、BMn40-1.5 等。白铜的缺点是主要添加元素镍属于稀缺的战略物资，价格比较昂贵。

工业上有名的锰铜、康铜、考铜就是不同含锰量的锰白铜（BMn3-12 锰铜、BMn40-1.5 康铜、BMn43-0.5 考铜），它们是制造精密电工测量仪器、变阻器、热电偶、电热器等时不可缺少的电工材料。

模块三　滑动轴承合金

【模块导入】

单元八已经学过了滚动轴承钢，其典型牌号是 GCr15。在生产中还常使用滑动轴承，如计算机中的风扇轴承、船用柴油机轴承、磨床主轴轴承等。右下图所示为汽车发动机中由活塞、连杆和曲轴组成的曲柄连杆机构，其中有两组滑动轴承，连杆小端与活塞销间使用的就是整体式向心滑动轴承，而连杆大端与曲轴曲柄间使用的则是剖分式向心滑动轴承。

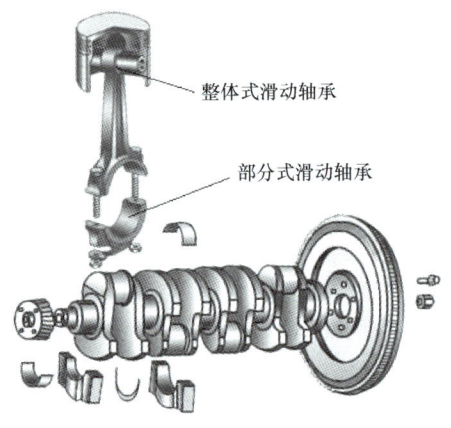

【学习内容】

一、滑动轴承合金的性能和组织要求

滑动轴承由轴承体（轴承座）和轴瓦构成，轴瓦与轴颈为直接面接触，如图 10-13 所示。

与滚动轴承相比，滑动轴承具有承压面积大、承载能力强、工作平稳、无噪声、装拆方便、寿命长等优点，一般用于载荷大、承受较大冲击和振动、精度高的情况以及某些特殊的支承场合，如内燃机、轧钢机、大型电动机及仪表、雷达、天文望远镜等。

制造滑动轴承中轴瓦及内衬的合金称为滑动轴承合金。由于轴是机器上的重要零件，其制造工艺复杂，成本高，更换困难，为确保轴受到最小的磨损，轴瓦的硬度应比轴颈低得多，必要时可更换被磨损的轴瓦而继续使用轴。

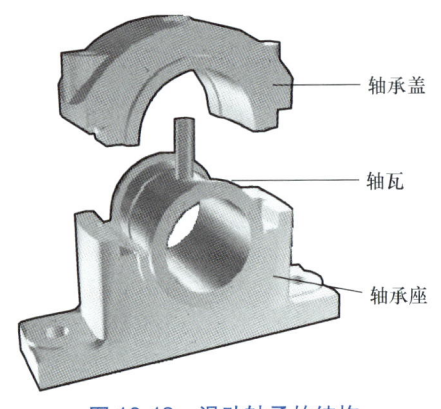

图 10-13　滑动轴承的结构

1. 滑动轴承合金的性能要求

为满足工作要求，滑动轴承合金应具有下列性能特点。

1）工作温度下有足够的抗压强度，以承受轴颈较大的压应力。

2）足够的塑性和韧性，高的疲劳强度，以承受轴颈的周期性载荷，并抵抗冲击和振动。

3）良好的磨合能力，使其与轴能较快地紧密配合。为此，滑动轴承合金硬度要合适，硬度太低易变形，不耐磨；硬度太高则不易同轴颈磨合。

4）良好的耐蚀性、导热性，较小的线胀系数，防止摩擦升温而与轴咬死（抱轴）。

5）良好的减摩性（摩擦因数要小），并能保留润滑油，减轻磨损。

6）良好的工艺性能，制造容易，价格便宜。

当一种材料无法同时满足上述性能要求时，可将滑动轴承合金用铸造的方法镶铸在 08 钢的轴瓦上，形成一层薄而均匀的内衬，这种工艺称为"挂衬"。挂衬后就制成了双金属轴承，如图 10-14 所示。

2. 滑动轴承合金的组织要求

轴承合金既要求有较高的强度，又要求有较好的减摩性，针对这两个对立的性能要求，轴承合金应具备软硬兼备的组织。

（1）软基体和均匀分布的硬质点　轴承在工作时，软的组织首先磨损下凹，可储存润滑油，形成连续分布的油膜，硬质点则起着支承轴颈的作用。同时，软基体还能承受

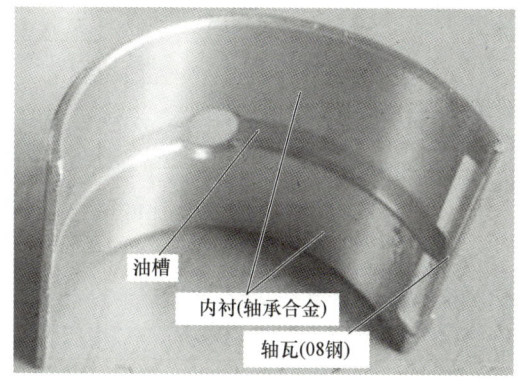

图 10-14　挂衬制成双金属轴承（薄壁）

冲击和振动，嵌藏外来硬质点，使轴和轴承能很好地磨合，如图 10-15 所示。但这类组织承受高载荷的能力差，属于这类组织的有锡基轴承合金和铅基轴承合金，又称为巴氏合金（Babbitt alloy）。

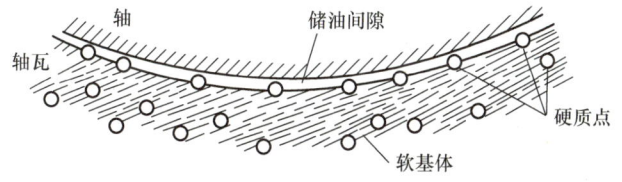

图 10-15　滑动轴承合金理想组织示意图

（2）硬基体上分布着软质点　对高转速、高载荷轴承，强度是主要问题，这就要求轴承有较硬的基体组织来提高抗压强度。这类组织虽然有较大的承载能力，但磨合能力较差，属于这类组织的有铝基轴承合金和铜基轴承合金。

二、常用滑动轴承合金

按主要化学成分，滑动轴承合金可分为锡基轴承合金、铅基轴承合金、铝基轴承合金、铜基轴承合金、铁基轴承合金等类型。铸造轴承合金的牌号及化学成分见表 10-7。

表 10-7 铸造轴承合金的牌号及化学成分（质量分数,%）（摘自 GB/T 1174—1992）

种类	牌号	Sn	Pb	Cu	Zn	Al	Sb	Ni	其他元素
锡基	ZSnSb12Pb10Cu4	其余	9.0~11.0	2.5~5.0	0.01	0.01	11.0~13.0	—	—
锡基	ZSnSb11Cu6	其余	0.35	5.5~6.5	0.01	0.01	10.0~12.0	—	—
锡基	ZSnSb8Cu4	其余	0.35	3.0~4.0	0.005	0.005	7.0~8.0	—	—
锡基	ZSnSb4Cu4	其余	0.35	4.0~5.0	0.001	0.001	4.0~5.0	—	—
铅基	ZPbSb16Sn16Cu2	15.0~17.0	其余	1.5~2.0	0.15	—	15.0~17.0	—	—
铅基	ZPbSb15Sn10	9.0~11.0	其余	0.7	0.005	0.005	14.0~16.0	—	Cd:0.05
铅基	ZPbSb15Sn5	4.0~5.5	其余	0.5~1.0	0.15	0.01	14.0~15.5	—	—
铅基	ZPbSb10Sn6	5.0~7.0	其余	0.7	0.005	0.005	9.0~11.0	—	Cd:0.05
铜基	ZCuSn5Pb5Zn5	4.0~6.0	4.0~6.0	其余	4.0~6.0	0.01	0.25	2.5	P:0.05; S:0.10
铜基	ZCuSn10P1	9.0~11.5	0.25	其余	0.06	0.01	0.5	0.10	P:0.05~1.0
铜基	ZCuPb10Sn10	9.0~11.0	8.0~11.0	其余	2.0	0.01	0.5	2.0	P:0.10; S:0.10
铜基	ZCuPb15Sn8	7.0~9.0	13.0~17.0	其余	2.0	0.01	0.5	2.0	P:0.10; S:0.10
铜基	ZCuPb30	1.0	27.0~33.0	其余	—	0.01	0.2	—	P:0.08
铝基	ZAlSn6Cu1Ni1	5.0~7.0	—	0.7~1.3	—	其余	—	0.70~1.0	Ti:0.2

1. 锡基轴承合金

锡基轴承合金是以锡为基体元素，加入锑、铜等元素组成的合金。锡基轴承合金的牌号表示方法与其他铸造非铁金属的牌号表示方法相同。例如，ZSnSb4Cu4 表示锑的平均质量分数为 4%、铜的平均质量分数为 4% 的锡基轴承合金。

最常用的锡基轴承合金为 ZSnSb11Cu6，其显微组织为 $\alpha+\beta'+Cu_6Sn_5$，如图 10-16 所示。其中黑色部分是锑溶解于锡中的 α 固溶体（硬度为 24~30HBW），为软基体；白色方块是以化合物 SnSb 为基的固溶体 β′相（硬度为 110HBW），为硬质点；白色针状或星状组成物是 Cu_6Sn_5。铸造时由于 β′相较轻，易上浮产生严重的密度偏析，Cu_6Sn_5 能阻止 β′相上浮，从而有效地减轻密度偏析。Cu_6Sn_5 的硬度比 β′相高，也起硬质点的作用，可进一步提高合金的强度和耐磨性。

锡基轴承合金的摩擦因数和线胀系数小，具有良好的导热性、塑性和耐蚀性，适于制造高速、重载条件下工作的轴承。

锡基轴承合金的价格较贵，且强度较低，需要"挂衬"在 08 钢的轴瓦上形成双金属轴承使用。但其疲劳强度低，许用温度也较低（不高于 150℃），在条件允许的情况下，应采用铅基轴承合金代替锡基轴承合金。

2. 铅基轴承合金

铅基轴承合金是以铅-锑为基的合金。典型牌号为 ZPbSb16Sn16Cu2，其显微组织为(α+β)+β+Cu_6Sn_5，如图 10-17 所示。（α+β）共晶体为软基体（硬度为 7~8HBW）；白色方块为以 SnSb 为基的 β 固溶体，起硬质点作用；白色针状晶体为化合物 Cu_6Sn_5，可防止密度偏析。

图 10-16 锡基轴承合金 ZSnSb11Cu6 的显微组织

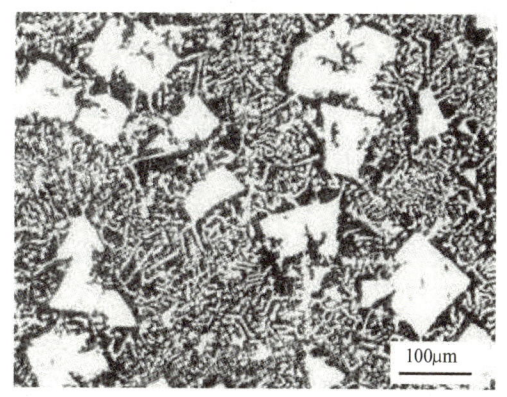

图 10-17 铅基轴承合金 ZPbSb16Sn16Cu2 的显微组织

铅基轴承合金的强度、塑性、韧性及导热性、耐蚀性均比锡基轴承合金低，但其价格较便宜，可用于制造中、低载荷的轴瓦，如汽车、拖拉机曲轴的轴承等。

铅基轴承合金也需要"挂衬"在钢或铜的轴瓦上形成双金属轴承使用。

3. 铜基轴承合金

铜基轴承合金有铅青铜、锡青铜等。

用于滑动轴承合金的锡青铜有 ZCuSn10P1、ZCuSn5Pb5Zn5 等，其显微组织由软基体 α 固溶体和硬质点 β 组成，存在较多的分散缩孔，有利于储存润滑油。锡青铜能承受较大的载荷，广泛用于中等速度及承受较大固定载荷的轴承，如电动机、泵、金属切削机床的轴承。锡青铜可直接制成轴瓦，但与其配合的轴颈应具有较高的硬度（300~400HBW）。

用于滑动轴承合金的铅青铜主要是 ZCuPb30。铜和铅在固态时互不溶解，显微组织为 Cu+Pb，Cu 为硬基体，粒状 Pb 为软质点。与巴氏合金相比，铅青铜具有高的疲劳强度和承载能力，优良的耐磨性、导热性和低的摩擦因数，适于制造高速、重载下工作的轴承，如高速柴油机、汽轮机上的轴承。铅青铜也需要在轴瓦上挂衬，制成双金属轴承。

铜基轴承合金因价格较高，所以有被新型滑动轴承合金取代的趋势。

4. 铝基轴承合金

铝基轴承合金是以铝为基体，加入锑、锡等合金元素所组成的合金。其密度小，导热性和耐蚀性好，疲劳强度高，原料丰富，价格低廉，广泛应用于高速、重载下工作的汽车、拖拉机及柴油机轴承等。它的线胀系数大，运转时容易与轴咬合而使轴磨损，但可通过提高轴颈硬度、加大轴承间隙和降低轴承和轴颈的表面粗糙度值等办法来解决。

目前广泛使用的铝基轴承合金有铝锑镁轴承合金和高锡铝轴承合金两种，常在 08 钢上挂衬制成双金属轴承。

铝锑镁轴承合金是 Sb 的质量分数为 3.5%~5%、Mg 的质量分数为 0.3%~0.7%的铝合金，具有较高的疲劳极限，适合制造高速、载荷不超过 20MPa、滑动速度不大于 10m/s 的柴油机轴承。

高锡铝轴承合金是 Sn 的质量分数为 5%~40%、Cu 的质量分数为 0.8%~1.2% 的铝合金，以 Sn 的质量分数为 17.5%~22.5% 的合金最为常用。该合金具有较高的疲劳极限，良好的耐磨性、耐热性和耐蚀性，是应用最广泛的铝基轴承合金，适合制造高速、重载下工作的轴承，如汽车、拖拉机、内燃机的轴承。

模块四　其他非铁金属及其合金

【模块导入】

位于北京天安门广场西侧的国家大剧院，总占地面积达 11.89 万 m^2，于 2007 年 9 月建成。国家大剧院充满想象力的椭圆蛋壳造型新颖、前卫，构思独特，是传统与现代、浪漫与现实的结合。国家大剧院壳体由 18000 多块钛金属板拼接而成，由于大剧院外形为椭圆体、双曲面，所以每块钛板的形状、角度、弧度各不相同。且钛金属板经过特殊氧化处理，其表面金属光泽极具质感，15 年不变颜色。

【学习内容】

一、钛及钛合金

1. 纯钛

钛是银白色金属，熔点为 1668℃，密度为 4.5g/cm^3。钛有两种同素异构体，在 882.5℃ 以下为密排六方晶格，用 α-Ti 表示；在 882.5℃ 以上为体心立方晶格，用 β-Ti 表示。

钛的密度小、强度低、塑性好，易于冷变形加工制成细丝或薄片。钛在海水、水蒸气及酸、碱介质中的耐蚀性超过不锈钢和铝合金。同时，钛既是耐热材料又是良好的低温材料，能在 -253~-196℃ 的低温下保持较好的塑性及韧性，是低温容器、储箱等设备的理想材料。

工业纯钛按其杂质含量不同，分为 TA1、TA2、TA3 三个牌号。牌号顺序数字增大，则杂质含量增加，钛的强度增大，塑性降低。工业纯钛主要用于制造在 350℃ 以下工作的、强度要求不高的航空零件、化工设备、船舶用零件和化工用热交换器等。

2. 钛合金

工业纯钛虽然具有密度小、熔点高、耐蚀性好等一系列特性，但其力学性能不高，又不能通过热处理强化，因而限制了其在工业上的应用，在工业中广泛使用的是钛合金。

钛合金中的主要合金元素有 Al、Mn、Mo、V、Cr、Fe、Sn 等。根据使用状态的组织，钛合金可分为 α 钛合金、β 钛合金和（α+β）钛合金三类，牌号分别以 TA、TB、TC 加上序号表示，如 TA7。

α 钛合金的组织全部为 α 固溶体，不能淬火强化，主要依靠固溶强化，室温强度一般低于 β 钛合金和（α+β）钛合金。但 α 钛合金在高温下组织稳定，抗氧化能力较强，热强性较好，其高温（500~600℃）强度在三类钛合金中较高。常用的 α 钛合金有 TA5、TA6、TA7。TA7 的成分为 Ti-5Al-2.5Sn，其使用温度不超过 500℃，主要用于制造导弹的燃料罐、超音速飞机的涡轮机匣等。

β 钛合金的组织全部为 β 固溶体，因为这类合金的密度较大，生产工艺复杂，耐热性及抗氧化性较差，所以在工业上很少应用。但 β 钛合金是体心立方结构，具有良好的塑性，利用这一特点可发展亚稳定的 β 相钛合金，此合金在淬火状态下为全 β 组织，便于进行加工成形，随后进行时效处理又能获得很高的强度。常用的 β 钛合金有 TB1 和 TB2，一般在 350℃ 以下使用，适于制造压气机叶片，轴、轮盘等重载的回转件，以及飞机构件等。

（α+β）钛合金兼有 α 钛合金和 β 钛合金的优点，其耐热性和塑性都比较好，并且可进行热处理强化，生产工艺也比较简单，应用比较广泛。其中以 TC4（Ti-6Al-4V）合金应用最广、最多，TC4 合金的强度高、塑性好，在 400℃ 时组织稳定，蠕变强度较高，低温时有良好的韧性，并有良好的抗海水应力腐蚀及抗热盐应力腐蚀的能力，适于制造在 400℃ 以下长期工作的零件，要求一定高温强度的发动机零件，以及在低温下使用的火箭、导弹的液氢燃料箱部件等。

工业纯钛和部分钛合金的牌号、成分、力学性能及用途见表 10-8。

表 10-8 工业纯钛和部分钛合金的牌号、成分、力学性能及用途

类别	牌号	化学成分	热处理	室温力学性能		高温力学性能		用途
				R_m/MPa	A(%)	温度/℃	R_m/MPa	
工业纯钛	TA1	Ti(杂质极微)	T	300~500	30~40	—	—	在 350℃ 以下工作、强度要求不高的零件，如人工关节
	TA2	Ti(杂质极微)	T	450~600	25~30	—	—	
α 钛合金	TA5	Ti-4Al-0.005B	T	700	15	—	—	在 500℃ 下工作的零件，如导弹燃料罐、超音速飞机的涡轮机匣
	TA6	Ti-5Al	T	700	10	350	430	
	TA7	Ti-5Al-2.5Sn	T	800	10	500	700	
β 钛合金	TB1	Ti-3Al-8Mo-11Cr	C	1100	16	—	—	在 350℃ 下工作的零件，如压气机叶片、轴、轮盘、飞机构件
			CS	1300	5	—	—	
	TB2	Ti-5Mo-5V-8Cr-3Al	C	<1000	20	—	—	
			CS	1350	8	—	—	
(α+β) 钛合金	TC2	Ti-3Al-1.5Mn	T	700	12~15	350	430	在 400℃ 以下工作的零件，有一定的高温强度的发动机零件，低温用部件，如人工关节
	TC3	Ti-5Al-4V	T	900	8~10	500	450	
	TC4	Ti-6Al-4V	T	900	10	400	630	
			CS	1200	8			

【网络链接】

请分别以"SR-71""钛合金人工关节""钛合金潜艇""蛟龙号壳体"为关键词,到互联网上进行搜索,阅读你感兴趣的内容。

二、镁及镁合金

1. 纯镁

镁的熔点为651℃,为密排六方晶格,无同素异构转变。镁的密度是1.738g/cm^3,是常用结构材料中最轻的金属,约为铁的1/4,铝的2/3。镁的这一特征与其优越的力学性能相结合,成为大多数镁基结构材料的应用基础。

镁的化学性质活泼,耐蚀性差。其在空气中虽能与氧形成氧化膜,但由于这种膜很脆、不致密,故不能起到有效的保护作用。因而,镁在潮湿大气、海水、无机酸及其盐类等介质中均会发生剧烈的腐蚀。因密排六方晶格的滑移系少,故镁的室温塑性很差,容易脆性断裂,纯镁的强度和硬度也很低,因此一般不用作结构材料。

工业纯镁的牌号用"Mg+数字"表示,数字代表镁的质量分数,如Mg99.50。纯镁的主要用途是制造镁合金、合金添加剂以及用在焰火、化学和石油等工业部门。

2. 镁合金

镁合金中的主要合金元素有Al、Zn、Mn、Ce(铈)、Zr等。镁合金是最轻的工程结构材料,其比强度明显高于铝合金和钢,比刚度与铝合金和钢相当,且远远高于工程塑料,为一般塑料的10倍。

镁合金的导热性是塑料的数百倍,略低于铝合金及铜合金,远高于钛合金,在常用合金中比热最高。镁合金的耐蚀性为非合金钢的8倍,铝合金的4倍,塑料材料的10倍以上。

镁合金易于切削加工,对环境无污染,并可回收再生、循环利用,是一种环保型材料,其废料回收利用率高达85%以上,回收利用的费用仅为相应新材料价格的4%左右,被称为"21世纪的绿色工程材料"。

按成形方法,镁合金可以分为变形镁合金和铸造镁合金两类,但两者没有严格的区分,某些铸造镁合金也可以作为变形镁合金使用。

在变形镁合金中,常用的合金系是Mg-Al-Zn系与Mg-Zn-Zr系。Mg-Al-Zn系变形合金一般属于中等强度材料,具有良好的强度、塑性和耐蚀性等综合性能,而且价格较低,因此是最常用的镁合金系列。Mg-Zn-Zr系合金一般属于高强度材料,其变形能力不如Mg-Al-Zn系合金,常要用挤压工艺生产。因其强度高,耐蚀性好,无应力腐蚀倾向,热处理工艺简单,故能制造形状复杂的大型构件,如飞机上的机翼长衍、翼肋等。

铸造镁合金中合金元素的含量高于变形镁合金,以保证金属液体具有较低的熔点、较高的流动性和较少的缩松缺陷等。还需热处理强化的铸造镁合金,所加入的合金元素在镁基体中应具有较高的固溶度,而且这一固溶度还会随着温度的改变而发生明显的变化,并在时效过程中能够形成强化效果显著的第二相。铸造镁合金多用压铸工艺生产,其主要工艺特点为生产率高、精度高、铸件表面质量好、铸态组织优良、可生产薄壁及复杂形状的构件等,主要应用于飞机、汽车、摩托车、自行车零件、3C产品外壳和电气构件等。

三、硬质合金

1. 硬质合金的组成和特点

硬质合金是以难熔金属碳化物的粉末和粘接金属通过粉末冶金工艺制成的一种多相组合材料。

硬质合金由硬化相和粘结剂两部分组成。硬化相一般是难熔碳化物，如 WC、TiC、NbC、TaC 等，它们的硬度很高，熔点都在2000℃以上，有的甚至超过4000℃。粘结金属一般是纯金属 Co、Ni、Mo 等，最常用的是 Co。

硬质合金的硬度高（86~93HRA，相当于 69~81HRC），耐磨性和热硬性高，在 500℃以下其硬度基本保持不变，在 900~1000℃仍能保持为 60HRC。

但硬质合金的脆性大，不能进行切削加工，难以制成形状复杂的整体刀具，因而常制成不同形状的刀片，然后采用焊接、粘接、机械夹持等方法安装在刀体或模具体上使用。

2. 常用的硬质合金

常用的硬质合金有钨钴类、钨钛钴类和钨钽钴类、钨钛钽钴类四种。

（1）钨钴类（YG）合金　由 WC 和 Co 粉末烧结制成。YG 后的数字表示 Co 含量，Co 含量越高，合金的韧性越好，但硬度和耐磨性稍有下降，主要用于加工铸铁和非铁金属。细晶粒的 YG 类硬质合金（如 YG3X、YG6X）在含钴量相同时，其硬度和耐磨性比 YG3、YG6 高，强度和韧性稍差，适于加工硬铸铁、奥氏体不锈钢、耐热合金、硬青铜等。

（2）钨钛钴类（YT）合金　由 WC、TiC 和 Co 粉末烧结制成，YT 后的数字表示 TiC 的含量。由于 TiC 的硬度和熔点均比 WC 高，所以和 YG 类合金相比，其硬度、耐磨性、热硬性增大，粘接温度高，抗氧化能力强，而且在高温下会生成 TiO_2，可减少粘接。但其导热性能较差、抗弯强度低，所以适合加工钢材等韧性材料。

（3）钨钽钴类（YA）合金　由 WC、TaC 和 Co 粘结剂烧结制成。在 YG 类硬质合金的基础上添加 TaC（NbC），提高了常温、高温硬度与强度、抗热冲击性和耐磨性，可用于加工铸铁和不锈钢。

（4）钨钛钽钴类（YW）合金　由 TaC、TiC、WC 三种粉末和粘结剂 Co 烧结制成。在 YT 类硬质合金的基础上添加 TaC（NbC），提高了抗弯强度、冲击韧性、高温硬度、抗氧化能力和耐磨性。YW 类合金既可以加工钢又可加工铸铁及非铁金属，因此常称之为通用硬质合金（又称万能硬质合金），目前主要用于加工耐热钢、高锰钢、不锈钢等难加工材料。

【想一想】

在学习本书单元一模块二时，我们了解到布氏硬度测试需选用不同直径的硬质合金球压头，现在思考一下其中的道理。

3. 硬质合金的应用

硬质合金广泛用作刀具材料，如车刀、铣刀、刨刀、钻头、镗刀等，用于切削铸铁、非铁金属、塑料、石墨、玻璃、石材和普通钢材，也可以用来切削耐热钢、不锈钢、高锰钢、工具钢等难加工的材料，比高速工具钢的切削速度高 4~7 倍，刀具寿命高 5~80 倍。

硬质合金作为模具材料，其寿命比合金工具钢高 20~150 倍，主要应用于拉丝模、冷挤压模等模具，可以按照所设计模具的形状、尺寸向生产厂商订货。

图10-18所示为硬质合金制造的各种刀具和模具。表10-9列出了一些常用硬质合金的牌号、性能和应用。

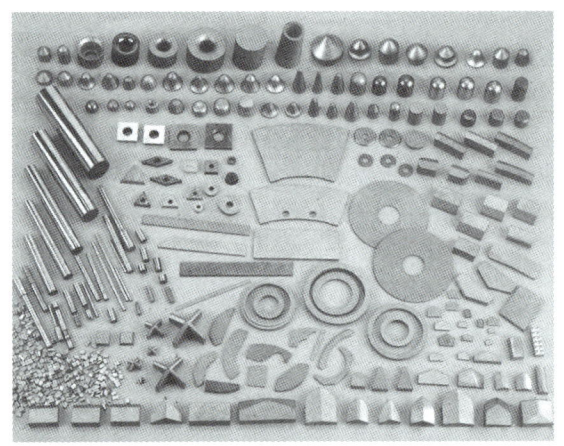

图10-18 一些硬质合金刀具和模具

表10-9 常用硬质合金的牌号、性能和应用

牌 号	ISO 分组代号	性能			用 途
		密度/(g/cm³)	抗弯强度/MPa ≥	硬度 HRA ≥	
YG3	K01	14.9~15.3	1180	90.5	适合铸铁、非铁金属及其合金与非合金材料连续切削时的精车、半精车;并能对钢、非铁金属及其线材进行拉伸,也适合制造喷沙用喷嘴
YG6	K20	14.7~15.1	1670	89.5	适合铸铁、非铁金属、合金与非合金材料的精加工与半精加工,也用于钢、非铁金属线材的拉伸,如地质用电钻、钢钻钻头等
YG8	K20~K30	14.6~14.9	1840	89	适合铸铁、非铁金属、非金属材料的粗加工,钢及非铁金属、管材的拉伸,如地质用各种钻头、机器制造用工具及易磨损零件
YG15	K40	13.9~14.1	2020	86.5	适用于坚硬岩层凿岩、压缩率大的钢棒、管材拉伸、冲压工具,粉末冶金自动压机模具的柜芯等
YG20	—	13.4~14.8	2480	83.5	适合制作冲击力不大的模,如冲压手表零件、电池壳、小螺母等模具
YT15	P10	11.1~11.6	1180	91.0	适用于非合金钢和合金钢连续加工时的粗加工和半精加工、精加工
YT14	P20	11.2~11.8	1270	90.5	适用于非合金钢和合金钢不平整面的粗加工,以及间断切削时的半精加工
YT5	P30	12.5~13.2	1430	89.5	适用于非合金钢和合金钢的不平整面,以及间断切削时的粗加工
YW1	M10	12.7~13.5	1180	91.5	适用于耐热钢、高锰钢、普通钢和铸铁的加工

【单元小结】

1. 主要介绍了铝合金、铜合金、钛合金、镁合金、滑动轴承合金、硬质合金等。
2. 根据成分、组织和加工工艺特点，铝合金可分为变形铝合金和铸造铝合金。
3. 时效强化是铝合金的主要强化方法，操作方法是先进行固溶处理获得过饱和固溶体，再进行时效，使强度提高。
4. 各种变形铝合金和铸造铝合金的名称、合金系、性能特点及应用（表10-2、表10-3）。
5. 按颜色对铜及铜合金命名，有纯铜、黄铜、青铜和白铜。掌握各种铜合金的牌号表示方法。
6. 黄铜、青铜的成分决定组织，组织决定性能，性能决定用途（表10-5、表10-6）。
7. 轴承合金应具备软硬兼备的理想的组织：包括软基体上均匀分布着硬质点和硬基体上分布着软质点两种。轴承合金按主要化学成分可分为锡基、铅基、铝基、铜基、铁基等轴承合金。
8. 钛及钛合金的优良性能：密度小、熔点高、比强度高、耐热性高、耐蚀性好、耐低温性能好、抗阻尼性能强。根据使用状态的组织，钛合金可分为α钛合金、β钛合金和α+β钛合金三类，其牌号分别以TA、TB、TC加上序号表示。
9. 硬质合金是一种粉末冶金材料，其优点是硬度和耐磨性高、热硬性好，主要用于制作刀具和模具。

【综合训练】

一、名词解释

固溶处理，时效强化，黄铜，青铜，α钛合金、硬质合金。

二、填空题

1. 铝合金按其成分及生产工艺特点，可分为_____和_____。
2. 变形铝合金按热处理性质可分为_____铝合金和_____铝合金两类。
3. 铝合金的时效方法可分为_____和_____两种。
4. 按其合金化系列，铜合金可分为_____、_____和_____三类。
5. 变形铝合金可分为_____、_____、_____和_____四种。
6. H80 是_____的一个牌号，其中80是指_____为80%，它是_____（单、双）相黄铜。
7. 钛有两种同素异构体，在882.5℃以下为_____，在882.5℃以上为_____。
8. 钛合金根据退火状态下的组织，可分_____、_____和_____三类。
9. 锡基轴承合金是以_____为基本元素，加入_____、_____等元素组成的轴承合金。
10. 硬质合金由硬化相和_____两部分组成，其硬化相一般是难熔的_____。

三、选择题

1. 某一材料的牌号为T4，它属于（　　）。

A. 碳的质量分数为 0.4%的碳素工具钢　　B. 4 号工业纯铜　　C. 4 号工业纯钛

2. 黄铜是（　　）合金。

A. Cu-Ni　　　　B. Cu-Sn　　　　C. Cu-Zn　　　　D. Cu-Al

3. 防锈铝是（　　）合金，硬铝是（　　）合金，超硬铝是（　　）合金，锻铝是（　　）合金。

A. Al-Mn 和 Al-Mg　　　　　　　　B. Al-Cu-Mg

C. Al-Zn-Mg-Cu　　　　　　　　　D. Al-Mg-Si-Cu 和 Al-Cu-Mg-Ni-Fe

4. 下列非铁金属中在固态下能发生同素异构转变的是（　　）。

A. 铝　　　　　B. 铜　　　　　C. 钛　　　　　D. 镁

5. 下列牌号中是钛合金的是（　　）。

A. YT15　　　　B. YG3　　　　C. TC4　　　　D. T4

6. Al-Si 铸造铝合金变质处理的目的是（　　）。

A. 细化组织　　　B. 改变晶体结构　　　C. 改善冶炼质量，减少杂质

7. 铝合金固溶处理后，硬度（　　）。

A. 变化不明显　　　B. 降低　　　C. 提高

8. YT 类硬质合金刀具常用于切削（　　）材料。

A. 铸铁　　　　B. 钢件　　　　C. 非铁金属

9. 下列（　　）不是钛合金的性能特点。

A. 比强度高　　　B. 耐蚀性好　　　C. 耐低温性能好　　　D. 可加工性好

10. 下列牌号中是青铜的是（　　）。

A. H68　　　　B. QSn4-3　　　　C. Q345R　　　　D. QT500-7

四、判断题

1. 黄铜中锌含量越高，其强度也越高。　　　　　　　　　　　　　　　　（　　）
2. 变形铝合金都不能通过热处理强化。　　　　　　　　　　　　　　　　（　　）
3. 锡的质量分数大于 10%的锡青铜塑性差，只适宜铸造。　　　　　　　　（　　）
4. 普通黄铜中锌的质量分数一般不超过 45%。　　　　　　　　　　　　　（　　）
5. 特殊黄铜是不含锌元素的黄铜。　　　　　　　　　　　　　　　　　　（　　）
6. 硬质合金中碳化物的含量越高，钴含量越低，则硬度和韧性越高。　　　（　　）
7. 轴承合金就是用来制造滚动轴承的材料。　　　　　　　　　　　　　　（　　）
8. 镁合金最常用的铸造方法是砂型铸造。　　　　　　　　　　　　　　　（　　）
9. 除黄铜、白铜外，其他铜合金统称为青铜。　　　　　　　　　　　　　（　　）
10. 用硬质合金制作刀具，其耐磨性和热硬性比高速工具钢刀具好。　　　（　　）

五、简答题

1. 铝合金在性能上有何特点？为什么其在工业上能得到广泛的应用？
2. 何谓硅铝明合金？为什么在浇注之前要对其进行变质处理？
3. 何谓时效强化？铝合金的淬火和钢的淬火有什么不同？
4. 硬铝、防锈铝、超硬铝、锻铝的牌号、成分、性能和用途如何？
5. 铜合金的性能有何特点？在工业上的主要用途如何？
6. 为什么工业用锡青铜中锡的质量分数一般不超过 14%？

7. 轴承合金在性能上有何要求？在组织上有何特点？

8. 常用的滑动轴承合金有哪些种类？其牌号如何表示？

9. 钛合金有哪些优良特性？

10. 认识下列非铁金属及其合金的牌号：3A21、2A11、7A04、ZL102、T2、H90、H62、HPb59-1、QSn10、QPb30、QAl7、ZSnSb11Cu6、ZPbSb16Sn16Cu2。

参 考 文 献

[1] 王学武. 金属学基础 [M]. 北京：机械工业出版社，2012.
[2] 马春来，王学武. 金属材料 [M]. 北京：机械工业出版社，2013.
[3] 王学武. 金属力学性能 [M]. 北京：机械工业出版社，2010.
[4] 马鹏飞，李美兰. 热处理技术 [M]. 北京：化学工业出版社，2008.
[5] 王忠诚. 热处理工实用手册 [M]. 2版. 北京：机械工业出版社，2012.
[6] 沈莲. 机械工程材料 [M]. 4版. 北京：机械工业出版社，2017.
[7] 毛松发. 机械工程材料 [M]. 北京：清华大学出版社，2009.
[8] 朱莉，王运炎. 机械工程材料 [M]. 3版. 北京：机械工业出版社，2008.
[9] 崔忠圻，覃耀春. 金属学与热处理 [M]. 3版. 北京：机械工业出版社，2020.
[10] 文九巴. 金属材料学 [M]. 北京：机械工业出版社，2011.
[11] 伍玉娇. 金属材料学 [M]. 北京：北京大学出版社，2011.
[12] 侯旭明. 热处理原理与工艺 [M]. 2版. 北京：机械工业出版社，2015.
[13] 夏立芳. 金属热处理工艺学（修订版）[M]. 哈尔滨：哈尔滨工业大学出版社，2008.
[14] 郑明新. 工程材料 [M]. 5版. 北京：清华大学出版社，2011.
[15] 胡赓祥，蔡珣，戎咏华. 材料科学基础 [M]. 3版. 上海：上海交通大学出版社，2010.
[16] 袁志华，戴起勋. 金属材料学 [M]. 3版. 北京：化学工业出版社，2012.